高等职业教育"十二五"规划教材
高职高专汽车类专业理实一体化系列教材

汽车电工电子技术基础

代 洪 周天沛 王平均 编著

国防工业出版社

·北京·

内 容 简 介

本书分为上、下两篇。上篇为电工技术,内容包括直流电路、正弦交流电路、磁路与变压器、电动机和发电机;下篇为电子技术,内容包括模拟电子基础、数字电路及其应用、汽车电子技术应用。书中每章有学习目标、本章小结和习题,以及配套相关技能训练项目。

本书可作为高职院校汽车类专业电工电子基础课程的教材使用,也可供从事汽车维修行业的工程技术人员、汽车爱好者参考阅读。

图书在版编目(CIP)数据

汽车电工电子技术基础/代洪,周天沛,王平均编著.
—北京:国防工业出版社,2014.9
高职高专汽车类专业理实一体化系列教材
ISBN 978-7-118-09501-2

Ⅰ.①汽… Ⅱ.①代… ②周… ③王… Ⅲ.①汽车—电工—高等职业教育—教材②汽车—电子技术—高等职业教育—教材 Ⅳ.①U463.6

中国版本图书馆 CIP 数据核字(2014)第 219990 号

※

国防工业出版社出版发行
(北京市海淀区紫竹院南路23号 邮政编码100048)
北京奥鑫印刷厂印刷
新华书店经售

*

开本 787×1092 1/16 印张 17 字数 397 千字
2014年9月第1版第1次印刷 印数 1—4000 册 定价 32.50 元

(本书如有印装错误,我社负责调换)

国防书店:(010)88540777 发行邮购:(010)88540776
发行传真:(010)88540755 发行业务:(010)88540717

前言

随着汽车电子技术的发展，汽车上采用的电子设备越来越多，这对汽车使用和维修人员提出了更高的要求。本书紧密结合高等职业技术教育的特点，以电工电子基础理论知识与实践相结合为出发点，着重能力培养，帮助读者学习和掌握汽车电工电子技术的基础知识和基本技能，并为进一步学习汽车电子控制技术、读懂相关汽车电子控制技术资料、掌握现代汽车电子控制系统的使用与维修技术打下良好的基础。

本书共7章，分为电工技术和电子技术两大部分，主要内容有汽车电工技术（包括直流电路、正弦交流电路、磁路与变压器、电动机和发电机等）、汽车电子技术（模拟电子技术基础、数字电路及其应用、汽车电子技术应用等）、常用电工电子仪器仪表的使用和电工电子技术在汽车上的应用等。针对汽车专业的要求，选取了最基本、最主要的电工电子基础内容，着重讲解基本概念、原理及应用，列举了大量的汽车电子电路实例，理论结合实际，通俗易懂，实用性强。每章都有小结，并附有练习题，便于学生复习巩固。

本书可作为高职院校汽车类专业电工电子基础课程的教材使用，也可供从事汽车维修行业的工程技术人员、汽车爱好者参考阅读。同时，为了满足不同层次学生的需求，对部分内容用"*"作了标记，作为选学内容。

本书由常州信息职业技术学院代洪教授、徐州工业职业技术学院周天沛副教授和海南软件职业技术学院王平均老师编著。其中第1~3章，技能训练一~六由代洪编写；第4~5章，技能训练七~十由周天沛编写；第6~7章，技能训练十一~十三由王平均编写。在本书的编写过程中，得到了许多专家和老师的帮助，在此谨向为本书编写和出版付出辛勤劳动的同志表示衷心的感谢。

由于编者水平有限，书中难免存在疏漏及不足之处，恳切希望广大读者批评指正。

编著者

目 录

上篇 电工技术

第1章 直流电路 ... 3
1.1 电路及其基本物理量 ... 3
1.1.1 电路的组成及作用 ... 3
1.1.2 电路的基本物理量 ... 4
1.1.3 电路的工作状态 ... 7
1.2 电阻、电感和电容元件 ... 8
1.2.1 电阻元件 ... 8
1.2.2 电容元件 ... 10
1.2.3 电感元件 ... 15
1.3 电路的基本定律 ... 16
1.3.1 欧姆定律 ... 16
1.3.2 基尔霍夫定律 ... 17
1.4 电路分析方法 ... 20
1.4.1 电阻串、并联的等效变换 ... 20
1.4.2 电源的等效电路及其变换 ... 21
1.4.3 支路电流法 ... 25
1.4.4 叠加原理 ... 27
1.4.5 戴维南定理 ... 27
本章小结 ... 29
习题 ... 29

第2章 正弦交流电路 ... 33
2.1 正弦交流电的基本概念 ... 33
2.1.1 正弦交流电的概念 ... 33
2.1.2 正弦交流电的三要素 ... 34
2.1.3 正弦交流电的表示法 ... 35
2.2 单一参数的正弦交流电路 ... 37
2.2.1 电阻元件的交流电路 ... 37
2.2.2 电容元件的交流电路 ... 38
2.2.3 电感元件的交流电路 ... 40

2.3 简单正弦交流电路 ... 42
2.3.1 RL 串联交流电路 ... 42
2.3.2 功率因数的提高 ... 43
2.4 三相正弦交流电路 ... 44
2.4.1 三相交流电源 ... 44
2.4.2 三相负载的连接 ... 46
2.5 安全用电 ... 51
2.5.1 安全用电的基本原理与方法 ... 52
2.5.2 汽车供电系统需注意的几个方面 ... 54
本章小结 ... 55
习题 ... 56

第3章 磁路与变压器 ... 58
3.1 磁路与电磁 ... 58
3.1.1 磁的基本知识 ... 58
3.1.2 电流的磁场 ... 62
3.1.3 磁场对通电直导体的作用 ... 63
3.1.4 电磁感应 ... 64
3.2 变压器 ... 67
3.2.1 变压器的基本结构和工作原理 ... 67
3.2.2 变压器绕组的同名端及其测定 ... 70
3.2.3 变压器的损耗和额定值 ... 72
3.3 特殊变压器 ... 73
3.3.1 自耦变压器 ... 73
3.3.2 汽车点火系统的点火线圈与电路 ... 74
3.4 汽车常用电磁器件 ... 76
3.4.1 汽车发电机触点式电压调节器 ... 76
3.4.2 电磁感应式传感器 ... 78
3.4.3 笛簧开关式电流传感器 ... 78
3.4.4 电喇叭 ... 79
3.4.5 汽车上常用的继电器 ... 81
本章小结 ... 85
习题 ... 86

第4章 电动机和发电机 ... 89
4.1 三相异步电动机 ... 89
4.1.1 三相异步电动机的结构 ... 89
4.1.2 三相异步电动机的工作原理 ... 91
4.1.3 三相异步电动机的启动、调速与制动 ... 94
4.1.4 三相异步电动机的铭牌和选用 ... 97
4.2 直流电动机 ... 99

4.2.1　直流电动机的工作原理 …………………………………………………… 99
4.2.2　直流电动机的结构 …………………………………………………………… 100
4.2.3　直流电动机的分类 …………………………………………………………… 102
4.2.4　直流电动机的启动、调速与制动 …………………………………………… 104
4.2.5　汽车起动机用直流电动机 …………………………………………………… 107
4.2.6　汽车电器中常用的永磁式直流电动机 ……………………………………… 109
4.3　常用控制电器介绍 …………………………………………………………………… 113
4.3.1　开关 …………………………………………………………………………… 113
4.3.2　按钮 …………………………………………………………………………… 113
4.3.3　接触器 ………………………………………………………………………… 114
4.3.4　熔断器 ………………………………………………………………………… 114
4.3.5　热继电器 ……………………………………………………………………… 116
4.4　汽车交流发电机 ……………………………………………………………………… 116
4.4.1　交流发电机的工作原理 ……………………………………………………… 116
4.4.2　汽车交流发电机的构造 ……………………………………………………… 118
本章小结 ………………………………………………………………………………………… 122
习题 ……………………………………………………………………………………………… 122

下篇　电子技术

第5章　模拟电子技术基础 …………………………………………………………… 127
5.1　半导体基础知识 ……………………………………………………………………… 127
5.1.1　P型与N型半导体 …………………………………………………………… 127
5.1.2　PN结的形成及其单向导电特性 …………………………………………… 128
5.2　晶体二极管 …………………………………………………………………………… 130
5.2.1　二极管的结构与符号 ………………………………………………………… 130
5.2.2　二极管的伏安特性 …………………………………………………………… 130
5.2.3　二极管的主要参数 …………………………………………………………… 131
5.2.4　二极管型号 …………………………………………………………………… 132
5.2.5　二极管在汽车上的应用 ……………………………………………………… 133
5.3　特殊用途的二极管 …………………………………………………………………… 134
5.3.1　稳压二极管 …………………………………………………………………… 134
5.3.2　发光二极管 …………………………………………………………………… 135
5.3.3　光敏二极管 …………………………………………………………………… 137
5.4　晶体三极管 …………………………………………………………………………… 138
5.4.1　三极管的基本结构和符号 …………………………………………………… 138
5.4.2　三极管的电流放大作用 ……………………………………………………… 139
5.4.3　三极管的特性曲线 …………………………………………………………… 141
5.4.4　三极管的主要参数 …………………………………………………………… 142
5.5　特殊用途的三极管 …………………………………………………………………… 144

  5.5.1 功率三极管 …………………………………… 144
  5.5.2 光敏三极管 …………………………………… 145
  5.5.3 光耦合器 ……………………………………… 145
 5.6 基本电压放大电路 ………………………………… 146
  5.6.1 共射极放大电路 ……………………………… 146
  5.6.2 射极输出器 …………………………………… 150
 5.7 晶体三极管的开关作用 …………………………… 151
  5.7.1 三极管的开关作用 …………………………… 151
  5.7.2 三极管的开关作用在汽车上的应用 ………… 152
 5.8 集成运算放大器 …………………………………… 154
  5.8.1 集成运算放大器的组成及图形符号 ………… 154
  5.8.2 集成运算放大器的基本特性 ………………… 155
  5.8.3 运算放大器的输入方式 ……………………… 155
  5.8.4 集成运算放大器在汽车上的应用 …………… 157
  5.8.5 集成运放在幅值比较方面的应用 …………… 158
 5.9 直流稳压电源 ……………………………………… 163
  5.9.1 直流稳压电源的组成 ………………………… 163
  5.9.2 单相整流电路 ………………………………… 163
  5.9.3 三相桥式整流电路 …………………………… 164
  5.9.4 电容滤波电路 ………………………………… 166
  5.9.5 稳压电路 ……………………………………… 167
 5.10 晶闸管 …………………………………………… 167
  5.10.1 基本结构 …………………………………… 167
  5.10.2 工作原理 …………………………………… 168
  5.10.3 主要参数 …………………………………… 169
  5.10.4 晶闸管的简易检测 ………………………… 169
  5.10.5 晶闸管在汽车上的应用 …………………… 170
本章小结 …………………………………………………… 171
习题 ………………………………………………………… 171

第6章 数字电路及其应用 …………………………… 175

 6.1 数制及其运算 ……………………………………… 175
  6.1.1 常用数的表示方法 …………………………… 175
  6.1.2 不同数制之间的相互转换 …………………… 176
 6.2 逻辑代数基础 ……………………………………… 177
  6.2.1 逻辑代数的基本概念 ………………………… 177
  6.2.2 逻辑代数的基本运算规则及应用 …………… 179
 6.3 基本逻辑门电路 …………………………………… 180
  6.3.1 二极管与门电路 ……………………………… 180
  6.3.2 二极管或门 …………………………………… 180

6.3.3 三极管非门 ·············· 181
6.3.4 复合逻辑门电路 ·············· 181
6.4 组合逻辑电路 ·············· 182
6.4.1 设计方法 ·············· 182
6.4.2 编码器 ·············· 183
6.4.3 译码器 ·············· 183
6.4.4 组合逻辑电路在汽车上的应用 ·············· 186
6.5 触发器 ·············· 187
6.5.1 基本 RS 触发器 ·············· 187
6.5.2 同步 RS 触发器 ·············· 188
6.5.3 JK 触发器 ·············· 189
6.5.4 D 触发器 ·············· 190
6.6 时序逻辑电路 ·············· 191
6.6.1 寄存器 ·············· 191
6.6.2 计数器 ·············· 194
6.6.3 时序逻辑电路在汽车上的应用 ·············· 196
6.7 模拟量与数字量的转换 ·············· 198
6.7.1 模拟量与数字量的转换 ·············· 198
6.7.2 模拟量与数字量的转换在汽车上的应用举例 ·············· 200
6.8 集成数字电路在汽车上的应用 ·············· 200
6.8.1 汽车前照灯电子变光器 ·············· 200
6.8.2 发动机超温报警电路 ·············· 201
6.8.3 夏利轿车空调系统电路 ·············· 201
6.8.4 数字集成电路的使用常识 ·············· 203
本章小结 ·············· 203
习题 ·············· 204

第 7 章 汽车电子技术应用 ·············· 207

7.1 汽车常用传感器介绍 ·············· 207
7.1.1 流量传感器 ·············· 208
7.1.2 温度传感器 ·············· 210
7.1.3 压力传感器 ·············· 212
7.1.4 位置及速度传感器 ·············· 214
7.1.5 氧传感器 ·············· 218
7.1.6 爆燃传感器 ·············· 219
7.1.7 碰撞传感器 ·············· 222
7.2 汽车微型计算机控制系统组成和原理 ·············· 223
7.2.1 传感器 ·············· 224
7.2.2 汽车电子控制单元(ECU) ·············· 224
本章小结 ·············· 228

习题 ······ 229

附录　技能训练 ······ 230
　技能训练一　汽车专用万用表的使用 ······ 230
　技能训练二　三相四线制供电及负载的连接 ······ 233
　技能训练三　汽车点火线圈和电容器的检测与实验 ······ 235
　技能训练四　电磁式电压调节器的检测与实验 ······ 237
　技能训练五　汽车电喇叭的检测 ······ 238
　技能训练六　变压器的简单测试 ······ 239
　技能训练七　汽车交流发电机的拆装与检测 ······ 241
　技能训练八　起动机用直流电动机的拆装与检测 ······ 245
　技能训练九　半导体二极管和三极管的简单测试 ······ 249
　技能训练十　单管交流放大电路 ······ 251
　技能训练十一　晶体管电压调节器的检测 ······ 253
　技能训练十二　计数器、译码器和显示器 ······ 255
　技能训练十三　汽车水温和进气温度传感器的检测 ······ 259

参考文献 ······ 261

上篇

电工技术

第1章 直流电路

学习目标：

了解电路的组成和作用及电路中基本物理量的概念；掌握电路的三种工作状态及电压、电流、功率关系；熟悉电阻元件、电容元件、电感元件的分类、主要参数和特性；掌握欧姆定律和基尔霍夫定律并能熟练运用；熟悉电压源和电流源及其等效电路；会用支路电流法、叠加原理和戴维南定理分析电路。

1.1 电路及其基本物理量

1.1.1 电路的组成及作用

电路就是电流所流过的路径，是人们为了某种需要，将某些电工电子器件或设备按某种方式连接而成的。图1-1所示电路为汽车上的照明电路图。图1-2所示电路为倒车信号系统的工作电路。

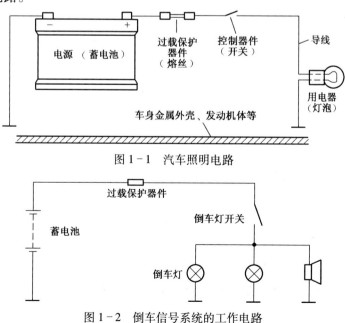

图1-1 汽车照明电路

图1-2 倒车信号系统的工作电路

从图1-1和图1-2两个电路来看,虽然构成电路的电气装置种类不同,但电路都是由电源、负载和中间环节(开关、导线)3个基本部分组成的。其作用:一是输送和转换电能;二是传递和处理信息。即电路由蓄电池(电源)、灯泡(负载)和开关及导线(中间环节)组成。其中,电源用电源电动势 E 及其内阻 r_0 串联来表示,灯泡用电阻 R_L 表示。电源是提供电能的装置,如汽车交流发电机和蓄电池等,它们分别把机械能和化学能转换为电能。汽车蓄电池电压通常为12V(每个单格电压为2V)。汽油发动机车电气系统的电压为12V,柴油发动机车电气系统的电压为24V。负载是耗用电能的装置,例如汽车上的电动机把电能转换成机械能,照明灯把电能转换成为光能等。中间环节包括导线、开关、熔丝等,它们是连接电源和负载的部分,起传输、控制和分配电能的作用。

电路是由实际的电路元件连接组成的。在画这些实际电路图(图1-3(a))时,没有必要去根据实物画较为复杂的图,通常是用简化电器元件的图形符号来表示实物的。由电器元件的图形符号构成的图叫做电路图,如图1-3(b)所示。

电源和用电设备之间用两根导线构成回路,这种连接方式称为双线制。在汽车上,电源和用电设备之间通常只用一根导线连接,另一根导线则由车体的金属机架作为另一公共"导线"而构成回路,这种连接方式称为单线制。由于单线制导线用量少,且线路清晰,安装方便,因此广为现代汽车采用,如图1-3所示。采用单线制时,蓄电池的一个电极须接至车架上,称为"搭铁",用符号"⊥"表示。若蓄电池的负极与车架相接,称为"负极搭铁",反之称为"正极搭铁"。由于负极搭铁时对无线电干扰较小,因此,现在世界各国的汽车采用负极搭铁的较多。我国生产的汽车按机械工业部标准GB 2261—77《汽车、拖拉机用电设备技术条件》的规定,已统一定为负极搭铁。

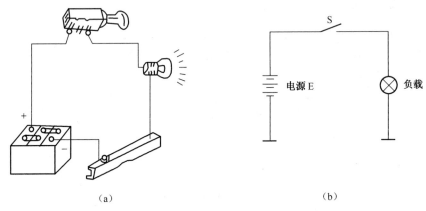

图1-3 汽车电路单线制

1.1.2 电路的基本物理量

1. 电流

电流是由电荷的定向移动而形成的。金属导体中的电流,是自由电子在电场力作用下运动而形成的。电流不仅有大小,而且有方向。

电流的大小用电流强度来表示,如果电流的大小和方向均不随时间变化,这种电流称为恒定电流,简称直流。对于直流,单位时间内通过导体横截面的电量叫做电流强度,简称电流,用 I 表示,即

$$I = \frac{Q}{t} \quad (1-1)$$

电流的单位为安培,简称安,用大写字母 A 表示,若一秒钟内通过导体横截面的电量是 1 库仑(C),则此时导体中的电流为 1 安培(A)。

电流的单位还有毫安(mA)和微安(μA)。$1\text{mA} = 10^{-3}\text{A}$,$1\mu\text{A} = 10^{-6}\text{A}$。

如果电流的大小和方向随时间变化,那么此电流称为交流电流,用小写字母 i 表示。如日常生活中的照明电路所用的即为正弦交流电流。

汽油汽车发动机起动电流为 200～600A,有的柴油汽车发动机起动电流可达 1000A。

2. 电位和电压

在汽车电路中,通常采用单线制供电,即用汽车底盘、车架和发动机等金属作为公用导线(称为搭铁)。在分析计算某种电路或维修汽车电路时,通常把电路的某一点作为参考点,并规定其电位等于零。电路中某一点的电位就是该点到参考点(零电位点)的电压。通常规定电气设备的机壳及电路中许多元件汇集在一起的公共点为参考点,用符号"⊥"表示。比参考点高的电位为正值,比参考点低的电位为负值。电位的单位为伏特,简称伏(V)。

在电路中,由于电源的作用,电场力把正电荷从 A 点移到 B 点所做的功 W_{AB} 与正电荷的电量 Q 的比值称为 A、B 两点间的电压,用 U_{AB} 表示。

$$U_{AB} = \frac{W_{AB}}{Q} \quad (1-2)$$

电场力所做的功 W_{AB} 等于正电荷在 A 点的电位能 W_A 与在 B 点的电位能 W_B 的差,即

$$U_{AB} = \frac{W_{AB}}{Q} = \frac{W_A}{Q} - \frac{W_B}{Q} = U_A - U_B \quad (1-3)$$

由电压的定义可知,A、B 两点之间的电压,就是该两点之间的电位差,所以电压也称电位差。

电压的单位亦是伏特,简称伏(V),较大的电压用千伏(kV)表示,较小的电压用毫伏(mV)表示。$1\text{kV} = 10^3\text{V}$,$1\text{mV} = 10^{-3}\text{V}$。

电压的实际方向规定为从高电位点指向低电位点,即由"+"极性指向"-"极性。因此在电压的方向上电位是逐渐降低的。

电压的方向可用双下标表示(如 U_{AB}、U_{BC} 等),也可用箭头表示,箭头的起点代表高电位点,终点代表低电位点。

注意:电位和电压是有区别的,电位是相对值,与参考点的选择有关;电压是绝对值,与参考点的选择无关。

3. 电动势

电源电动势是表示电源内非静电力做功能力的物理量。在电源内部,电源力(外力)把正电荷从负极移到正极所做的功 W_E 与正电荷电量 Q 的比值,称为该电源的电动势,用 E 表示,即

$$E = \frac{W_E}{Q} \quad (1-4)$$

电动势的单位是伏特(V)。电动势的实际方向为电源的负极指向正极,与电源电压的

实际方向相反,用箭头或正、负极表示,如图1-4所示。

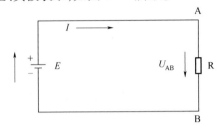

图1-4 电动势和电压方向

4. 电流、电压和电动势的参考方向

通常规定电流的实际方向是正电荷运动的方向;电压的实际方向是由高电位指向低电位;而电源电动势的实际方向是由电源负极(低电位)指向正极(高电位)。

在分析电路时,往往事先难以判断电流、电压的实际方向,为了分析和计算的方便,可任意假定一方向作参考方向或称正方向,当电流(或电压)的实际方向与参考方向一致时,计算结果为正值,反之计算结果为负值。例如在图1-5所示的电路中,在电流标定参考方向下,$I=-4A$,说明电流的实际方向与参考方向相反。

只有在电压、电流参考方向设定之后,其正负才有意义。电压的参考方向可用"+"、"-"极性符号表示,如图1-6所示,"+"表示高电位端,"-"表示低电位端,也可用箭头符号表示,在图1-6中电压U箭头所指的方向表示电位降低的方向。

一个元件或一段电路上电压和电流的参考方向可以任意设定。通常取电压和电流的参考方向一致,称为关联参考方向,简称关联方向,如图1-6所示。如不特别说明,本书在电路图中所标的电流、电压和电动势的方向都是参考方向。

当汽车蓄电池向外供电(即放电)时,其电压与电流的实际方向相反,蓄电池处于电源状态;而当发电机给蓄电池充电时,其电压与电流的实际方向相同,蓄电池处于负载状态。

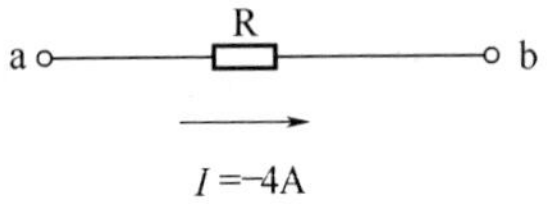

图1-5 电流的参考方向 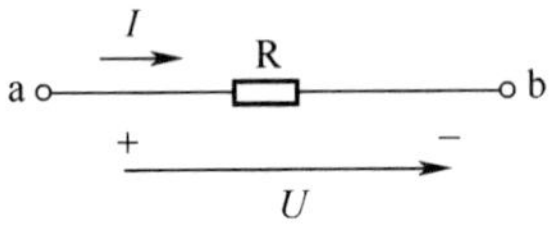   图1-6 电压和电流的关联方向

5. 电能与电功率

电流流过灯泡,灯泡会发光;电流流过电炉丝,电炉丝会发热;电流流过电动机,电动机会运转。这些都说明电流通过电气设备时做了功,消耗了电能,我们把电气设备在工作时消耗的电能(也称为电功)用W表示。

电功的计算公式为

$$W = UIt \qquad (1-5)$$

式中:W为电功(J);U为电压(V);I为电流(A);t为时间(s)。

在生产与生活中电能常用千瓦时(kW·h)作为单位,俗称度。千瓦时与焦耳的关系是

$$1 度 = 1kW·h = 1×10^3 W × (60×60)s = 3.6×10^6 W·s = 3.6×10^6 J$$

电气设备在单位时间内消耗的电能称为电功率,简称功率,用P表示,即

$$P = \frac{W}{t} = UI \qquad (1-6)$$

电功率的单位是瓦特,简称瓦(W)。

例 1-1 已知汽车前照灯远光灯丝的额定功率为 50W,电源电压为 12V,求通过灯丝的电流。

解 根据电功率公式 $P=UI$ 得

$$I = \frac{P}{U} = \frac{50}{12} = 4.17\text{A}$$

例 1-2 某一电冰箱工作电压 220V,测得其电流为 0.5A,若每天工作 12h,问每个月(30 天)要耗电多少度?

解 根据题意得知

$$U = 220\text{V}, I = 0.5\text{A}, t = 12 \times 30 = 360\text{h}$$

则电能

$$W = UIt = 220 \times 0.5 \times 360 = 39\,600(\text{W}\cdot\text{h}) = 39.6(\text{kW}\cdot\text{h}) = 39.6(\text{度})$$

即电冰箱每月耗电为 39.6 度。

1.1.3 电路的工作状态

电路的工作状态有 3 种,即有载(负载)、开路(断路)与短路。

1. 通路(闭路)

通路就是电源和负载构成回路,如图 1-7 所示。图中 E 是电源电动势,r_0 是电源内阻,R 是负载,S 是开关(正处于接通状态),此时电路中有电流通过。电源的输出电压称为端电压。不计导线的电阻,则电源的端电压是负载的电压。

2. 断路(开路)

断路就是电源和负载未构成闭合回路,如图 1-8 所示。此时电路中无电流通过,负载上也没有电压,电源的端电压(称为开路电压)等于电源电动势,即

$$I = 0, U_0 = E$$

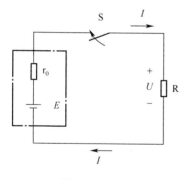

图 1-7 通路

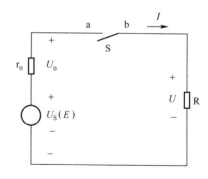

图 1-8 断路

3. 短路

短路就是电源未经负载而直接由导线接通构成闭合回路,如图 1-9 所示。导线将 c、d 间短路,此时电流不经过负载而由短路点构成回路,负载 R 上没有电压,负载电流 I_R 为 0,即

$$U = 0, I_R = 0$$

当电源两端被短路时,由于负载电阻为零,电源的内阻 r_0 一般又较小,因此电源将提供

很大的电流,其值为

$$I_S = \frac{E}{r_0}$$

式中:I_S 为短路电流。

因此,电路中的短路电流比正常工作时的电流大几十甚至几百倍,经过一定时间,短路电流通过电路将产生大量的热量,使导线温度迅速升高,因而可能烧坏导线,损坏电源及其他设备,影响电路的正常工作,严重时会引起火灾,所以要尽量避免。

在电路中,短路通常是一种电路事故,为了避免短路要采取保护措施。在电路中通常接入一种作为短路保护用的熔断器,其中装有熔丝,与负载串联(见图1-10中的FU),汽车电路中装有这类快速熔断器。一旦电路发生短路时,短路电流会使熔丝发热而迅速熔断,切断电路,保护了电源及导线免于烧毁。在汽车电路中,短路熔断器一般应接于蓄电池正极处(负极搭铁)。

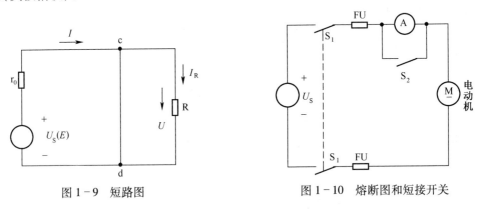

图1-9 短路图　　　　图1-10 熔断图和短接开关

1.2 电阻、电感和电容元件

1.2.1 电阻元件

1. 电阻的基本概念

导体对电流的阻碍作用叫做电阻,用 R 表示。电阻是汽车电器和电子设备中用的较多的基本元件之一。其作用是控制和调节电路中的电流和电压或用作消耗电能的负载。电阻元件是一个耗能元件,从电源吸收的电能全部转化为热能,是不可逆的能量转换过程。

电阻的单位是欧姆,简称欧(Ω),电阻的常用单位还有千欧($k\Omega$)、兆欧($M\Omega$)。$1k\Omega = 10^3\Omega$,$1M\Omega = 10^6\Omega$。

2. 电阻元件的分类

电阻元件的种类、形状很多,按用途可分为:限流电阻器、降压电阻器、分压电阻器、取样电阻器、保护电阻器、热敏电阻器、压敏电阻器、光敏电阻器等;按阻值能否调节可分为:固定电阻器、可变电阻器;按制作材料可分为:碳膜电阻器、金属膜电阻器、线绕电阻器、有机实芯电阻器等;按结构形状不同可分为:圆柱型电阻器、圆盘型电阻器和贴片型电阻器等;按功率可分为1/16W、1/8W、1/4W、1/2W、1W、2W等额定功率的电阻器;按精确度可分为普通电阻器(±5%、±10%、±20%等)和精密电阻器(±0.1%、±0.2%、±0.5%、±1%、±2%等)。

3. 电阻元件的主要参数

(1) 额定功率:电阻元件允许长期工作的功率。

(2) 标称阻值:在电阻器上标出的电阻值。

(3) 允许偏差:电阻器实际阻值和标称阻值相差的数值与标称阻值之比的百分数。

4. 电阻器的选用

在选用电阻器时,应根据电阻器在电路中的具体要求(从电气性能和经济价值等方面),不但要考虑阻值是否符合要求,还要考虑该电阻器在使用中实际消耗的功率(或通过的电流)不能超过其额定功率(或额定电流),否则会使电阻器损坏。通常选择可靠性、精确性和稳定性符合要求的电阻器。其额定功率是实际功率的1.5~2倍。如一般电路采用普通的合成电阻、碳膜电阻;对可靠性要求高的可采用金属膜电阻;而需要可变电阻进行一般调节时可采用价格便宜的碳膜电位器;需要作精确调节时可采用多圈电位器或精密电位器。使用时要注意电位器的寿命较短,且容易造成接触不良。

1) 电阻器的型号

电阻的型号由以下4部分组成。

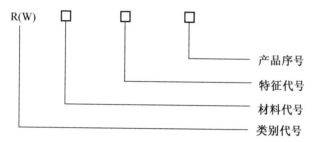

第一部分为类别代号,如 R 表示电阻器,W 表示电位器。

第二部分为材料代号,用字母表示,电位器和电阻器材料代号及含义如表1-1所列。

表1-1 电位器和电阻器材料代号及含义

材料代号	J	T	Y	H	I	S	X
含义	金属膜	碳膜	氧化膜	合成膜	玻璃釉膜	有机实芯	线绕

第三部分为特征代号,用阿拉伯数字或字母表示,其代号及含义如表1-2所列。

表1-2 电位器和电阻器特征代号及含义

特征代号	1	2	3	4	5	6	7	8	W	G	T	D
电位器	普通	普通	—	—	—	—	精密	特殊函数	微调	—	—	多圈
电阻器	普通	普通	超高频	高温	高温	精密	高压	微调	高功率	可调	—

第四部分为产品序号,用阿拉伯数字表示。

例如某电阻型号为 RJ73,其含义为精密金属膜电阻;WXD3 的含义为多圈线绕电位器。

一般普通电路所用的电阻采用合成电阻、碳膜电阻;对电阻的可靠性能要求高时,可选用金属膜电阻。

2) 电阻器的阻值识别

电阻器的阻值识别方法通常有,直标法、色标法和文字符号法等。

(1) 直标法:在电阻元件表面直接标出它的主要参数和性能。

如 3Ω3 Ⅰ 表示其阻值为 3.3Ω,允许偏差为±5%。

5M1 Ⅱ 表示其阻值为 5.1MΩ,允许偏差为±10%。

(2) 色标法:用颜色表示元件的各种参数值,直接标示在产品上,如图 1-11 所示。

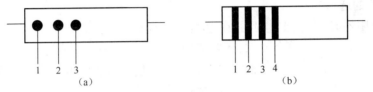

图 1-11 电阻器阻值的色标法

(a)三点色标法;(b)环带色标法。

1—有效数字高位;2—有效数字低位;3—乘数;4—允许偏差。

色标法中的颜色代表的数值,如表 1-3 所列。

表 1-3 色标法中颜色代表的数值

颜色 位置	银	金	黑	棕	红	橙	黄	绿	蓝	紫	灰	白	无
有效数字	—	—	0	1	2	3	4	5	6	7	8	9	—
乘数	10^{-2}	10^{-1}	10^0	10^1	10^2	10^3	10^4	10^5	10^6	10^7	10^8	10^9	—
允许偏差/(%)	±10	±5	—	±1	±2	—	—	±0.5	±0.2	±0.1	—	+50 -20	±20

1.2.2 电容元件

1. 电容的特性

电容元件简称电容,是一个储存电场能的储能元件,当电容元件两端加有电压 U 时,它的极板上储存有电荷量 Q。当电容元件两端的电压 U 随时间变化时,极板上储存的电荷量也就随之变化,与极板相连接的导线中就有电流 I。电容器极板上储存的电量 Q 与其极板上的电压 U 成正比。即

$$Q = UC \tag{1-7}$$

式中:C 为电容元件的电容量,其单位为法拉,用字母 F 表示,电容的图形符号如图 1-12 所示。由于法拉这个单位太大,实际应用中常用微法(μF)、皮法(pF)作单位。$1F = 10^6 \mu F$;$1\mu F = 10^6 pF$。

当电压 U、电流 I 的参考方向一致时,则

$$I = \frac{dQ}{dt} = C\frac{dU}{dt} \tag{1-8}$$

上式表明,通过电容 C 的电流 I 与其端电压 U 对时间的变化率成正比。当电容元件两端的电压是恒定电压时,通过电容元件的电流等于零,所以电容元件对直流电路来说相当于开路。

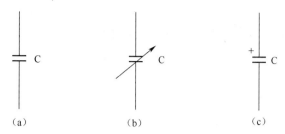

图 1-12 电容的图形符号
(a)一般电容器；(b)可调电容器；(c)有极性电容器。

与电感元件相类似，电容元件也不消耗电源的能量，是一个储能(电场能量)元件，即将电能变成电场能量储存在电容器极板之间，当电容两端的电压 U 减小时，储存的电场能量将释放出来送还给电源。

常识：电容器是一个储能元件，具有通交流、隔直流的特性，电容器两端的电压不能突变，只能逐渐变化。

2. 电容的串并联

在实际使用中，常会遇到单个电容器的容量或耐压不能满足要求时，就需要把电容器组合使用，最基本的组合方式就是电容的串联和并联。

电容并联使用时的等效电容为 $C = C_1 + C_2$

电容串联时的等效电容为 $\dfrac{1}{C} = \dfrac{1}{C_1} + \dfrac{1}{C_2}$

电容串联时其等效电容小于每个电容值，其电压与电容成反比，电容小的分得的电压大。

3. 电容器的种类和特点

电容器的种类很多，按电容器的介质材料可分为：瓷介、纸介、云母、涤纶、铝电解、钽电解等类型。其外形如图 1-13 所示。小容量的电容有陶瓷电容、云母电容和聚苯乙烯电容；中容量的电容有聚酯薄膜电容、油浸电容；有极性的电容有电解电容。电容器也有固定电容和可调电容之分。

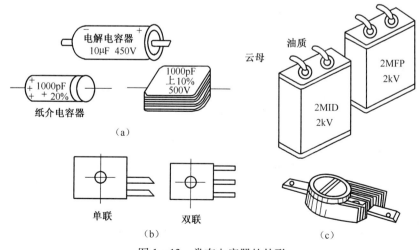

图 1-13 常有电容器的外形

工作电压也称耐压,是指电容器在连续使用中所能承受的最高电压。耐压值一般直接标在电容器上。额定电压的大小与介质的种类和厚度有关。电容器上标明的耐压值,都是指直流电压,如用在交流电路中,则应使所加的交流电压的最大值(峰值)不超过电容器上所标明的电压值。

理想的电容器,两极板间电阻值应是∞。但是任何介质都不是绝对的绝缘体,所以它的电阻值不可能是∞,一般在百兆欧以上,这个电阻就称为电容器的绝缘电阻或称漏电阻。绝缘电阻越大,表明电容器的质量越好。

常识:电容器所承受的电压不能超过其额定电压。在汽车上,虽然蓄电池的电压是12(或24)V,但有些电路上有超过300V的高电压,因此选用电容器时要考虑电路的工作状态,应选用有足够余量耐压的电容器;否则可能因电压过高而击穿电容器中的绝缘介质。当环境温度很高时,电容器会加速老化,所以对于要求可靠性高的部件选用电容器时,通常要选用云母、聚酯电容。电解电容器是有极性电容器,在直流电路中使用时注意极性不要接反(电解电容器的正极接高电位一侧)。

4. 电容器的标示方法

电容器型号命名方法如下:

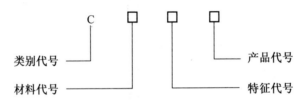

其中,C 表示电容器,第二部分材料代号用字母表示,电容器材料代号与含义如表1-4所列。

表1-4 电容器材料代号与含义表

材料代号	含义	材料代号	含义
C	高频瓷介	I	极性有机薄膜
T	低频瓷介	Q	漆膜
J	金属化纸	D	钽电解
Z	纸介	N	铌电解
O	玻璃膜	A	铝
I	玻璃釉	G	合金电解
Y	云母	H	复合介质
V	云母纸	E	其他材料电解
B	非极性有机薄膜		

第三部分电容器特征代号与含义,如表1-5所列。

容量在电路图中的标示方法如下所述。

(1)数值为纯小数的微法级容量值,只标出纯小数,单位 μF 略去不写,例如 0.01μF 的电容,在电路图中标为 0.01。

(2)数值为整数的皮法级容量值,只标出该整数,单位 pF 略去不写,例如 1000pF 标为 1000。

表 1-5 电容器特征代号与含义

特征代号	含 义			
	电解电容器	瓷介电容器	云母电容器	有机电容器
1	箔式	圆片	非密封	非密封
2	箔式	管型	非密封	非密封
3	烧结粉液体	叠片	密封	密封
4	烧结粉液体	独石	密封	密封
5		穿心		穿心
6		支柱		
7	无极性			
8		高压	高压	高压
9	特殊			特殊
G		高功率		
W	小型			

（3）除以上情况外，则需要标出单位，例如 1.5pF 标为 1.5p；10pF 标为 10p。

在电容器上，一般按以上法则直接在外壳上标出电容量值。也有采用数码表示法的，数码一般为三位，前两个是有效数字，第三个是倍数，0~8 分别表示 10^0 ~ 10^8，9 表示 10^{-1}。例如 103 表示 $10×10^3=10000pF=0.01\mu F$，229 表示 $22×10^{-1}=2.2pF$。

5. 电容器的检测

1）电容器的简易测试

在通常情况下，电容器用作滤波或隔直，电路中对电容量的精确度要求不高，故不需测量实际电容量。但是，使用中要掌握电容器的一般检测方法。

指针式万用表检测方法：将挡位置于 R×10k 挡，分别用表笔接电容器两极，在刚接触的瞬间看指针摆动情况，表针应向阻值小的方向（右方）摆动（由于开始电容充电电流大，表头指针偏转角度最大），然后随着充电电流减小，指针逐渐向 R=∞ 方向回摆，最后稳定处即为漏电阻值。一般电容器的漏电阻值为几百至几千千欧，漏电阻值相对小的电容质量不好。两表笔交换后再测，其结果与上述相同。若摆动幅度大，则表示容量大，若摆动幅度小，则表示容量小，若表针指示为零（电阻为零），则说明电容器内部短路，若表针始终不摆动，指在 R=∞ 处，则说明电容器内部断路（适用于 $0.1\mu F$ 以上容量的电容）。对于电容量在 $0.1\mu F$ 以下的小电容器，由于漏电阻值接近∞，难以分辨，故不能用此法测漏电阻值或判定其好坏。

2）电解电容器的极性检测

使用电解电容器时其正、负极性不能接错，否则会因电解液的反向极化引起电解电容器的爆裂。当电解电容器极性标记无法辨认时，可根据正向连接时漏电阻大、反向连接时漏电阻相对小的特点判断极性。

（1）大容量电解电容器极性的判别：将指针式万用表置于电阻（R×1k）挡，先将两个表笔与电容器的两根引线任意相接,万用表的指针突然向右摆动,表明表内电池开始对电容器充电。随着充电的进行,表针会自动向左回摆。此时再将电容器两引线短接一下,进行放电。然后交换两个表笔做与上述同样的检测。两次检测中电阻值较大(即漏电流小)的那一次,黑表笔所接的那根引线为电容器的正极,因为黑表笔与万用表内电池正极相接(采用数字万用表时,红表笔接电池正极)。

(2) 小容量电容器漏电(或质量)的检测:小容量电容器体积较小,引线也较细,测量时,两只手不应同时捏住电容器的两根引线。小容量电容器在进行正、反向检测时,万用表指针基本不动或微动一下即为正常,否则为漏电过大,不能使用。注意用此法检测有时区分正、反向电阻不明显,使用电解电容时要注意保护极性标记。

6. 电容器在汽车上的应用

在汽车电气系统中,电容器用来储存电荷,它本身不消耗电能,其储存的电荷会在放电时返送回电路中。由于电容器两端的电压不能突然变化,故它能吸收电路中的电压变化。如汽油点火系统中分电器壳体上的电容器,它与分电器断电器触点并联,其结构如图 1 – 14 所示。它是在两条铝箔或锡箔之间夹以绝缘蜡纸,然后卷成筒状,在真空中抽去层间的空气,再经浸蜡处理后装于金属外壳内,其中一条箔带的底部与外壳紧密接触;另一条箔带则通过与外壳绝缘的导电片由导线引出。电容器的容量一般为 $0.15 \sim 0.25 \mu F$,工作时要承受 $200 \sim 300V$ 的自感电动势,因此要求其耐压为 500V,绝缘电阻值不低于 $20M\Omega$。

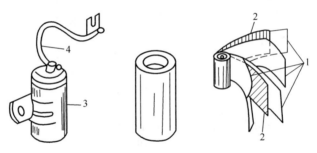

图 1 – 14 分电器上的电容器的结构示意图
1—绝缘蜡纸;2—铝箔;3—外壳;4—引线。

电容器在点火过程中的作用:当触点张开切断低压电路的电流时,在点火线圈初级绕组(低压绕组)中产生 $200 \sim 300V$ 的自感电动势,若没有电容器与触点并联,该自感电动势就会在触点间形成火花,易使触点烧坏;同时该自感电动势的方向与原来低压电流的方向相同,使低压绕组回路内的电流不能迅速消失,致使磁场消失减慢,因而次级绕组的感应电动势大大降低。当在触点间并联一只电容器,触点张开时,初级绕组中所产生的自感电动势向电容器迅速充电,触点间不会形成强烈的火花,延长了触点的使用寿命;同时触点打开后,初级绕组和电容形成振荡回路,充电的电容器通过初级绕组进行振荡放电,当电容器第一次放电时,电流以相反的方向通过初级绕组,使磁场加速消失,在次级绕组产生的感应电动势大大提高,有利于点燃汽缸内的可燃混合气。即电容器与触点并联后起至减小触点火花、延长触点的使用寿命和增强点火线圈次级绕组的高压电的作用。

汽车用电容器的型号在 QC 173—93《汽车设备产品型号编制方法》中已有统一规定,其型号组成为

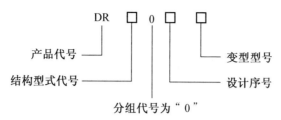

产品代号中 D 表示"电",R 表示"容";

电容器的结构型式代号为:1——心式;2——接线式;3——接线式。

1.2.3 电感元件

电感是一个电磁转换元件,是电子电路中的重要元件之一。电感可产生自感或互感电动势,在电路上起"通直流,阻交流;通低频,阻高频"的作用。电感的符号用 L 表示,单位为亨利,简称亨,用 H 表示。电感的图形符号,如图 1-15 所示。电感常用单位还有毫亨(mH)和微亨(μH)。它们的关系是:$1H = 1000mH$;$1mH = 1000\mu H$。

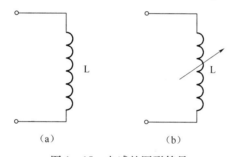

图 1-15 电感的图形符号
(a)一般电感;(b)可调电感。

电感器按电感量能否变化可分为:固定电感器、可变电感器、微调电感器;按电感器磁体性能可分为:空心线圈、磁芯线圈、铜芯线圈;按其结构特点可分为:单层线圈、多层线圈、蜂房线圈。

电感器的主要参数是额定电流和电感量。例如某 LG4 型电感器,其最大直流工作电流为 150mA,电感量的标称值为 820mH。

当电感线圈有电流通过时,将在其周围产生磁场。若经过线圈的电流变化引起磁场变化时,就在线圈中产生感应电动势 e_L,有关电磁感应的内容将在第 3 章介绍。

电感元件是一个储能(磁场能量)元件。当通过电感线圈中的电流增加时,电感线圈将电能转变成磁场能储存在线圈中;而当电流减小时,磁场能转变成电能送回到电路中。若忽略其电阻,则不消耗能量。在直流电路中由于电流恒定,产生的磁场不发生变化,则线圈中不产生感应电动势,故电感 L 在直流电路中相当于短路(线圈电阻很小)。

在实际使用中,若单个电感线圈不能满足要求时,可将几个电感线圈串联或并联使用。如不考虑线圈间的互感,两个电感元件串联的等效电感为 $L = L_1 + L_2$;并联时的等效电感为 $\frac{1}{L} = \frac{1}{L_1} + \frac{1}{L_2}$。

电感器的检测可分为:定性检测和定量检测。定性检测可用万用表欧姆挡;定量检测可用电感电容表,精确测量可用万用电桥。用万用表欧姆 R×1 挡可测量电感线圈是否断路,但不能测量其匝间短路故障。

1.3　电路的基本定律

1.3.1　欧姆定律

1. 部分电路的欧姆定律

只有电阻而不含电源的一段电路称部分电路,如图 1-16 所示。实验证明:在这一段电路中,通过电路的电流与这段电路两端的电压成正比,而与这段电路的电阻成反比。这就是部分电路的欧姆定律。

可用公式表示为

$$I = \frac{U}{R} \quad \text{或}: U = IR, R = \frac{U}{I} \quad (1-9)$$

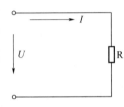

图 1-16　部分电路

当电流一定时,电阻越大,则在电阻 R 上产生的电压降越大;电阻越小,在电阻 R 上产生的电压降也就越小。

在电路中,已知电阻中流过的电流、电阻两端电压大小,可求出未知电阻,但电阻的阻值是由电阻定律确定的,与电流、电压不成比例关系。

例 1-3　汽车蓄电池电压为 12V,现接一只 $U_N = 12V$,$P_N = 60W$ 的前照灯。问流过该前照灯的电流和它的电阻各为多少?若将它接到电压为 6V 的电源上,问流过它的电源电压、电阻和功率各为多少?

解　当电源电压为额定电压时,则流过的电流为额定电流,

$$I_N = \frac{P_N}{U_N} = \frac{60}{12} = 5A$$

根据欧姆定律可得电阻

$$R = \frac{U_N}{I_N} = \frac{12}{5} = 2.4\Omega$$

当电源电压为 6V 时,电阻值不变,仍为 2.4Ω,此时流过的电流为实际工作电流,

$$I = \frac{U}{R} = \frac{6}{2.4} = 2.5A$$

前照灯功率为实际功率,

$$P = UI = 6 \times 2.5 = 15W$$

2. 全电路欧姆定律

含有电源的闭合电路称为全电路。其中电源内部的电路称为内电路,电源外部的电路称为外电路,如图 1-17 所示。

实验证明:在全电路中,通过电路的电流与电源电动势成正比,与电路总电阻($R+r_0$)成反比。这就是全电路欧姆定律,可用公式表示为

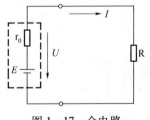

图 1-17　全电路

$$I = \frac{E}{R + r_0} \tag{1-10}$$

式中：r_0 为内电路电阻，即电源内阻。

由式(1-10)可得

$$E = Ir + Ir_0 = U + U_0 \tag{1-11}$$

式中：U 为外电路的电压降，也称为端电压；U_0 为内电路电压降，也称为内阻压降。所以，电源的电动势等于端电压与内阻压降之和。

例 1-4 如图 1-17 所示电路，已知电源电动势 $E = 24\text{V}$，内电阻 $r_0 = 0.1\Omega$，若负载电阻 $R = 0.2\Omega$。试求：电路中的电流 I 和电路端电压 U。

解 根据欧姆定律可得

$$I = \frac{E}{R + r_0} = \frac{24}{0.2 + 0.1} = 80\text{A}$$

电路端电压

$$U = IR = 80 \times 0.2 = 16\text{V}$$

1.3.2 基尔霍夫定律

图 1-18 所示为汽车电源系统电路。由图可知，汽车电源由蓄电池和发电机并联向负载供电，可等效为电路图 1-19 所示，E_1 和 E_2 等效为图 1-18 中的蓄电池和发电机，R_3 即为用电设备。要分析这样一个复杂电路，就要用求解复杂电路的定律和方法。

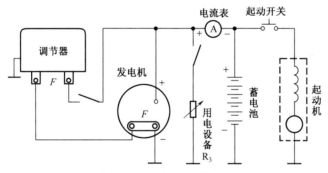

图 1-18 汽车电源电路

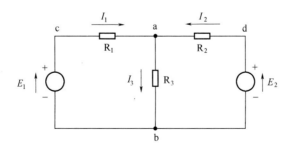

图 1-19 汽车电源等效电路

基尔霍夫定律是电路的基本定律之一，用于分析和计算较复杂的电路。基尔霍夫定律包含两部分内容，即基尔霍夫电流定律(KCL)，又称节点电流定律，适用于节点；基尔霍夫电压定律(KVL),又称回路电压定律,适用于回路。在介绍基尔霍夫定律之前,先介绍电路的几个名词。

支路:电路中含有电路元件的每一个分支称为支路。一条支路流过同一个电流,称为支路电流。

在如图 1-19 所示电路中,共有 3 条支路。支路电流分别用 I_1、I_2 和 I_3 表示,方向如图所示。在支路 acb 和 adb 支路中含有电源,称为有源支路;而 ab 支路中只含有电阻,没有电源,称为无源支路。

节点:电路中 3 条或 3 条以上的支路的连接点称为节点。在图 1-19 中共有两个节点(节点 a 和节点 b)。

回路:电路中任一闭合路径称为回路。图 1-19 所示电路中共有三个回路(adbca、abca 和 abda)。

网孔:在电路中,如果回路没有包围与之相连的另外的支路,这样的回路称为网孔。在图 1-19 所示的电路中,有两个网孔(acba 和 adba)。因回路 acbda 含有支路 ab,故不是网孔。

1. 基尔霍夫电流定律(KCL)

基尔霍夫电流定律指出,电路中任一节点,在任一瞬间流入节点的电流 $I_入$ 之和必定等于从该节点流出电流 $I_出$ 之和。即

$$\sum I_入 = \sum I_出 \tag{1-12}$$

例如在图 1-19 中,流入节点 a 的电流为 I_1 和 I_2,从节点 a 流出的电流为 I_3,故得

$$I_1 + I_2 = I_3 \quad 或 \quad I_1 + I_2 - I_3 = 0$$

因此,基尔霍夫电流定律也可表达为:在任一节点上,各电流的代数和等于零。即

$$\sum I = 0 \tag{1-13}$$

一般习惯以流入节点电流为正,流出节点电流为负。

当然,在电路中,KCL 方程是根据电流参考方向列出的,若算得的结果为负值,说明电流的实际方向与参考方向相反。

例 1-5 图 1-20 中各支路电流的参考方向如图所示。已知:$I_1 = 1A$,$I_2 = -3A$,$I_3 = 4A$,$I_4 = -5A$,求 I_5。

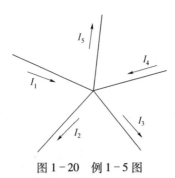

图 1-20 例 1-5 图

解 根据基尔霍夫电流定律列出结点电流方程:

$$I_1 - I_2 - I_3 + I_4 - I_5 = 0$$

所以
$$I_5 = I_1 - I_2 - I_3 + I_4 = 1 - (-3) - 4 + (-5) = -5A$$

电流 I_5 为负值,说明 I_5 实际方向是流进节点。

基尔霍夫电流定律还适用于广义节点,即电路中任用一个封闭圈代表一个广义节点,则圈外所有的电流也同样符合电流定律。

2. 基尔霍夫电压定律(KVL)

基尔霍夫电压定律指出,从电路的任意一点出发,沿回路绕行一周回到原点时,在绕行方向上,各部分电位升 $U_升$ 之和等于电位降 $U_降$ 之和。

$$\sum U_升 = \sum U_降 \qquad (1-14)$$

以图 1-19 为例,沿 cadbc 回路绕行方向,根据 KVL 可得

$$I_1 R_1 - I_2 R_2 + E_2 - E_1 = 0$$

整理得

$$E_1 - E_2 = I_1 R_1 - I_2 R_2$$

因此,基尔霍夫电压定律还可表达为:沿任一回路绕行一周,回路中所有电动势的代数和等于电阻上的电压降的代数和。即

$$\sum E = \sum IR \qquad (1-15)$$

在计算复杂电路时,常应用公式(1-15),比较方便。首先任选一个回路方向(顺时针方向或逆时针方向),以这个回路方向为标准,来确定电动势和电阻上电压降的正负。当电动势方向与回路方向一致时,电动势取正号,反之取负号。当电阻上的电流方向与回路方向一致时,则电阻上的电压降取正号,反之取负号。根据这个规定对图 1-19 可列出回路 adbca、abca 和 abda(均设为顺时针回路方向)的电压方程式为

回路 adbca: $\qquad I_1 R_1 + I_3 R_3 = E_1 \qquad (1)$

回路 abca: $\qquad I_1 R_1 - I_2 R_2 = E_1 - E_2 \qquad (2)$

回路 abda: $\qquad I_2 R_2 + I_3 R_3 = E_2 \qquad (3)$

用式(1)减去式(3)得到式(2)结果。用基尔霍夫电压定律,可列出三个回路电压方程式,但是独立的回路方程式只有两个。如果是用网孔列出的回路电压方程,便是独立的回路电压方程式。

基尔霍夫电压定律不仅适用于闭合的回路,也适用于任何假想的回路。

例 1-6 图 1-21 表示汽车上的发电机、蓄电池和负载相并联电路。图中 E_1、r_1 为发电机的电动势和内电阻,E_2、r_2 为蓄电池的电动势和内电阻,R_3 是车灯等用电器的电阻。已知:$E_1 = 15V$,$E_2 = 12V$,$r_1 = 1\Omega$,$r_2 = 0.5\Omega$,$R_3 = 10\Omega$,试求 I_1、I_2 和 I_3。

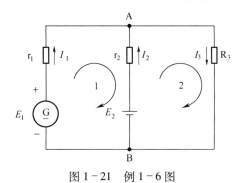

图 1-21 例 1-6 图

解 假设各支路电流方向和回路方向,根据三条支路列出三个独立方程。列出节点 A 的 KCL 方程:

$$I_1 + I_2 - I_3 = 0$$

列出回路 1 和回路 2 的 KVL 方程：

$$I_1 r_1 - I_2 r_2 = E_1 - E_2$$
$$I_2 r_2 + I_3 R_3 = E_2$$

得到

$$I_1 + I_2 - I_3 = 0$$
$$I_1 - 0.5 I_2 = 3$$
$$0.5 I_2 + 10 I_3 = 12$$

解联立方程式，可得

$$I_1 = 2.42\text{A}, I_2 = -1.16\text{A}, I_3 = 1.26\text{A}$$

I_2 为负值表明该支路中实际电流方向与参考方向相反，此时蓄电池处于充电状态。

1.4 电路分析方法

1.4.1 电阻串、并联的等效变换

1. 电阻的串联

如果把几个电阻顺序相连，并使其中没有其他支路，则这种连接方式称为串联，如图 1-22(a)所示。

在图 1-22(a)中，由于 R_1 和 R_2 流过同一电流，根据 KVL 方程得

$$U = U_1 + U_2 = IR_1 + IR_2 = I(R_1 + R_2)$$

若令 $R = R_1 + R_2$，则

$$U = IR$$

几个串联电阻可以用一个电阻来替代，如图 1-22(b)所示，而电路两端的电压和电流关系不变，所以这个电阻称为等效电阻。等效电阻的阻值等于各串联电阻之和。等效电阻为

$$R = R_1 + R_2 \qquad (1-16)$$

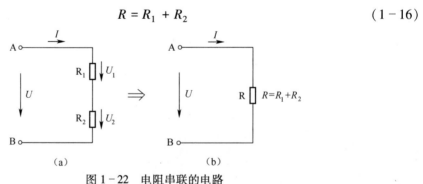

图 1-22 电阻串联的电路
(a)两个串联电阻；(b)等效电阻。

电阻串联可以起到限流和分压作用。两个电阻串联，各电阻上所分得的电压为

$$U_1 = IR_1 = \frac{U}{R} R_1 = \frac{R_1}{R_1 + R_2} U \qquad (1-17)$$

$$U_2 = IR_2 = \frac{U}{R}R_2 = \frac{R_2}{R_1+R_2}U \qquad (1-18)$$

可见,各串联电阻上分配到的电压与该电阻的阻值成正比,电阻越大,所分得的电压越高。

2. 电阻的并联

如果把几个电阻的一端相连接在电路的同一点上,而把它们的另一端共同接在电路的另一点上,则这种连接方式称为并联,如图 1-23(a)所示。

在图 1-23(a)中,由于 R_1 和 R_2 的两端具有同一电压,因而由 KCL 方程得

$$I = I_1 + I_2 = \frac{U}{R_1} + \frac{U}{R_2} = \left(\frac{1}{R_1} + \frac{1}{R_2}\right)U$$

若令 $\frac{1}{R} = \frac{1}{R_1} + \frac{1}{R_2}$,则

$$I = \frac{U}{R}$$

几个并联电阻可以用一个电阻来替代,如图 1-23(b)所示,而电路两端的电压和电流关系仍不变,所以这个电阻称为等效电阻。等效电阻为各并联电阻倒数和的倒数,即

$$R = \frac{R_1 R_2}{R_1 + R_2} \qquad (1-19)$$

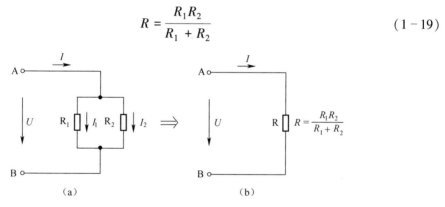

图 1-23 电阻并联的电路
(a)两个并联电阻;(b)等效电阻。

电阻并联可以起到分流作用。两个电阻并联,各电阻上所分得的电流为 $I_1 = \frac{R_2}{R_1+R_2}I$ 与 $I_2 = \frac{R_1}{R_1+R_2}I$。

可见,各并联电阻上分配到的电流与该电阻的阻值成反比,电阻越大,所分得的电流越小。

1.4.2 电源的等效电路及其变换

发电机、电池等都是实际的电源。在电路分析中,常用等效电路来代替实际的部件。电源的等效电路有两种表示形式:一种是用电压源的形式表示的,称为电压源等效电路(简称电压源);另一种是用电流源的形式表示的,称为电流源等效电路(简称电流源)。

1. 电压源

图 1-24 中的电源为电池。它的电动势 E 和内电阻 r_0 从电路结构上是紧密地结合在一起,不能截然分开的。但为了便于对电路分析计算,可用 U_S 和 r_0 串联的电路来代替实际的电源,如图 1-24(b)所示。在电压源中的电动势符号用 ⊕ U_S 符号来表示。

只要两个电源电路的外电路上电压、电流关系相等,两电源的外特性一致,这个新电路就与原电路等效。所以图 1-24(a)可用图 1-24(b)来等效代替。

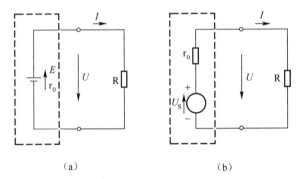

图 1-24 电源及其等效电路
(a)电源为电池;(b)电源用电压源表示。

在等效电路中,电源用一个定值的电动势 U_S 和一个内部电阻压降 Ir_0 来表示,该电路称为电压源等效电路,简称电压源。在电压源中,如果令 $r_0=0$,则 $U=U_S$。

因为 U_S 通常是一恒定值,所以这种电压源称为理想电压源,又称为恒压源。理想电压源是一个具有无限能量的电源,它能输出任意大小的电流而保持其端电压不变。虽然,这样的电源实际是不存在的,但是如果电源的内电阻 r_0 远小于负载电阻 R,随着外电路负载电流的变化,电源的端电压基本上保持不变,那么这种电源就接近于一个恒压源。如图 1-25 所示为理想电压源。理想电压源的端电压是恒值,但电流是由外电路所决定的,当负载电阻变化时电流随之而变。

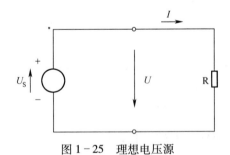

图 1-25 理想电压源

2. 电流源

电源除用电压源形式表示外,还可用电流源形式表示。由图 1-26 可得

$$U_S = U + Ir_0$$

或

$$\frac{U_S}{r_0} = \frac{U}{r_0} + I \tag{1-20}$$

上式中，U_S/R_0 是电源短路电流 I_S，I 是外电路负载电流，U_S/R_0 是电源内部被 R_0 分去的电流 I_i，即

$$I_S = I_i + I \tag{1-21}$$

根据上式，可作出电源的另一种等效电路，如图 1-27 所示。

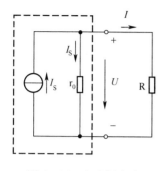

图 1-26 电流源电路

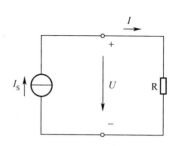

图 1-27 理想电流源

因为式（1-20）和式（1-21）是同一电源的两种表达式，对外电路来说，则图 1-26 和图 1-25 两个电路的端电压 U、电流 I 两者完全一样，只是把电源改用一个电流 I_S 和内电阻分流 I_i 来表示。这种等效电路称为电流源等效电路，简称电流源。

在电流源中，如果令 $r_0 = \infty$，则

$$I = I_S$$

因为 $I_S = U_S/r_0$ 为一恒定值，所以这种电流源称为理想电流源，又称为恒流源。

理想电流源也是一个具有无限能量的电源，实际上并不存在。但是，如果电源的内电阻 r_0 远大于负载电阻 R，随着外电路负载电阻的变化，电源输出的电流几乎不变，那么这种电源就接近于一个恒流源。图 1-27 所示为理想电流源。理想电流源的电流是恒值，但端电压也是由外电路所决定的。当负载电阻增大时，端电压随之增大。

3. 电压源和电流源等效变换

一个实际的电源既可用电压源表示，也可用电流源表示。从电压源和电流源表达式比较可知，当 $I_S = U_S/R_0$ 或 $U_S = I_S R_0$ 时，这两种电源对于端电压 U 及外电路上电流 I 是相等的。因此它们之间可以等效变换，如图 1-28 所示。

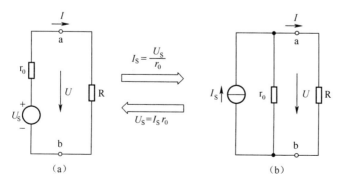

图 1-28 电压源与电流源等效变换

当两种电源的内阻相等时，只要满足以下条件

$$I_S = \frac{U_S}{r_0} \qquad (1-22)$$

或

$$U_S = I_S r_0 \qquad (1-23)$$

电压源与电流源之间就可以等效变换。

在进行电源的等效变换时,应注意以下几点。

(1) 电压源和电流源的等效变换是对外电路等效,是指对外电路的端电压 U 和电流 I 等效,对电源内部并不等效。例如当外电路开路时电压源中无电流,而电流源内部仍有电流。

(2) 等效变换时,对外电路的电压和电流的大小和方向都不变。因此,电流源的电流流出端应与电压源的电压正极相对应。

(3) 理想电压源和理想电流源之间不能进行等效变换,因为当 $r_0 = 0$ 时,电压源换成电流源,I_S 将变为无穷大。当 $r_0 = \infty$ 时,电流源换成电压源,U_S 将为无穷大,它们都不能得到有限值。

(4) 等效变换时,不一定仅限于电源的内阻。只要在恒压源电路上串联有电阻,或在恒流源的两端并联有电阻,则两者均可进行等效变换。

例 1-7 将图 1-29 中 3 个电路的电压源等效变换为电流源,电流源等效变换为电压源。

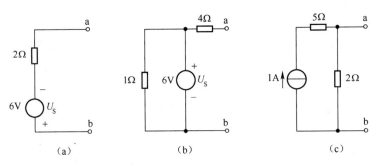

图 1-29　例 1-7 图

解　(1) 图 1-29(a) 的解如图 1-30 所示。

$$I_S = \frac{U_S}{r_0} = \frac{6}{2} = 3\text{A}$$

$$r_0 = 2\Omega$$

(2) 图 1-29(b) 的解如图 1-31 所示。

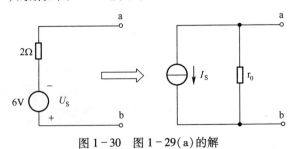

图 1-30　图 1-29(a) 的解

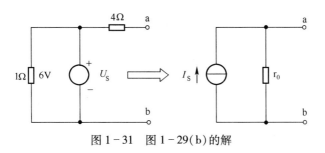

图 1-31 图 1-29(b)的解

图 1-29(b)中,1Ω 电阻不影响理想电压源的电压,等效变换时可以移去,将 1Ω 电阻开路。

$$I_S = \frac{U_S}{r_0} = \frac{6}{4} = 1.5A$$

$$r_0 = 4\Omega$$

(3) 图 1-29(c)的解如图 1-32 所示。

图 1-29(c)中,5Ω 电阻不影响理想电流源的电流,等效变换时也可移去,将 5Ω 电阻短路。

$$U_S = 1 \times 2 = 2V$$

$$r_0 = 2\Omega$$

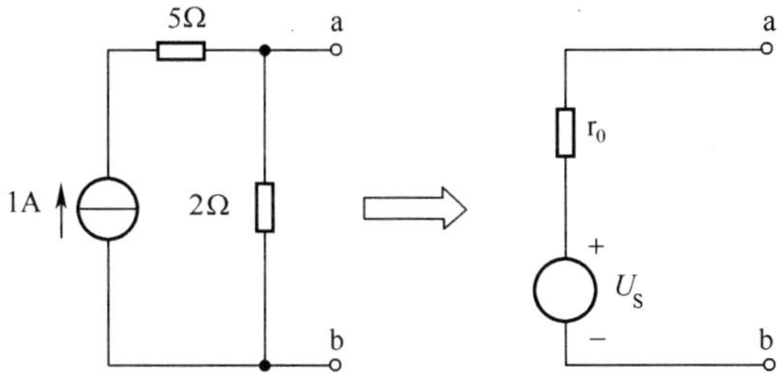

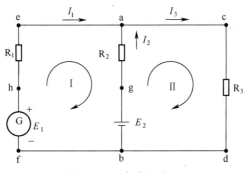

图 1-32 图 1-29(c)的解

1.4.3 支路电流法

支路电流法是分析复杂电路的基本方法。所谓复杂电路是指多回路的电路,如图 1-33 所示为汽车上发电机、蓄电池和负载相并联的电路,这种电路不能用串联或并联的方法简化成为单回路的简单电路。

图 1-33 支路电流法

支路电流法是以支路电流为未知量应用基尔霍夫定律,列出与支路电流数目相等的独立方程式,联立求解的方法。用支路电流法解题的步骤如下。

(1) 先用箭头标出电流参考方向。参考方向可任意设定,如图 1-33 所示。

(2) 根据基尔霍夫电流定律列出电流方程。两个节点 a 点和 b 点,只能列出一个独立的电流方程。

节点 a: $I_1 + I_2 = I_3$

节点 b: $I_3 = I_1 + I_2$

(3) 选定回路的绕行方向,用基尔霍夫电压定律列出独立的回路电压方程式。在图 1-33 中,设定回路Ⅰ和Ⅱ的绕行方向,根据 $\sum E = \sum IR$,得两个独立回路的电压方程:

$$I_1 R_1 - I_2 R_2 = E_1 - E_2$$
$$I_2 R_2 + I_3 R_3 = E_2$$

(4) 联立方程求解。把已知电阻和电压值代入下列方程式就可求得 I_1、I_2 和 I_3。

$$I_1 + I_2 - I_3 = 0$$
$$I_1 R_1 - I_2 R_2 = E_1 - E_2$$
$$I_2 R_2 + I_3 R_3 = E_2$$

例 1-8 在图 1-34 中,已知 $E_1 = 10$ V, $E_2 = 6$ V, $E_3 = 30$ V, $R_1 = 20\Omega$, $R_2 = 60\Omega$, $R_3 = 30\Omega$。求 I_1、I_2 和 I_3。

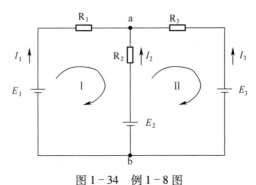

图 1-34 例 1-8 图

解 (1) 设各支路电流的参考方向如图 1-34 所示,列节点 a 电流方程:

$$I_1 + I_2 + I_3 = 0$$

(2) 选定回路Ⅰ和Ⅱ为顺时针方向,得独立回路电压方程:

$$I_1 R_1 - I_2 R_2 = E_1 - E_2$$
$$I_2 R_2 - I_3 R_3 = E_2 - E_3$$

(3) 将已知数值代入各方程式,整理后得

$$I_1 + I_2 + I_3 = 0$$
$$20 I_1 - 60 I_2 = 4$$
$$I_2 - 30 I_3 = -24$$

解方程组得 $I_1 = -0.3$ A, $I_2 = -0.17$ A, $I_3 = 0.47$ A。

计算结果表明,I_1 和 I_2 的实际方向与参考方向相反,两个电源处于充电状态,吸收电能。

1.4.4 叠加原理

在线性电路中,任何一条支路中的电流或电压,都可以看成是由电路中每一个电源(电压源或电流源)单独作用时,在此支路中产生的电流或电压的代数和,这就是叠加原理。所谓每一个电源单独作用,就是假设其余电源为零,即将理想电压源视为短路,理想电流源视为开路。

叠加原理是分析和计算线性电路的基本原理,它可以把一个复杂电路分解成几个简单电路来计算,叠加原理只适合线性电路的电压、电流计算,不适合功率计算。

例 1-9 用叠加原理求图 1-35(a)中 R_1 支路的电流 I_1。

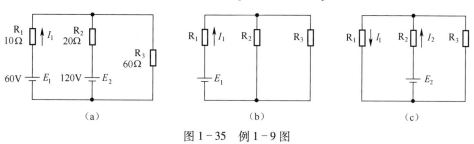

图 1-35 例 1-9 图

解 设 R_1 支路的电流为 I_1,其参考方向如图 1-35(a)所示。
设 $E_2=0$,E_1 单独作用,I'_1 参考方向如图 1-35(b)所示。

$$I'_1 = \frac{E_1}{R_1 + R_2 /\!/ R_3} = \frac{E_1}{R_1 + \frac{R_2 R_3}{R_2 + R_3}} = \frac{60}{10 + \frac{20 \times 60}{20 + 60}} = 2.4\text{A}$$

式中,$R_2 /\!/ R_3$ 是表示 R_2 与 R_3 并联的习惯写法。
设 $E_1=0$,E_2 单独作用,I''_2 参考方向如图 1-35(c)所示。

$$I''_2 = \frac{E_2}{R_2 + R_1 /\!/ R_3} = \frac{E_2}{R_2 + \frac{R_1 R_3}{R_1 + R_3}} = \frac{120}{20 + \frac{10 \times 60}{10 + 60}} = 4.2\text{A}$$

$$I''_1 = \frac{R_3}{R_1 + R_3} I''_2 = \frac{60}{60 + 10} \times 4.2 = 3.6\text{A}$$

由此可得

$$I_1 = I'_1 - I''_1 = 2.4 - 3.6 = -1.2\text{A}$$

1.4.5 戴维南定理

在一个电路中,有时只要求计算某一个支路的电流和电压,则可将该支路以外的所有电路(不论含有几个电源)看成一个含有电源的、具有两个输出端的网络,称为有源两端网络。于是复杂电路就由有源两端网络和待求支路组成,如图 1-36 所示。

若有源两端网络能够简化为一个等效电压源,即能够化简为一个恒压源 U_{S0} 和一个内电阻 R_0 相串联,则复杂电路就变换成一个等效电压源和待求支路相串联的简单电路,如图 1-37 所示。

戴维南定理指出:任何线性有源二端网络可以用一个理想电压源 U_{S0} 和内阻 R_0 相串联的支路来等效。等效电压源的电动势 U_{S0} 等于待求支路断开时该网络的开路电压,内阻 r_0 则等于网络中所有电源取零(恒压源用短路代替,恒流源则令其开路)后的等效电阻。

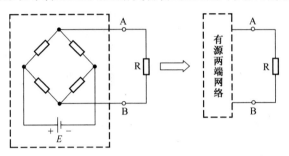

图 1-36 有源两端网络和待求支路组成的电路

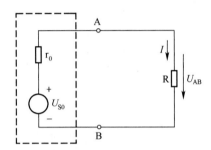

图 1-37 由简单电压源和待求支路组成的电路

例 1-10 用戴维南定理求图 1-38(a)中 R_3 支路的电流。

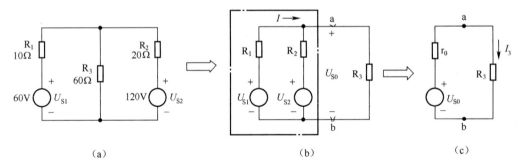

图 1-38 例 1-10 图

解 将 R_3 支路断开,先求出图 1-38(b)中开路电压 U_{S0}。

$$U_{S0} = IR_2 + U_{S2} = R_2 \frac{U_{S1} - U_{S2}}{R_1 + R_2} + U_{S2} = \frac{20(60-120)}{10+20} + 120 = 80\text{V}$$

有源两端网络除源后的等效电阻 r_0 为

$$r_0 = R_1 \mathbin{/\mkern-6mu/} R_2 = \frac{20}{3}\Omega$$

根据图 1-38(c)中 I_3 的参考方向,得

$$I_3 = \frac{U_{S0}}{r_0 + R_3} = 1.2\text{A}$$

计算结果与前述方法求解结果是一致的。

本 章 小 结

1. 电路是电流通过的路径,通常由电源、负载和中间环节三部分组成。中间环节是连接电源和负载所必需的部分,其作用是传输、控制和分配电能,如导线、开关及各种控制和保护装置等。

2. 电路的作用:一是实现电能的传输和转换;二是实现电信号的传递和处理。

3. 在分析与计算复杂电路时,需要引入参考方向的概念。根据计算结果的正负来判别参数的实际方向。

4. 电源有三种工作状态:有载、开路和短路。

5. 电阻、电感和电容是电路中的常用元件,它们的主要参数和连接方式对使用非常重要。

6. 欧姆定律和基尔霍夫定律是电路基本定律。基尔霍夫定律适用求解较复杂的电路。基尔霍夫电流定律:在任一时刻,对电路中任一节点,流入该节点的电流之和必等于流出该节点电流之和。基尔霍夫电压定律:在任一时刻,对任一回路,沿回路循行方向绕行一周,各段电压升高之和等于电压降低之和。

7. 实际的电源可以等效为电压源和电流源两种形式。电压源以输出电压的形式向负载供电;电流源以输出电流的形式向负载供电。电压源与电流源可进行等效变换。

8. 电位分析在电路分析中很重要,选择合适的参考点,可以使待分析电路的问题简化。

9. 复杂电路的计算有多种方法,如支路电流法、电压源与电流源的等效变换、叠加原理和戴维南定理等。在应用时,应根据电路的不同结构,寻找比较简便的求解方法。

10. 汽车直流电路的特点是低压、直流、单线制和负极搭铁。汽车供电系统使用直流电,汽车直流电源包括蓄电池和发电机。汽车用电器主要为直流电动机、点火线圈、电磁阀、照明和信号灯等。控制方式有手动控制、继电控制、电子控制、微型计算机控制、网络控制及混合控制,常用混合控制。

习 题

1. 电路主要由哪几个部分组成? 各起什么作用?

2. 已知某元件的电流和电压的参考方向及数值,如图 1-39 所示,试说明它们的实际方向。

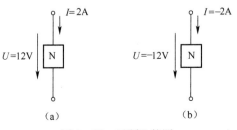

图 1-39 习题 2 的图

3. 在图1-40中,以d点为参考点,即其电位 $V_d=0$,求a、b、c三点的电位 V_a、V_b、V_c。

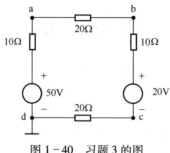

图1-40 习题3的图

4. 一个灯泡接在电压是220V的电路中,通过灯泡的电流是1A,通电时间是2h,它消耗了多少电能?合多少度电?

5. 某一电源和3Ω的电阻连接,测得端电压为6V;当和5Ω电阻连接时,测得端电压为8Ω。试求电源的电动势和内阻。

6. 求图1-41中,电流 I_4 的数值,已知 $I_1=2A$,$I_2=-3A$,$I_3=1A$。

7. 图1-42所示电路中,支路、节点、回路、网孔各为多少?求 I 和 U_{ab}。

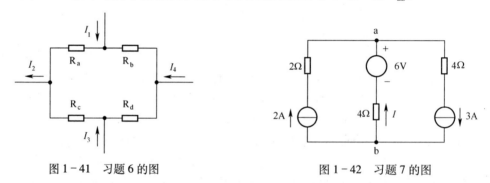

图1-41 习题6的图　　　　图1-42 习题7的图

8. 额定电压为220V、功率为100W和40W的白炽灯,串联后接在380V的电源上,求每个灯泡的实际功率,问哪个灯泡将要烧毁?

9. 额定电压为24V的60W白炽灯与电阻串联后接在36V的电源上,求电阻的数值及其功率。

10. 5只15Ω的电阻应如何连接才能使总电阻分别为75Ω、35Ω、30Ω、12.5Ω、3Ω?

11. 求图1-43中(a)、(b)、(c)各电路的等效电阻 R_{ab}。

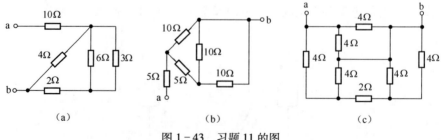

图1-43 习题11的图

12. 用支路电流法求图1-44中各支路中的电流。

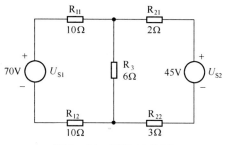

图 1-44 习题 12 的图

13. 如图 1-45 所示电路,试用叠加原理求 I。

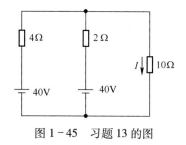

图 1-45 习题 13 的图

14. 对图 1-46 中的电压源和电流源作相应的等效变换。

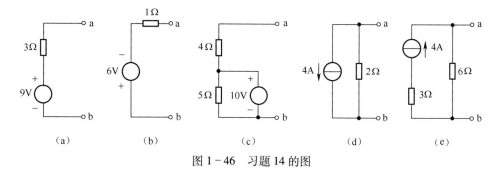

图 1-46 习题 14 的图

15. 用电源变换的方法求图 1-47 中的电流 I。

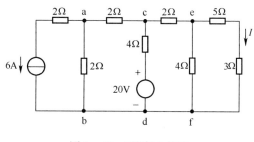

图 1-47 习题 15 的图

16. 用戴维宁定理求图 1-48 中的电流 I。

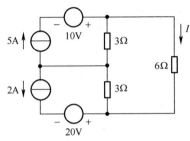

图 1-48 习题 16 的图

第 2 章 正弦交流电路

学习目标：

了解交流电的概念，掌握正弦交流电的三要素；了解正弦交流电的相位及相位差的概念；掌握电阻电路、电容电路、电感电路中电压与电流的关系及功率计算；了解 RLC 串连交流电流中电压与电流的相位、数量关系及功率计算；了解三相交流电源的概念；掌握三相交流电源和三相负载的连接方法及特点；掌握触电的几种方式及触电急救方法。

2.1 正弦交流电的基本概念

2.1.1 正弦交流电的概念

在正弦交流电路中，电压和电流的大小和方向随着时间按正弦函数规律变化，对这种按正弦规律变化的电压、电流统称为正弦交流电。

在数学中学过的正弦函数的解析式为

$$y = A\sin(\omega t + \varphi) \tag{2-1}$$

正弦交流电路中的电动势 e、电压 u 和电流 i 都按正弦规律变化，如图 2-1 所示。它们的三角函数表达式分别为

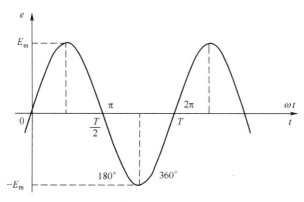

图 2-1 正弦电动势波形图

$$e = E_m\sin(\omega t + \varphi_e)$$
$$u = U_m\sin(\omega t + \varphi_u) \quad (2-2)$$
$$i = I_m\sin(\omega t + \varphi_i)$$

2.1.2 正弦交流电的三要素

从正弦量瞬时值表达式可以看出,要想正确地描述正弦交流电,必须知道周期、频率和角频率;最大值和有效值;相位、初相位和相位差这3类数值,它们统称为正弦交流电的三要素。

1. 周期、频率和角频率

正弦量交变一次所需的时间称为周期,用字母 T 表示,单位为秒(s),如图2-1所示。1s 内正弦量的交变次数称为频率,用字母 f 表示,单位为赫兹(Hz),简称赫。显然,频率与周期互为倒数,即

$$f = \frac{1}{T} \quad (2-3)$$

我国现行电网的标准工业频率(工频)为50Hz。有少数国家(如美国和日本等)采用的工频为60Hz。

正弦量每秒钟所经历电角度称为角频率,用字母 ω 表示,单位为弧度每秒(rad/s)。由于正弦量交变一周为 2π 弧度,故角频率与频率的关系为

$$\omega = 2\pi f = \frac{2\pi}{T} \quad (2-4)$$

2. 最大值和有效值

交流电在某一瞬间的数值称为瞬时值,规定用小写字母表示,例如 e、u、i,分别表示正弦电动势、电压、电流的瞬时值。在一周期内出现的最大瞬时值称为最大值,也称为幅值,分别用字母 E_m、U_m、I_m 表示。

最大值只是交流电在变化过程中某一瞬间的数值,不能用来代表交流电在一段较长的时间内作功的平均效果。在实际应用中通常用有效值来表示正弦量的大小,用 U、I、E 分别表示电压、电流和电动势的有效值。

有效值是以电流的热效应来规定的交流电大小。设交流电流 i 和直流电流 I 分别通过阻值相同的电阻 R,在同一时间内产生的热量相等,则这一直流电流的数值 I 就称为交流电 i 的有效值。经理论推导可得

$$I = \frac{I_m}{\sqrt{2}} = 0.707 I_m$$

同理可得

$$U = \frac{U_m}{\sqrt{2}} = 0.707 U_m$$

$$E = \frac{E_m}{\sqrt{2}} = 0.707 E_m$$

常识:通常所说的正弦电压或电流的大小,均指的是它的有效值;用大写字母表示。交流电流表和电压表的刻度也是根据有效值来确定的。一般室内照明用电电压为220V;工厂动力电电压为380V;人体安全电压为36V。这些交流电压的值均指的是有效值。

3. 相位、初相位和相位差

正弦交流电随时间变化的电角度，称为正弦交流电的相位。即 $u = U_m \sin(\omega t + \varphi_u)$、$i = I_m \sin(\omega t + \varphi_i)$ 和 $e = E_m \sin(\omega t + \varphi_e)$ 式中的 $(\omega t + \varphi_u)$、$(\omega t + \varphi_i)$ 和 $(\omega t + \varphi_e)$。相位的单位是弧度，也可以用度表示。

相位 $(\omega t + \varphi)$ 中的 $t = 0$ 时的相位称为初相位。即 φ_u、φ_i、φ_e。它决定正弦交流电起始值的大小。

两个同频率正弦交流电的相位之差称为相位差，用 φ 表示。例如两个同频率的正弦交流电 $i = I_m \sin(\omega t + \varphi_i)$，$u = U_m \sin(\omega t + \varphi_u)$，电流和电压的相位差为 $\varphi = (\omega t + \varphi_i) - (\omega t + \varphi_u) = \varphi_i - \varphi_u$。因为两者的频率相同，因此相位差就是初相位之差。为了方便起见，规定 $|\varphi \leq \pi|$。这样就可以确定两个同频率正弦量在随时间变化上的先后次序。

当 $\varphi = \varphi_i - \varphi_u > 0$ 时称 i 比 u 超前 φ 角；当 $\varphi = \varphi_i - \varphi_u < 0$ 时称 i 比 u 超前 $|\varphi|$ 角；当 $\varphi = \varphi_i - \varphi_u = 0$ 时称 i 与 u 同相；当 $\varphi = 90°$ 时称 i 与 u 正交；当 $\varphi = \varphi_i - \varphi_u = 180°$ 时称 i 与 u 反相，如图 2-2 所示。

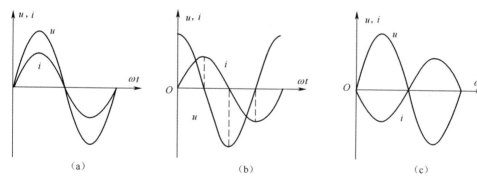

图 2-2 正弦交流电相位关系
(a)同相；(b)正交；(c)反相。

2.1.3 正弦交流电的表示法

1. 相量法

用来表示正弦量的复数称为相量。复数是相量法的基础，所以相量法又称为复数符号法。正弦电动势 $E_m \sin(\omega t + \varphi)$ 写成相量式时为

$$\dot{E} = E(\cos\varphi + j\sin\varphi) = E \angle \varphi \tag{2-5}$$

式中：$\dot{E}$ 是表示正弦电动势 e 的复数，读作相量 E。相量 E 既表达了电动势 e 的有效值，又表达了它的初相位。为了区别于只能表示有效值的 E，相量 E 写成 $\dot{E}$。

式中的 j 就是虚数 $\sqrt{-1}$。在数学中，$\sqrt{-1}$ 是用 i 表示的，但是在电工学中 i 是电流，故用 j 表示 $\sqrt{-1}$。

例 2-1 已知 $e_1 = 50\sqrt{2}\sin(\omega t + 30°)$ V，$e_2 = 100\sqrt{2}\sin(\omega t - 30°)$ V，求 e_1 和 e_2 的和。

解 用相量法求和，

$$\dot{E}_1 = 50(\cos 30° + j\sin 30°) = (43.4 + j25) \text{ V}$$

$$\dot{E}_2 = 100(\cos 30° - j\sin 30°) = (86.6 - j50) \text{ V}$$

相量 $\dot{E}_1$ 和 $\dot{E}_2$ 的和为

$$\dot{E} = \dot{E}_1 + \dot{E}_2 = (43.4 + j25 + 86.6 - j50) = (129.9 - j25)\text{V}$$

将上式转换成极坐标式为

$$\dot{E} = E(\cos\varphi + j\sin\varphi) = E\angle\varphi = \sqrt{(129.9)^2 + (25)^2}\angle\arctan\frac{-25}{129.9} = 132.3\angle10.9°\text{V}$$

式中：ϕ 为 e 的初相位。

从相量式可得 e 的函数式

$$e = e_1 + e_2 = 132.2\sqrt{2}\sin(\omega t - 10.9°)\text{V}$$

2. 相量图

相量可以用有向线段在复平面上表示出来。线段的长度代表正弦量的最大值或有效值，称为相量的模；线段与横轴的夹角表示正弦量的初相位，称为相量的幅角。认为线段是以角频率 ω 按逆时针方向旋转的。图 2-3 是正弦电动势 e_1 和 e_2 的相量在复平面上的表示法。同频率的若干相量画在同一个复平面上构成了相量图。

相量图能清晰地表示出各相量的数值和相位关系。例如从图 2-3 中可以看出 $E_1 > E_2$，且相量 E_1 超前于相量 E_2，相位差为 $\varphi_1 - \varphi_2$。

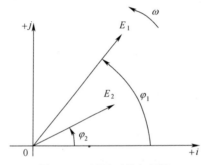

图 2-3 复平面的上相量

3. 相量的加法和减法

正弦量的加减法可以在相量图上进行。选定一个相量作为参考相量，假设其初相位为零，画在水平轴上，其他相量就可根据其与参考相量的相位差而画出。在作相量图时一般不画出坐标轴。

在图 2-4 中，$\dot{E}_2$ 为参考相量，$\dot{E}_1$ 超前于 $\dot{E}_2$ 的相位角为 φ_1。若要计算 $\dot{E}_1$ 与 $\dot{E}_2$ 之和，则

$$\dot{E} = \dot{E}_1 + \dot{E}_2 = E\angle\varphi \qquad (2-6)$$

式中，E 为合成相量的模，其值为

$$E = \sqrt{(E_1\cos\varphi_1 + E_2)^2 + (E_1\cos\varphi_1)^2}$$

φ 为合成相量的幅角，其值为

$$\varphi = \arctan\frac{E_1\sin\varphi}{E_1\cos\varphi_1 + E_2}$$

欲求 $\dot{E}_1$ 与 $\dot{E}_2$ 的差，则

$$\dot{E}' = \dot{E}_1 - \dot{E}_2 = \dot{E}_1 + (-\dot{E}_2)$$

$\dot{E}'$ 的模和幅角都可以从图 2-4 所示的相量图上求得。

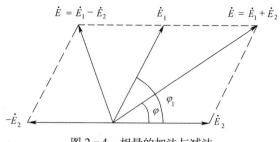

图 2-4 相量的加法与减法

例 2-2 已知 $e_1 = 50\sqrt{2}\sin(\omega t + 30°)$ V,$e_2 = 100\sqrt{2}\sin(\omega t - 30°)$ V,求 e_1 和 e_2 的和。

解 设 $\dot{E}_2$ 为参考相量,为使 $\dot{E}_2$ 的初相位等于零,将各相量的初相位都增加 30°,$\dot{E}_1$ 超前于 $\dot{E}_2$ 的相位差仍为 60°。e_1 与 e_2 的相量和为 $\dot{E} = \dot{E}_1 + \dot{E}_2 = E \angle \varphi$,其中

$$E = \sqrt{(E_1\cos60° + E_2)^2 + (E_1\cos60°)^2} = 132.3 \text{V}$$

$$\varphi = \arctan\frac{E_1\sin60°}{E_1\cos60° + E_2} = 19.1°$$

在设定 $\dot{E}_2$ 为参考相位时曾将各相量的初相量增加了 30°,所以在写函数式时,e 的初相位要扣除 30°,得

$$e = e_1 + e_2 = 132.2\sqrt{2}\sin(\omega t + 19.1° - 30°) = 132.2\sqrt{2}\sin(\omega t - 10.9°) \text{V}$$

2.2 单一参数的正弦交流电路

2.2.1 电阻元件的交流电路

电阻元件的交流电路是由电阻元件和交流电源所组成的电路,又称为纯电阻交流电路,如图 2-5(a)所示。日常生活中见到的日光灯、电炉等都是电阻性负载,它们和交流电源一起组成了交流电阻电路。

1. 电阻元件上电压和电流的关系

设加在电阻两端的正弦电压为

$$u = U_m\sin\omega t = \sqrt{2}U\sin\omega t \tag{2-7}$$

在图 2-5(a)所示电流与电压参考方向一致的情况下,根据欧姆定律 $u = Ri$ 可得

$$i = \frac{u}{R} = I_m\sin\omega t = \sqrt{2}I\sin\omega t \tag{2-8}$$

比较电流和电压,可以看出:
(1) 电阻上的电压、电流频率相等。
(2) 电压、电流的瞬时值、最大值、有效值都符合欧姆定律。
(3) 电压和电流的相位差为 0°。

2. 功率

(1) 瞬时功率。交流电路中,瞬时电压和瞬时电流的乘积为瞬时功率,用 p 表示,单位是 W。

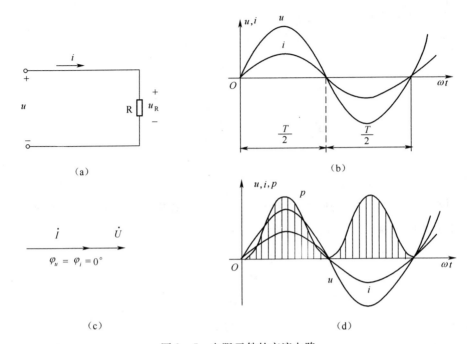

图 2-5 电阻元件的交流电路
(a)电路图;(b)电压与电流波形图;(c)电压与电流的相量图;(d)功率波形图。

$$p = ui = Ri^2 = \frac{u^2}{R} = U_m\sin\omega t \times I_m\sin\omega t = 2UI\sin^2\omega t \qquad (2-9)$$

从上式可以看出 $p \geq 0$，表示电阻从电源吸取功率，所以说电阻是耗能元件。

（2）有功功率。有功功率也称作平均功率，表示瞬时功率在一个周期内的平均值，用 P 表示。

$$P = UI = RI^2 = \frac{U^2}{R} \qquad (2-10)$$

有功功率反映了元件实际消耗电能的情况。用电设备铭牌上所标的功率为有功功率。

例 2-3 已知：加在电阻元件两端的电压 $u = 220\sqrt{2}\sin(314t+30°)$ V，$R = 110\Omega$，求 I、i、$\dot{I}$ 和 P_R。

解
$$I = \frac{U}{R} = \frac{220}{110} = 2\text{A}$$

$$i = \frac{u}{r} = \frac{220\sqrt{2}}{110}\sin(314t+30°) = 2\sqrt{2}\sin(314t+30°)\text{V}$$

$$\dot{I} = \frac{\dot{U}}{R} = \frac{220\angle 30°}{110} = 2\angle 30°\text{A}$$

$$P_R = I^2R = 2^2 \times 110 = 440\text{W}$$

2.2.2 电容元件的交流电路

在电工电子中，电容元件主要用来进行调谐、滤波、耦合、选频等。在电力系统中，利用它来改善系统的功率因数，以减少电能的损失和提高电气设备的利用率。

1. 电容的伏安关系

当电容元件两端电压变化时,极板上的电荷也相应变化,此时的伏安关系为

$$i = \frac{dq}{dt} = C\frac{du}{dt} \tag{2-11}$$

由上式可知,交流电压加到电容两端时,电容中就有电流存在。直流电压加到电容两端时,电容中没有电流,相当于开路。

2. 交流电路中电容元件电压和电流的关系

电容交流电路如图2-6(a)所示,当电容两端电压为 $u = U_m \sin\omega t$,通过电容的电流为

$$i = C\frac{du}{dt} = \omega C U_m \cos\omega t = I_m \sin(\omega t + 90°) \tag{2-12}$$

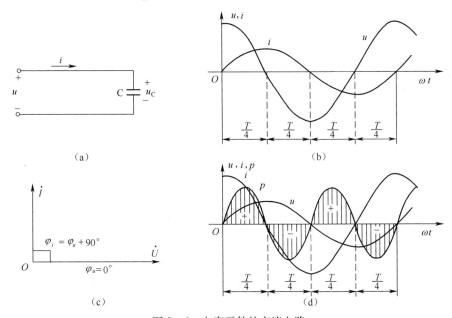

图2-6 电容元件的交流电路

(a)电路图;(b)电压与电流波形图;(c)电压与电流的相量图;(d)功率波形图。

由上式可知电容电压和电流的关系如下。

(1)电容上的电压、电流频率相等。

(2)电压、电流的瞬时值、最大值、有效值都符合欧姆定律。

(3)电容元件电路中,电流相位超前电压90°,如图2-6(b)、(c)所示。

$$X_C = 1/(\omega C) = 1/(2\pi f C)$$

上式中 X_C 称为容抗,是表示电容元件对电流阻碍作用的物理量。容抗 X_C 和电源频率成反比,在 C 一定的情况下,频率越高,容抗越小。如果 f 无穷大,则 $X_C = 0$,电容相当于短路,如果通上直流电,此时 $f = 0$,电容相当于开路,因此电容具有"通交流,隔直流;通高频,阻低频"的性质。

3. 功率

1)瞬时功率

$$p = ui = U_m \cos\omega t \times I_m \sin\omega t = \frac{1}{2} U_m I_m \sin 2\omega t = U I \sin 2\omega t \tag{2-13}$$

2) 有功功率

由 $p = UI\sin2\omega t$ 可知,瞬时功率在一个周期内的平均值为零,即电容元件的有功功率为零,如图 2-6(d)所示。

可以看出电容也是储能元件,储存电场能量,并和电源能量进行交换。

3) 无功功率

$$Q = UI\sin\varphi = X_C I^2 = \frac{U^2}{X_C} \tag{2-14}$$

式中,φ 为通过电容的电压和电流之间的相位差。

例 2-4 有 $C = 31.8\mu F$ 的电容接到 $u = 220\sqrt{2}\sin(314t + 30°)$ V 的交流电源上。求:①电容容抗 X_C;②电路中电流的有效值和瞬时值;③无功功率 Q。

解 (1) 电容容抗 $X_C = \dfrac{1}{2\pi f C} = \dfrac{1}{2 \times 3.14 \times 50 \times 31.8 \times 10^{-6}} \approx 100\Omega$

(2) 电路中电流的有效值 $I = \dfrac{U}{X_C} = \dfrac{220}{100} = 2.2A$

$$\varphi_i = \varphi_u + 90° = 120°$$

电流的瞬时值 $i = 2.2\sqrt{2}\sin(314t + 120°)$

(3) 无功功率 $Q = UI = 220 \times 2.2 = 484\text{Var}$

2.2.3 电感元件的交流电路

电感元件是表示电流建立磁场、储存磁场能这一电磁现象的理想电路元件。在导线中有电流通过时,就会产生磁场。为了增强磁场,满足工程实际需要,用导线绕成线圈,称为电感线圈,也称为电感器。例如日光灯电路中的镇流器。

1. 电感的伏安关系

根据电磁感应定律,线圈中的电流 i 发生变化,磁通也会发生变化,会在线圈中产生感应电动势,因此会在电感两端产生感应电压 u,其伏安关系为

$$u = -e = N\frac{d\Psi}{dt} = L\frac{di}{dt} \tag{2-15}$$

上式表明电感元件的端电压和电流成正比。如果电流不变化,那么便不会产生感应电动势。所以在直流电路中,电感元件相当于导线。

2. 交流电路中电感元件电压和电流的关系

图 2-7(a)所示为电感交流电路,当通过电感元件的正弦电流为 $i = I_m\sin\omega t$,则电感元件的端电压为

$$u = L\frac{di}{dt} = \omega L I_m\sin(\omega t + 90°) = U_m\sin(\omega t + 90°)$$

$$U_m = \omega L I_m = X_L I_m$$
$$X_L = \omega L \tag{2-16}$$
$$\omega = 2\pi f$$
$$X_L = 2\pi f L$$

从上式可以看出,电感电流和电压的关系如下。

(1) 电感上的电压、电流频率相等。
(2) 电压、电流的最大值、有效值都符合欧姆定律。
(3) 电感元件电路中,电压相位超前电流 90°,如图 2-7(b)、(c)所示。

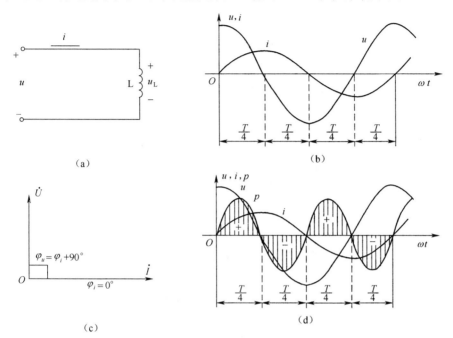

图 2-7 电感元件的交流电路
(a)电路图;(b)电压与电流波形图;(c)电压与电流的相量图;(d)功率波形图。

式(2-16)中,$X_L = 2\pi f L$ 称为感抗,单位是 Ω。

引入感抗 X_L 这一概念后,电感元件的端电压与电流的有效值之间具有欧姆定律的形式。当电压的有效值 U 一定,X_L 越大,电流的有效值 I 越小。可以认为,感抗 X_L 是表征电感元件对电流阻碍作用的物理量。

感抗 X_L 与电流的频率 f 成正比。利用电感线圈在高频时感抗 X_L 大的特点,可以做成扼流线圈,阻止高频电流通过。对于直流电路,频率 $f = 0$,感抗 $X_L = 0$,电感元件相当于短路。因此电感具有"通直流,阻交流;通低频,阻高频"的性质。

3. 功率

(1) 瞬时功率。

$$p = ui = U_m\cos\omega t \times I_m\sin\omega t = \frac{1}{2}U_m I_m \sin 2\omega t = UI\sin 2\omega t \quad (2-17)$$

由上式可见,电感元件的瞬时功率是随时间变化的正弦量,其频率为电源频率的 2 倍。如图 2-7(d)所示,从图中可以看到,在第 1 个和第 3 个 1/4 周期内,$p > 0$,从电源吸收能量,并转化为磁能存储起来;在第 2 个和第 4 个 1/4 周期内,$p < 0$,释放能量,将磁能转化为电能并送回电源。

(2) 有功功率。由 $p = UI\sin 2\omega t$ 可知,瞬时功率在一个周期内的平均值为零,即电感元件的有功功率为零。

这说明电感是一个储能元件,不是耗能元件,它只是将电感中的磁场能和电源的电能进行能量交换。

(3) 无功功率。电感与电源之间进行功率的交换,并没有消耗功率,这部分功率称为无功功率。其交换功率常用瞬时功率的最大值来衡量。无功功率用 Q 表示,单位为 Var(乏)。

$$Q = UI\sin\varphi = X_L I^2 = \frac{U^2}{X_L} \qquad (2-18)$$

式中,φ 为电压和电流之间的相位差。

例 2-5 电感元件的电感 $L=19.1\text{mH}$,接在 $u=220\sqrt{2}\sin(314t+30°)\text{V}$ 的电源端。计算电感元件的感抗 X_L、电流 i 和无功功率。

解 电感元件的感抗 $X_L = \omega L = 314 \times 19.1 \times 10^{-3} = 6\Omega$

电源电压 $\dot{U} = 220\angle 30°\text{V}$

电感元件的电流 $\dot{I} = \dfrac{\dot{U}}{jX_L} = \dfrac{220\angle 30°}{6\angle 90°} = 36.67\angle -60°\text{A}$

瞬时值表达式 $i = 36.67\sqrt{2}\sin(314t-60°)\text{A}$

无功功率 $Q = UI = 8067.4\text{Var}$

2.3 简单正弦交流电路

2.3.1 RL 串联交流电路

实际应用中,许多电气设备(如交流电动机、变压器等)都包含有线圈,而线圈可等效为电阻电感串联电路;有些电子设备(如放大器、振荡器等)要用到电阻、电感和电容组合的电路,所以研究同时具有几个元件的交流电路,更有实际意义。

1. RL 串联电路中电压和电流之间的关系

在图 2-8 所示电路中,在外加电压 u 的作用下,电路中通过的正弦电流为 i,在 R、L 上分别产生的电压为 u_R、u_L。

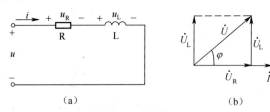

图 2-8 电阻电感串联电路
(a)电路图;(b)相量图。

根据 KVL 可得 $u=u_R+u_L$,其相量形式为 $\dot{U} = \dot{U}_R + \dot{U}_L$。

根据串联电路中的电流相等可得:$\dot{U} = R\dot{I} + jX_L\dot{I} = \dot{I}[R + jX_L] = Z\dot{I}$

上式的形式和欧姆定律的形式相似,故称为交流电路中欧姆定律的相量形式。

图 2-8(b)画出的是电压、电流的相量图。$\varphi=\varphi_u-\varphi_i=0$,表示电压超前电流,电路呈电感性。

2. 阻抗

$Z = R + jX_L$,Z 称为复数阻抗,简称阻抗,X 称为电抗。阻抗的单位是欧姆(Ω)。

Z 仅仅表示一个复数,不表示正弦量,所以在 Z 上面不加点。Z 的模$|Z|$称为阻抗模,其幅角 φ 称为阻抗角,因此它们分别为

$$|Z| = \sqrt{R^2 + X_L^2} \qquad \varphi = \arctan \frac{X_L}{R} \qquad (2-19)$$

即电压与电流的有效值(或最大值)之比等于阻抗模,与欧姆定律的形式类似,阻抗角 φ 为电压与电流之间的相位差。

3. 功率

1) 有功功率

在电阻、电感串联电路中,只有电阻是耗能元件,电阻消耗的功率就是该电路的有功功率,即

$$P = I^2 R = I U_R = UI\cos\varphi \qquad (2-20)$$

U 与 U_R 的关系可从图 2-8(b)电压三角形得到。有功功率 P 比直流电路的功率表示式多一个乘数 $\cos\varphi$,这是由于交流电路中的电压和电流存在相位差 φ 引起的。$\cos\varphi$ 称为功率因数(用 λ 表示),φ 称为功率因数角(即阻抗角),两者都由负载的性质决定。

2) 无功功率

在电阻和电感串联电路中,电感与电源进行能量交换,所以有无功功率,电路的无功功率为

$$Q = Q_L = U_L I = UI\sin\varphi \qquad (2-21)$$

U 与 U_L、U_R 的关系可从图 2-8(b)电压三角形得到。

3) 视在功率

将电路中的电压有效值与电流有效值的乘积称为视在功率,用 S 表示,即 $S = UI$。单位为伏安(VA),以区别于 P 和 Q 的单位。

视在功率通常用来表示电源设备的容量,如变压器的容量 $S_N = U_N I_N$。这三个功率之间的关系为

$$S = \sqrt{P^2 + Q^2} \qquad (2-22)$$

例 2-6 已知 RL 串联电路,总电压 $u = 220\sqrt{2}\sin(314t+30°)$ V,$R = 8\Omega$,$L = 19.1$mH,求电路中电流 I 和 $\dot{I}$,功率因数 $\cos\varphi$ 及功率 P、Q、S。

解 $X_L = \omega L = 314 \times 10^{-3} = 6\Omega$

$$Z = R + jX_L = 8 + j6 = 10\angle 36.9°\ \Omega$$

$$\dot{I} = \frac{\dot{U}}{Z} = \frac{220\angle 0°}{10\angle 36.9°} = 22\angle -36.9°\ \text{A}$$

$$\cos\varphi = \frac{R}{|Z|} = \frac{8}{10} = 0.8$$

2.3.2 功率因数的提高

功率因数 $\lambda = \dfrac{P}{S} = \cos\varphi$,即有功功率在视在功率中占的比例。由于交流电路的有功功

率 $P=UI\cos\varphi$,当负载的 $\cos\varphi<1$ 时,发电机所发出的功率没有充分利用,发电机所输出的有功功率减小,无功功率就增大,意味着有一部分能量是在负载与电源之间进行互换,没有被利用。

由于工业上使用的大量电气设备大多为电感性负载,常采用并联电容器的方法来提高电路的功率因数。提高功率因数不能影响原设备的正常工作,即原有设备功率因数不能改变。

未接电容前 $\dot{U}$ 与 $\dot{I}$ 的相位差为 φ_1,并联电容 C 以后,负载电流 $\dot{I}_L$ 仍不变,但总电流为 $\dot{I}=\dot{I}_L+\dot{I}_C$。显然 $I<I_L$(减少线路损耗),$\varphi<\varphi_1$,$\cos\varphi>\cos\varphi_1$ 提高了功率因数。

2.4 三相正弦交流电路

电能的生产、输送和分配一般都采用三相制的交流电路。所谓三相制就是由三个频率相相同而相位不同的电动势供电的电源系统。如果这三个同频率的电动势峰值相等,相位互差120°电角度,则称为三相对称电动势。前面讨论的单相交流电路,是三相电路其中的一相。

三相供电系统的优点是:三相交流发电机体积小,质量轻;用三相制传输电能,可以节省材料,减少线路损失;在三相四线制供电线路中,既可以接入三相用电设备(如三相交流电动机),也可以在各相分别接入各种单相用电设备(如单相交流电动机、照明设备等)。

2.4.1 三相交流电源

1. 三相交流电动势的产生

三相交流电动势是由三相交流发电机产生,是根据电磁感应原理工作的。图2-9所示的是一个两极三相交流发电机的模型示意图。它的转动部分(转子)是磁场部分,由磁极和磁极绕组组成,由直流电励磁,产生沿空气隙按正弦规律分布的磁场。它的静止部分(定子)是电枢部分,由定子铁心和定子绕组组成。在定子铁心内壁槽中放置有几何形状、尺寸和匝数都相同的3个绕组 AX、BY、CZ,在空间3个绕组互隔120°。A、B、C 分别是3个绕组的首端,X、Y、Z 分别是3个绕组的末端,如图2-9所示。

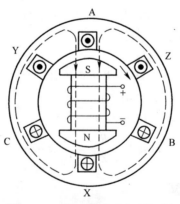

图2-9 三相交流发电机原理图

当转子以角速度 ω 沿顺时针方向匀速旋转时,3个绕组依次切割转子磁场的磁力线,在各绕组中产生的电动势频率相同、最大值相等,但出现电动势最大值的时刻不相同,在相位上互差 120°(2π/3)。由此可见三相交流发电机产生的是三相对称电动势。如以 A 相为参考(设初相角等于零),可得出各相电动势的解析式:

$$e_A = E_m \sin\omega t$$
$$e_B = E_m \sin(\omega t - 120°)$$
$$e_C = E_m \sin(\omega t - 240°) = E_m \sin(\omega t + 120°)$$
(2-23)

三相交流电动势的波形图和相量图如图 2-10 所示。

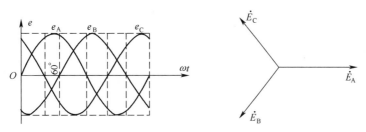

图 2-10 三相交流电动势的波形图和相量图
(a)波形图;(b)相量图。

通常将 3 个电动势按其到达正的最大值(或零值)的先后排列的次序称为相序。相序有顺相序和逆相序两种。按 A—B—C 的次序循环下去的称为顺相序,否则称为逆相序。

常识:实用中,各相用相色加以区别。各相的相色和顺序是:第一相(A 相或 U 相)用黄色标记;第二相(B 相或 V 相)用绿色标记;第三相(C 相或 W 相)用红色标记。

注意:若为住宅电路敷设导线时,对导线的颜色通常相线(火)可用红、黄、绿三色中任一色,不可使用黑、白或绿/黄双色线。零线可用浅蓝色、黑、白色,不可用红色。保护线可使用绿/黄双色线或用黑线,不得使用其他颜色的导线,但保护线与零线不能用同一种颜色。

2. 三相四线制电源

发电机三相绕组通常采用星形接法。即将 3 个绕组的末端 X、Y、Z 联结成一个公共点(这个公共点称为中点,用 N 表示),并引出一根线,从 3 个绕组的始端各引出一根线,这种联结方法称为星形联结。从中点引出的导线称为中线或零线,有时零线(或中线)接地,又叫地线,用黑色标记。从 A、B、C 三个始端引出的 3 条导线称为相线或端线,俗称火线,这种具有中线的三相供电方式称为三相四线制,如图 2-11 所示。若不从中点引出中线时则称为三相三线制。

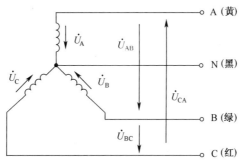

图 2-11 三相四线制电源

在图 2-11 中,每根相线与中线间的电压称为相电压。其参考方向规定由绕组的始端指向中点,用 u_A、u_B、u_C 表示,其有效值用 U_A、U_B、U_C 或 U_P 表示。发电机三相绕组内的电压降一般很小,若忽略不计,则 3 相电压在数值上与各相绕组的电动势相等,各相电压之间在相位上也互差 120° 电角度,因此 3 个相电压也是对称的。由于三相绕组的 3 个末端已连成一点,因此相线与相线之间也有电压存在,相线与相线之间的电压叫做线电压。线电压的参考方向可用下标注明的顺序(或箭头)来表示,用 u_{AB}、u_{BC}、u_{CA} 表示,其有效值用 U_{AB}、U_{BC}、U_{CA} 或 U_L 表示。电压 u_{AB} 表示线电压的参考方向是由 A 相指向 B 相,其余类推。

由此可见,三相四线制电源可以提供两种电压,这是这种供电系统的最大优点。

根据图 2-11 所示的电压参考方向,应用基尔霍夫电压定律,作电压相量图可得 $U_{AB}=\sqrt{3}U_A$;同理可得 $U_{BC}=\sqrt{3}U_B$,$U_{CA}=\sqrt{3}U_C$;一般 $U_L=\sqrt{3}U_P$。

即三相四线制电源的线电压等于相电压的 $\sqrt{3}$ 倍,且线电压在相位上超前其对应 30° 电角度,各相电压是对称的,各线电压也是对称的,但是通常所说的三相电源的电压指的就是电源的线电压。

常识:我国现行电网低压配电系统采用的 380V 三相四线制电源,就是指线电压为 380V、相电压为 220V 的电源。它能提供两种电压供用户使用。

汽车用三相交流发电机大多采用星形连接,只有少数交流发电机采用三角形连接。

2.4.2 三相负载的连接

三相交流电路的负载按其对电源的要求可以分为单相负载和三相负载两类;按连接方式可分为三相负载星形连接和三角形连接。

1. 单相负载

平常使用的家用电器的额定电压为 220V,只要将负载接到相线和中性线之间就可以了。当有多个负载时,应使它们均匀分布地接在三相电源三条相线与中性线之间。如果遇到负载电压为 380V 时,应将负载接在两条相线之间。通常功率较小的负载均为单相负载。为了使三相电源供电均衡,这种负载大致平均分配到三相电源的三相上。这类负载的每相阻抗一般不相等,属于不对称三相负载,如图 2-12 所示。

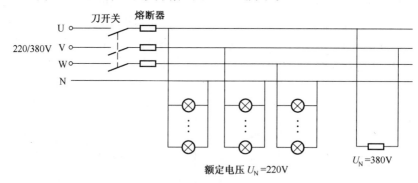

图 2-12 单相负载接入三相电源

2. 三相负载

负载必须接到三相电源上才能工作,通常功率较大的负载均为三相负载。这类负载的特点是三相负载的阻抗相等,称为对称三相负载,如图 2-13 所示。

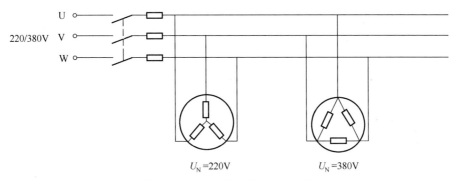

图 2-13 三相负载接入三相电源

在实际生活中,单相负载和三相负载混合接在三相电源上使用是十分常见的,如图 2-14 所示。

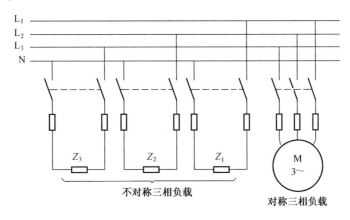

图 2-14 单相负载和三相负载混合接入三相电源

3. 三相负载的星形连接

图 2-15 所示为三相负载星形连接电路图,它的接线原则与电源的星形连接相似,即,将每相负载末端连成一点 N(中性点 N),首端 U、V、W 分别接到电源线上。

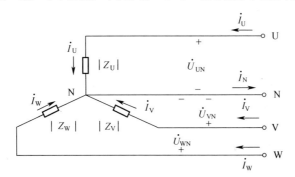

图 2-15 三相负载星形连接

1) 电压、电流关系

线电压:三相负载的线电压就是电源的线电压,也就是两根相线之间的电压。电压方向由相线指向相线,即 U→V,V→W,W→U。

相电压:每相负载两端的电压称作负载的相电压,在忽略输电线上的电压降时,负载的相电压就等于电源的相电压。相电压方向由相线指向中线,即 U→N,V→N,W→N。

线电流:流过每根相线上的电流叫线电流。

相电流:流过每相负载的电流叫相电流。

中性线电流:流过中性线的电流叫中性线电流。

对于三相电路中的每一相而言,可以看成一个单相电路,所以各相电流与电压间的相位关系及数量关系都可用讨论单相电路的方法来讨论。

若三相负载对称,则在三相对称电压的作用下,流过三相对称负载中每相负载的电流应相等,即

$$I_L = I_U = I_V = I_W = \frac{U_P}{|Z_P|} \qquad (2-24)$$

而每相电流间的相位差仍为 120°。由 KCL 定律可知,中性线电流为零。

若三相负载不对称,在这种情况下每相的电流是不相等的,中性线电流不为零。

电压、电流的关系如下。

(1) 相电流 I_P 等于线电流 I_L,即

$$I_P = I_L \qquad (2-25)$$

(2) 加在负载上的相电压 U_P 和线电压 U_L 之间有如下关系。

$$U_L = \sqrt{3}\, U_P \qquad (2-26)$$

(3) 流过中性线 N 的电流 $\dot{I}_N$ 为

$$\dot{I}_N = \dot{I}_U + \dot{I}_V + \dot{I}_W \qquad (2-27)$$

2) 中性线的作用

(1) 三相对称电路。当三相电路中的负载完全对称时,在任意一个瞬间,三个相电流中总有一相电流与其余两相电流之和大小相等,方向相反,正好互相抵消。所以,流过中性线的电流等于零。

因此,在三相对称电路中,当负载采用星形连接时,由于流过中性线的电流为零,故三相四线制就可以变成三相三线制供电。如三相异步电动机及三相电炉等负载,当采用星形连接时,电源对该类负载就不需接中性线。通常在高压输电时,由于三相负载都是对称的三相变压器,所以都采用三相三线制供电。

(2) 三相不对称电路。如果三相负载不相等,即负载不对称,则中性线电流不等于零,中性线不能断开。如果断开,将会导致各相负载的相电压分配不均,有时会出现很大的差异,会造成用电设备不能正常工作。故在三相四线制供电当中,中性线十分重要,不允许断开,严禁在中性线上安装开关、保险丝等。

4. 三相负载的三角形连接

将三相负载分别接在三相电源的每两根相线之间的接法,称为三相负载的三角形连接,如图 2-16 所示。

由于三角形连接的各相负载是接在两根相线之间,因此负载的相电压就是线电压。线电压 $\dot{U}_{UV}$、$\dot{U}_{VW}$、$\dot{U}_{WU}$ 的方向分别为 U→V,V→W,W→U。

假设三相电源及负载均对称,则三相电流大小均相等,为

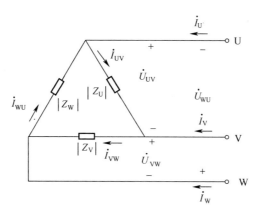

图 2-16 三相负载三角形连接

$$I_P = I_{UV} = I_{VW} = I_{WU} = \frac{U_P}{|Z_P|} \quad (2-28)$$

三相电流的方向和线电压方向一致。

三个相电流在相位上互差120°,图 2-17 画出了它们的相量图,并假定电压超前电流一个角度。所以,线电流分别为

$$\begin{cases} \dot{I}_U = \dot{I}_{UV} - \dot{I}_{WU} \\ \dot{I}_V = \dot{I}_{VW} - \dot{I}_{UV} \\ \dot{I}_W = \dot{I}_{WU} - \dot{I}_{WU} \end{cases} \quad (2-29)$$

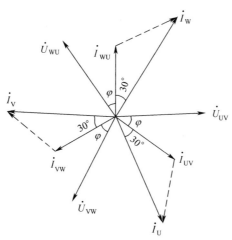

图 2-17 电流、电压相量图

由图 2-17 通过几何关系不难证明,即当三相对称负载采用三角形连接时线电流等于相电流的$\sqrt{3}$倍。从矢量图中还可看到线电流和相电流不同相,线电流滞后相应的相电流30°。

三相对称负载三角形连接的电流、电压关系如下。

(1) 线电压 U_L 与相电压 U_P 相等,即

$$U_L = U_P \quad (2-30)$$

(2) 线电流 I_L 是相电流 I_P 的 $\sqrt{3}$ 倍，即

$$I_L = \sqrt{3} I_P \tag{2-31}$$

在三相三线制电路中，根据 KCL，把整个三相负载看成一个节点的话，则不论负载的接法如何，以及负载是否对称，三相电路中的三个线电流的瞬时值之和或三个线电流的相量和总是等于零，即

$$I_U + I_V + I_W = 0 \tag{2-32}$$

例 2-7 有 3 个 100Ω 的电阻，将它们连接成星形或三角形，分别接到线电压为 380V 的对称三相电源上，如图 2-18 所示。试求线电压、相电压、线电流和相电流各是多少？

解 (1) 负载作星形连接，如图 2-18(a) 所示。负载的线电压为

$$U_L = 380V$$

负载的相电压为线电压的 $1/\sqrt{3}$，即

$$U_P = \frac{U_L}{\sqrt{3}} = \frac{380}{\sqrt{3}} = 220V$$

负载的相电流等于线电流，即

$$I_P = I_L = \frac{U_P}{R} = \frac{220}{100} = 2.2A$$

(2) 负载作三角形连接，如图 2-18(b) 所示。负载的线电压为

$$U_L = 380V$$

负载的相电压等于线电压，即

$$U_P = U_L = 380V$$

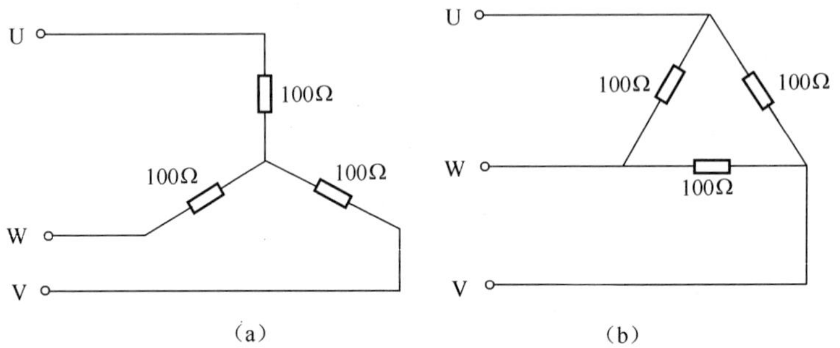

图 2-18 三相负载的连接
(a) 星形连接；(b) 三角形连接。

负载的相电流为

$$I_P = \frac{U_P}{R} = \frac{380}{100} = 3.8A$$

负载的线电流等于相电流的 $\sqrt{3}$ 倍，即

$$I_L = \sqrt{3} I_P = \sqrt{3} \times 3.8 = 6.58A$$

5. 三相电路的功率

单相电路中有功功率的计算公式是 $P = UI\cos\varphi$。三相交流电路中，三相负载消耗的总功率为各相负载消耗功率之和，即

$$P = P_U + P_V + P_W \quad (2-33)$$

当三相电路对称时,三相交流电路的功率等于3倍的单相功率,即

$$P = 3U_P I_P \cos\varphi \quad (2-34)$$

在一般情况下,相电压和相电流不容易测量。因此,通常用线电压和线电流来计算功率。

$$P = \sqrt{3} U_L I_L \cos\varphi \quad (2-35)$$

必须注意,φ 仍是相电压与相电流之间的相位差,而不是线电压与线电流间的相位差。同样的道理,对称三相负载的无功功率和视在功率分别为

$$Q = \sqrt{3} U_L I_L \sin\varphi \quad (2-36)$$

$$S = \sqrt{3} U_L I_L = \sqrt{P^2 + Q^2} \quad (2-37)$$

若三相负载不对称,则应分别计算各相功率,三相总功率等于三个单相功率之和。

例 2-8 已知某三相对称负载接在线电压为380V 的三相电源中,其中每一相负载的阻值 $R_P=6\Omega$,感抗 $X_P=8\Omega$。试分别计算该负载作星形连接和三角形连接时的相电流、线电流以及有功功率。

解 (1) 负载作 Y 形连接时,
每一相的阻抗

$$Z_P = \sqrt{R_P^2 + X_P^2} = \sqrt{6^2 + 8^2} = 10\Omega$$

而负载作 Y 形连接时,

$$U_P = \frac{U_L}{\sqrt{3}} = \frac{380}{\sqrt{3}} = 220V$$

$$I_P = I_L = \frac{U_P}{Z_P} = \frac{220}{10} = 22A$$

$$\cos\varphi = \frac{R_P}{Z_P} = \frac{6}{10} = 0.6$$

$$P = \sqrt{3} U_L I_L \cos\varphi = \sqrt{3} \times 380 \times 22 \times 0.6 \approx 8.7kW$$

(2) 而负载作△形连接时,

$$U_P = U_L = 380V$$

$$I_P = \frac{U_P}{Z_P} = \frac{380}{10} = 38A$$

$$I_L = \sqrt{3} I_P = \sqrt{3} \times 38 = 66A$$

$$P = \sqrt{3} U_L I_L \cos\varphi = \sqrt{3} \times 380 \times 66 \times 0.6 \approx 26kW$$

由以上计算可以知道,负载作三角形连接时的相电流、线电流及三相功率均为作星形连接时的3倍。

2.5 安全用电

除了少量大功率电动机使用3kV 和6kV 交流电源外,绝大多数工业、农业和日常生活

中都使用低压三相四线制交流电源,其线电压为380V,相电压为220V。使用上述电源及电气设备时应特别重视"安全用电"。如果电气设备使用不当、安装不合理等,都可能造成事故及人身伤害。因此,要了解安全用电的常识、触电的方式及急救方法,正确使用各种电气设备。

2.5.1 安全用电的基本原理与方法

1. 触电情况

当人体触及设备的带电部分,就有电流通过人体,使人体的一部分或全部受到伤害,以致死亡,这种现象称为触电。

触电以人体受到伤害程度不同可分为,电击和电伤两种。电击是指电流通过人体造成人体内部器管的伤害,这是最危险的;电伤是指电流对人体外部造成的伤害,如电弧飞溅造成烧伤等。

电流对人体的伤害程度,取决于以下几个因素。

1) 通过人体的电流大小

通过人体的电流越大,致命的危险就越大。根据一般经验,通过人体 1mA 的工频电流就会使人有不舒服的感觉,而大于 10mA 的工频电流,或大于 50mA 的直流电流通过人体时,就有可能危及生命。而超过 100mA 的工频电流通过人体时,就会在极短时间内使人失去知觉而导致死亡。

2) 电流的频率

一般认为,40~60Hz 的交流电对人体最危险,而频率越高,危险性却越低。

3) 通电时间

电流通过人体的时间越长,人体由于出汗或受潮等(皮肤的电阻大大降低)原因,将使通过人体的电流增加,对人体的危害越大。

4) 电流途径

电流通过人体心脏、头部、脊髓等重要器官,将会造成严重后果,甚至死亡。因此,电流从人的手到手、手到脚的流经途径最危险。

5) 人体电阻

每个人的人体电阻是不同的,一个人各部分的电阻大小也是不同的,一般约几百欧姆到几万欧姆,通常取 800~1000Ω。人体的电阻会因受到诸多因素的影响而降低。如出汗、受潮、有创伤、有带电粉末等都使人体电阻减小。

我们知道,通过人体的电流大小决定于人体电阻,以及人体触及电压的高低。以人体电阻 800Ω 为例,当人体触及电压等于 40V 时,通过人体的电流约为 50mA,对人体会造成危害,因此国家规定使用 36V 以下的安全电压,在特别潮湿的环境中,必须采用不高于 12 V 的电压。

2. 触电方式

由于电气设备的绝缘损坏,人体无意触及带电体时,就会触电,常见的触电方式有以下 3 种。

1) 单相触电

单相触电如图 2-19 所示,这时人体的一部分与带电体触及,同时人体的另一部分又与大地或中性线触及,电流从带电体通过人体到大地(或中性线),形成回路。图 2-19(a)为中性点接地的单相触电,图 2-19(b)为中性点不接地的单相触电(当相线与大地的绝缘阻抗 Z 较小时)。由于我国供电系统大部分是三相四线制的,故而人体此时承受的是 220V 的相电压,这是十分危险的。

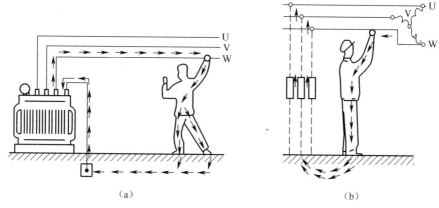

(a) (b)

图 2-19 单相触电情况

2)两相触电

两相触电如图 2-20 所示,这时人体同时触及两根相线,人体承受的是 380V 的线电压,触电后果最为严重。

图 2-20 两相触电情况

3)跨步电压触电

若架空高压线断裂,散落到大地时,高压电流经导线流入大地,以触及大地点为中心,构成一个半径 15~20m 范围内的电位分布区。当人体双脚跨入这个区域时,双脚之间出现了电位差,称为跨步电压,电流从高电位的脚流向低电位的脚,从而引起触电。

3. 安全保护措施

1)保护接地

电气设备的金属外壳用电阻很小的导线与接地极紧密连在一起,这种接地方式称为保护接地,如图 2-21 所示。接地极可以是钢管、钢条,将之埋入地下,或者利用埋入地下的金属自来水管,并规定其接地电阻不得大于 4Ω。

采用保护接地的电气设备,一旦发生漏电,便能使绝大部分的电流通过接地体流散到地下。而此时人体若触及它，由于人体电阻远比接地电阻大，故而大部分电流通过接地体流入地下，而与之并联的人体电阻流入极小的电流，避免了触电事故。

2）保护接零

将电气设备的金属外壳用导线直接与低压配电系统的零线相连接，这种方式称为保护接零，如图2-22所示。

图2-22中电机M的A相绕组碰壳而使电机外壳带电，由于金属外壳与电源零线相连，使A相短路。短路电流使A相熔丝熔断，自动切断了电源，免除了触电危险。

保护接零的方式扩大了安全保护的范围，克服了保护接地方式的局限性，因而使用范围较大。

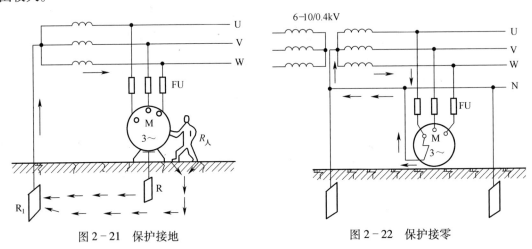

图2-21 保护接地　　　　　图2-22 保护接零

4. 安全用电小常识

下面列出一些日常安全用电小常识。

（1）检修电气设备和更换熔丝时，应首先切断电源，严禁带电作业。

（2）使用电气设备时，应采用相应的措施，如站在橡胶板上、穿上绝缘鞋、戴上绝缘手套等。

（3）在任何情况下，不能用手鉴别导线是否带电，须用验电设备（如测电笔、万用表等）。

（4）不许把36V以上的照明灯作为机床局部照明用。

（5）拆开或暴露的导线，必须用绝缘物包好，并设法放到人不易触及的地方。

（6）如遇人体触电时，应首先切断电源，切勿亲自用手接触触电者，以免再次触电，并且应及时抢救伤员。

（7）如电气设备失火，应先断开电源。在未断电状态下，不能用水或泡沫灭火器，须用黄沙、二氧化碳灭火器等灭火。

2.5.2　汽车供电系统需注意的几个方面

下面简要地说明汽车电器使用和检测中需要注意的几个问题。

（1）各种信号电线与电源搭铁线一定要分开，不要通过搭铁传递信号，否则容易出现干扰信号而发生故障。

(2) 汽车运行时,蓄电池的正、负两极的任意一根电线都不能随意断开。因为蓄电池和负载是与发电机并联的,它在供电系统中相当于一个低阻抗大电容。在供电系统中断开和闭合电感性负载时,会产生瞬时较大的感应电压,蓄电池将能吸收瞬时高电压能量,使它成为一个瞬变电压抑制器,以免过高瞬变电压影响微型计算机(ECU)等设备正常工作。此外,蓄电池容量越大,吸收瞬变电压能量的作用也越大。

(3) 不要带电插拔各类控制板和插头。带电插拔各类控制板和插头时,一方面容易造成电路短路;另一方面在电感性负载上会产生较强的感应电动势。感应电动势的电压值可达到几千伏特,这样高的瞬时电压会通过电源线加到微型计算机系统,可能造成微型计算机电源保护装置的损坏,从而使微型计算机不能正常工作。

(4) 慎重使用电子检测设备和仪器。如兆欧表,它内部可产生几百伏的电压,在测量绝缘电阻时,过高的电压可能会使微型计算机内的芯片电路短路或断路,发生故障,所以一般不宜用来测量低压电器的电阻。又如在检测发动机微型计算机系统时,要用高阻抗的仪表进行检测。如果用低阻抗的仪表对微型计算机进行检测,就相当于在微型计算机的测试点上并联一个较大的负载,微型计算机系统就有可能超负载工作而遭到损坏。因此在实际检测中,最好选用高阻抗的数字仪表。

(5) 检测微型计算机时,要有静电防护措施。在检测微型计算机系统时,要防止静电对微型计算机的损害。静电能损坏甚至摧毁微型计算机和其他电子元件。这种损坏有两种表现:一种是明显地使设备完全损坏而不能工作了;另一种是难以确定的,检查故障原因也十分困难。在后者的情况下,集成电路的品质下降,参数改变,运行混乱,工作不可靠,故障断断续续,一时无法找出原因等。防止静电损坏的最佳方法是采用静电保护措施,将人体上的静电荷排泄掉。一般采用人体与车体用导线连接起来的方法。实际使用中,将静电防护腕带缠在手上,另一端接在车体上,让人体上的电荷顺着手腕防护带泄出,成为无静电工作状态。

本 章 小 结

1. 正弦量的三要素:如正弦电流 $i=I_m\sin(\omega t+\varphi_i)$,其中 I_m、ω、φ_i 称为正弦量的三要素。

2. 正弦量与相量之间的相互对应关系不是相等的关系,正弦量的运算可转化成对应的相量代数运算。

3. 电阻、电感、电容元件伏安关系的相量形式总结如表 2-1 所列。

表 2-1 电阻、电感、电容元件伏安关系

项 目	相量形式	复阻抗	相量图
电阻元件	$\dot{U}_R = R\dot{I}_R$	$Z_R = \dfrac{\dot{U}_R}{\dot{I}_R} = R$	$\varphi = 0$
电感元件	$\dot{U}_L = j\omega L\dot{I}_L$	$Z_L = \dfrac{\dot{U}_L}{\dot{I}_L} = jX_L, X_L = \omega L$	$\varphi = \dfrac{\pi}{2}$

(续)

项目	相量形式	复阻抗	相量图
电容元件	$\dot{U}_C = -j\dfrac{1}{\omega C}\dot{I}_C$	$Z_C = \dfrac{\dot{U}_C}{\dot{I}_C} = -jX_C,$ $X_C = \dfrac{1}{\omega C}$	$\varphi = -\dfrac{\pi}{2}$
RLC 串联电路	$\dot{U} = \left[R + j\left(\omega L - \dfrac{1}{\omega C}\right)\right]\dot{I}$	$Z = R + j\left(\omega L - \dfrac{1}{\omega C}\right)$ $= R + j(X_L - X_C)$	$\varphi > 0$

4. 正弦交流电路的功率

有功功率 $P = UI\sin\varphi$，是电路实际消耗的功率，即电路中所有电阻消耗的功率之和。

无功功率 $Q = UI\cos\varphi$。

视在功率 $S = UI$

有功功率、无功功率、视在功率之间的关系为 $S^2 = P^2 + Q^2$

5. 三相对称电路

三相电源对称、三相负载对称、端线阻抗相等的三相电路称为三相对称电路。

习　题

1. 已知 $u = 220\sqrt{2}\sin(314t + 30°)\text{V}$，试问 e 的最大值、有效值、角频率、频率、周期和初相位各是多少？

2. 用相量法表示 $u = 220\sqrt{2}\sin(314t - 60°)\text{V}$ 和 $i = 22\sqrt{2}\sin(500t + 30°)\text{A}$。

3. 已知 $u_1 = 141\sin(\omega t - 30°)\text{V}$，$u_2 = 282\sin(\omega t + 45°)\text{V}$。(1) 写出相量式 $\dot{U}_1$ 和 $\dot{U}_2$；(2) 求 u_1 与 u_2 的相位差。

4. 已知 $i_1 = 10\sin(\omega t + 30°)\text{A}$，$i_2 = 10\sin(\omega t - 60°)\text{A}$，用相量法求它们的和及差。

5. 将 $e_A = E_m\sin\omega t$，$e_B = E_m\sin(\omega t + 120°)$，$e_C = E_m\sin(\omega t - 120°)$ 画在相量图上。

6. 在 5Ω 电阻的两端加上电压 $u = 310\sin 314t\text{V}$，求流过电阻的电流 I, i 和电阻上的有功功率 P。

7. 有一个电感 $L = 51\text{mH}$ 的线圈，接在 $\dot{U} = 220\angle 30°\text{V}$ 的交流电路上，求 X_L、$\dot{I}$ 和电感上的无功功率 Q_L。

8. 有一个电容 $C = 31.8\mu\text{F}$，接在 $\dot{U} = 220\angle -30°\text{V}$ 的交流电路上，求 X_C、$\dot{I}$ 和电容上的无功功率 Q_C。

9. 用并联电容器的方法提高线路功率因数，是否电容量越大越好？

10. 下面说法中哪些是正确的？哪些是错误的？

(1) 凡负载作星形连接时，必须接入中性线。

(2) 凡负载作三角形连接时，线电流必为相电流的 $\sqrt{3}$ 倍。

（3）三相四线制中,当三相负载越接近对称时,中性线电流就越小。

（4）凡负载作星形连接时,线电流必等于相电流。

11. 已知三相顺相序对称电源,$\dot{U}_2 = 220\angle 0°\text{V}$,求 $\dot{U}_1$、$\dot{U}_3$、$\dot{U}_{13}$、$\dot{U}_{23}$、$\dot{U}_{31}$。若三相对称负载星形连接,$\dot{I}_1 = 10\angle 75°$,则求 $\dot{I}_2$、$\dot{I}_3$ 及中性线电流 $\dot{I}_N$。

12. 已知在三角形连接的三相对称负载中,每相负载为 30Ω 电阻与 40Ω 感抗串联,电源线电压为 380V。求相电流和线电流的数值。

13. 在图 2-23 中,已知每相阻抗都是 38Ω,线电压为 380 V。以线电压 $\dot{U}_{12}$ 为参考相量,求各相电流和线电流。

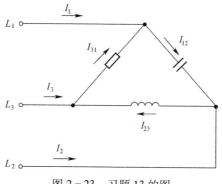

图 2-23 习题 13 的图

14. 有一三相对称负载,其各电阻等于 10Ω,负载的额定相电压为 220V,现将它接成星形,接在 $U_L = 380\text{V}$ 的三相电源上。求 I_P、I_L 和总功率 P。

15. 在同一电源上,题 14 中负载错接成三角形,试求 I_P、I_L 和总功率 P,并把计算结果与题 14 作比较。

16. 有一三相对称负载,总功率为 5.5kW,按三角形连接接到线电压为 380V 的线路上,设此时负载的线电流为 19.5A,求负载的相电流、功率因数和每相的阻抗值。

17. 什么叫触电？触电对人体有哪些伤害？

18. 保护接地和保护接零的方式是怎么样的？它们有何区别？

19. 如果有人触电,而电源开关又不在附近,应如何办？

第 3 章 磁路与变压器

学习目标：

了解磁的有关知识；掌握通电导体产生磁场的方向判断方法；掌握通电导体在磁场中所受的电磁力方向的判断；掌握导体在磁场中运动时切割磁感线产生感应电动势大小及方向的判断；掌握线圈中产生感应电动势的条件及方向的判断方法；熟悉电磁感应和电磁铁在汽车上的应用；了解变压器的基本结构和原理；掌握变压器的作用；了解变压器额定值的意义；熟悉变压器同名端的判断方法；了解自耦变压器的基本结构和原理；熟悉汽车点火线圈的结构和工作原理；了解汽车点火系统的工作原理；熟悉汽车常用电磁器件的基本结构；掌握汽车常用电磁器件的工作原理；掌握汽车常用电磁器件的检查方法。

3.1 磁路与电磁

3.1.1 磁的基本知识

在电动机、变压器、电磁铁等电工设备中，既有电路，也有磁路，而且电路与磁路是密切相关的，故需了解磁的有关概念以及电路与磁路的关系。

具有吸引铁、镍、钴等金属或它们的合金的性质的物质称为磁铁。磁铁可分为天然磁铁和人造磁铁。常见的磁铁有条形、马蹄形等。

1. 磁场

磁铁具有磁性，磁铁磁性最强的部位称为磁极，磁铁有南极（S）和北极（N）两个磁极。同性磁极相互排斥，异性磁极相互吸引。磁铁周围存在一种特殊物质，它具有力和能的特性，这种物质称为磁场，可用磁感线来表示磁场。磁感线是闭合的曲线，它的切线方向即为该点的磁场的方向。磁场的强弱用磁力线的疏密程度来表示，如图 3-1 所示。

2. 磁场的基本物理量

1) 磁感应强度（B）和磁通（Φ）

用磁感应强度（B）表示磁场某点的强弱。磁感应强度 B 的方向即为磁场中各点的磁场方向。单位为特斯拉，简称特，用 T 表示。通常将磁场中各点的磁感应强度相同的磁场称为匀强磁场，在匀强磁场中，垂直通过某一面积 S 的磁感线数称为磁通 Φ。磁通是用来表

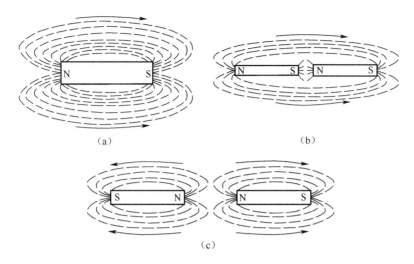

图 3-1 磁铁的磁场
(a)条形磁铁的磁场;(b)异性磁极相互吸引;(c)同性磁极相互排斥。

示磁场在某一范围分布情况的物理量,在数值上等于磁感应强度 B 与和 B 垂直的面积 S 的乘积。

磁通的单位为韦伯,简称韦,用 Wb 表示。

可见,磁感应强度 B 即为垂直穿过某一面积 S 的磁感线。磁感应强度又称作磁通密度。

2)磁导率(μ)

磁导率用来衡量物质的导磁性能,单位为亨/米(H/m)。

真空的磁导率 $\mu_0 = 4\pi \times 10^{-7}$(H/m),为一常数。而任一物质的磁导率 μ 和真空的磁导率 μ_0 的比值,称为该物质的相对磁导率 μ_r。

$$\mu_r = \frac{u}{\mu_0} \tag{3-1}$$

常识:铁磁物质指的是钢、铁、钴、镍及其合金,它们的磁导率很大,能使磁场大大增强。如电机、变压器和电磁铁线圈中的铁心是用铁磁物质制成的,以增强磁场。

磁场中某一点磁感应强度 B 与磁导率 μ 的比值称为该点的磁场强度(H),其单位为安/米(A/m)。

$$H = \frac{B}{\mu} \tag{3-2}$$

3. 磁化曲线

磁场强度 H 与磁感应强度 B 的关系可用磁化过程的磁化曲线来表示,如图 3-2 所示。

磁化是指原来呈中性状态的磁性物质得到磁性的过程。磁化开始时,磁感应强度 B 从零随磁场强度 H 的增加而增加,当 B 达到一定程度时,H 再增加,B 基本上不再增加,如图 3-2 所示,这种现象称为磁饱和。可见磁化曲线上各点的 μ 不是一个常数,它随 H 而变,即铁磁材料的磁导率是非线性的。当 H 由零增加至某一值($+H_m$)后,若减小 H,B 也随之减小,但 B 并不沿原来的曲线返回。当 H 减小至零时,$B = B_r$,称为剩磁感应强度,简称剩磁。

只有当 H 反方向变化到 $-H_c$ 时,B 才降至零,H_c 称为矫顽力。可见,B 的变化滞后于 H 的变化,这种现象称为磁滞现象,即铁磁材料具有磁滞性。

若继续增大反向 H 达到 $-H_c$ 时,再减小 H 至零,再逐渐使 H 正向增加至 $+H_m$,如此进行反复磁化,得到一条如图 3-2 所示的闭合曲线,称为磁滞回线。不同的铁磁材料,其磁滞回线也不同,如纯铁、硅钢等材料的磁滞回线较狭窄,剩磁感应强度 B_r 低,矫顽力较小,称为软磁材料,常用来作电机和变压器的铁心。而碳钢、稀土、铝镍钴等材料的磁滞回线较宽,具有较高的剩磁感应强度和较大的矫顽力,称为硬磁材料或永磁材料,用来制造永久磁铁。

常识:磁滞现象使铁磁材料在交变磁化过程中产生磁滞损耗和涡流损耗,称为铁损耗,它使铁心发热,使交流电机和变压器等损耗增加,效率降低。铁心通常采用片状的硅钢片叠成,以减少铁损耗,如图 3-3 所示。

提示:汽车交流发电机转子铁心存在剩磁,有利于发电;但在某些方面不是要剩磁而是要去除,其方法是改变铁心线圈中原来励磁电流的方向。

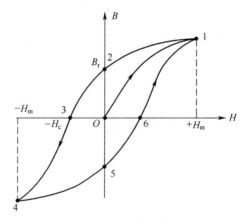

图 3-2 磁化曲线

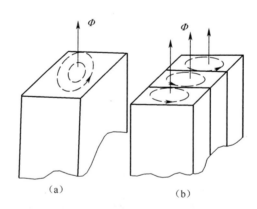

图 3-3 减少铁损耗的方法

(a)整体铁心的铁损耗;(b)硅钢片叠成的铁心以减少铁损耗。

4. 磁路和磁路的欧姆定律

1)磁路

在变压器、电机和电磁铁中常用铁磁材料做铁心,将磁感线约束在一定的闭合路径上。

我们把磁感线通过的闭合路径称为磁路,如图3-4所示。

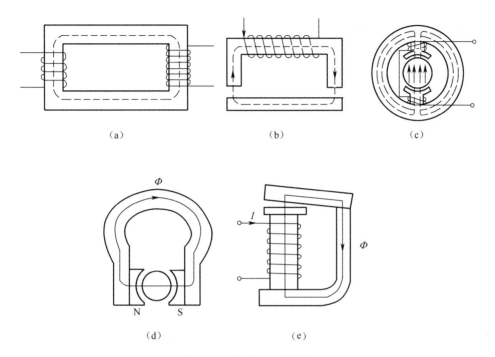

图3-4 常见的几种磁路
(a)单相变压器的磁路;(b)电磁铁的磁路;(c)直流电机的磁路;(d)磁电式仪表的磁路;(e)电磁型继电器的磁路。

磁路经过铁心(即磁路的主要部分)、空气隙(有时磁路没有空气隙)而闭合。通常将通过铁心的磁通称为主磁通,而通过铁心外的磁通称为漏磁通。一般漏磁通远小于主磁通,故常忽略不计。

2) 磁路的欧姆定律

磁路中的磁通量 Φ 与磁通势 NI(线圈的匝数和电流的乘积)成正比,与磁阻 R_m 成反比,这一关系与电路中的欧姆定律在形式上相近,通常称为磁路的欧姆定律,可用公式表示:

$$\Phi = \frac{NI}{R_m}$$

磁阻 R_m 的大小与磁路的材料和几何尺寸有关,其计算公式为

$$R_m = \frac{L}{\mu S} \tag{3-3}$$

式中:L 为磁路的平均长度(m);S 为磁路的横截面面积(m^2);μ 为该种磁路材料的磁导率。

常识:磁路和电路相比具有某些相似之处。例如在电路中,电动势是形成电流的原因,而在磁路中磁通势是产生磁通的原因。通电线圈所产生的磁通与线圈的匝数 N 和通过电流 I 的乘积成正比,电路中有电阻,而在磁路中亦有磁阻。磁通经过磁路时受到磁阻的阻碍作用,磁阻 R_m 大小与磁路的长度 L 成正比,与磁路的横截面面积 S 成反比,并与组成磁路材料的磁导率有关。在磁路长度和横截面面积相同的情况下,铁磁性材料的磁阻比空气的磁阻要小得多。

3.1.2 电流的磁场

1. 通电直导体产生的磁场

当电流流过导体时,在导体周围会产生磁场,通常将载流导体产生磁场的现象称为电流的磁效应。磁场的方向由右手螺旋定则确定。

通电直导体产生的磁场方向判定方法是:用右手握住直导线,让伸直的大拇指所指的方向跟电流的方向一致,那么弯曲的四指所指的方向就是磁感线的环绕方向,如图3-5所示。通电直导体产生的磁场强弱与流过导体的电流大小成正比。

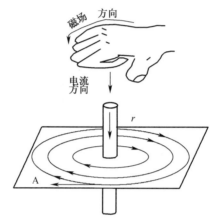

图3-5 通电直导体产生的磁场

2. 通电线圈的磁场

当电流流过线圈时,在线圈周围也会产生磁场,磁场方向的判定方法是:用右手握住线圈,让弯曲的四指所指方向跟电流的方向一致,那么大拇指所指的方向就是线圈内部磁感线的方向,也就是说,大拇指指向通电线圈的N极,如图3-6所示。

图3-6 通电线圈产生的磁场

通过实验表明,通电线圈产生磁场的强弱与流过线圈的电流大小和线圈的匝数成正比,另外还与线圈中有无铁心有关。若要使线圈的磁场更强,可在线圈中央插入用软铁制成的铁心(图3-7)。软铁是一种具有高磁导率的材料,它为穿过线圈中央的磁场提供优良的导磁体。

常识:磁场的强弱通常是以流过线圈的电流乘以线圈的匝数(IN)来度量的。

电感线圈对直流电的阻力很小(若电阻为零时可认为短路),但对交流电的阻力较大,而且交流电的频率越高,就越难以通过。

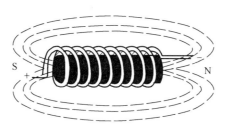

图 3-7　线圈中加入铁心

利用通电线圈所产生的电磁吸力可制成电磁铁,电磁铁在汽车上应用广泛。

3.1.3　磁场对通电直导体的作用

1. 电磁力

在磁铁的两极中悬挂一根与磁感线方向垂直的直导体,当导体中不通电流时,导体静止不动;而当有电流通过导体时,导体就会在磁铁中移动;当改变电流的流向时导体移动的方向也相应改变。由此可见,通电导体在磁场中受到磁场力的作用。我们把通电导体在磁场中所受到的作用力称为电磁力。电动机就是根据这一原理工作的。

电磁力的方向可由左手定则进行判断,即伸开左手,将拇指与其余四指垂直并在一个平面内,手心面向磁场的 N 极,四指指向电流的方向,则拇指所指的方向即为通电导体受力的方向,如图 3-8 所示。

通电导体在磁场中受到的电磁力 F 的大小,与导体在磁场中的有效长度 L(即垂直磁力线的导体长度)、通电电流 I 的大小成正比,还与磁场的强弱有关。磁场越强,导体所受的电磁力越大。

常识:汽车上的起动机就是利用通电导体在磁场中受力运动而使起动机运转的。

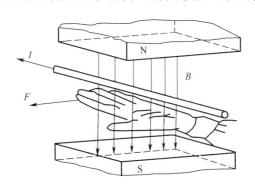

图 3-8　左手定则

2. 电磁铁的概念

根据通电导体产生磁场的现象可制成电磁铁。电磁铁是利用铁心线圈通电后产生的吸引力使衔铁动作的。衔铁的动作可以使其他机械装置产生联动。当电源断开时,电磁铁的磁性随之消失,衔铁或其他部件即被释放。

电磁铁常用来实现对电路的各种控制和保护。电磁铁衔铁吸力的大小与电磁铁的磁性强弱成正比。

1) 电磁铁的组成与结构

电磁铁由线圈、铁心及衔铁三部分组成。图3-9所示为电磁铁的几种结构。

2) 电磁铁的类型

电磁铁广泛地应用在继电器、接触器及自动装置中。电磁铁分为直流和交流两种,在汽车上应用的是直流电磁铁。

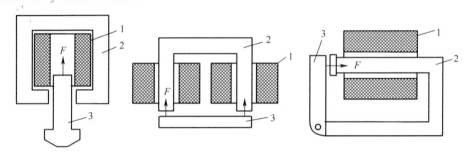

图3-9 电磁铁的几种结构
1—线圈;2—铁心;3—衔铁。

(1) 直流电磁铁。直流电磁铁由励磁线圈、软磁材料铁心和衔铁组成。当励磁线圈通入直流电流时所产生的磁场,使铁心和衔铁磁化,衔铁因受到电磁力的作用而被吸向铁心。则磁路中的空气隙随衔铁的吸合而减小。

(2) 交流电磁铁。交流电磁铁与直流电磁铁的结构基本相同,也是由励磁线圈、铁心和衔铁组成的。当正弦交流电通入交流电磁铁的励磁线圈时,在铁心中产生的磁通是交变的,当线圈匝数和电源频率一定时,铁心中磁通的最大值与电源电压成正比,当电压不变时,铁心中磁通的最大值亦保持恒定不变,与磁路的情况(如铁心材料的磁导率、气隙大小等)无关。

由于交流电磁铁由交流电进行励磁,气隙中的磁感应强度随时间而变化,因此交流电磁铁的吸力也随时间而变化。这将导致衔铁颤动,引起噪声,同时触点容易损坏。为了消除这种现象,可在磁极的部分端面上套一个分磁环(或称短路环)以消除衔铁的颤动和噪声。

常识:直流电磁铁中的磁通是恒定的,铁心没有损耗,是用整块软钢制成的。但是由于交流电磁铁中铁心的交变磁通会产生涡流和磁滞损耗,为了减小损耗,铁心用硅钢片叠合而成。

3) 电磁铁的应用

在汽车上,许多控制部件或执行部件的各种电磁继电器,都是利用电磁铁的特点制成的,主要用来接通和断开电路。例如触点式电压调节器和汽车电喇叭。

在机床中也常用电磁铁操纵气动或液压传动机构的阀门,电磁吸盘和电磁离合器也都应用电磁铁;另外还可应用电磁铁起重提放钢材。

3.1.4 电磁感应

1. 导体在磁场中作切割磁感线运动产生感应电动势

在磁场中的导体作切割磁感线运动时,就会在导体中产生感应电动势,若磁场中的导体构成闭合回路,就会在导体中产生感应电流。感应电动势或感应电流的方向可用右手定则来判断,如图3-10所示。

右手定则:伸开右手,使大拇指跟其余四指垂直,并且都跟手掌在一个平面内,让磁感线垂直穿入手心,大拇指指向导体运动方向,这时四指所指的方向即为感应电动势(感应电流)的方向,即四指所指向的一端为感应电动势的正极。

导体中感应电动势的大小与磁感应强度 B、导体的有效长度 L 及导体切割磁感线运动的速度 v 成正比。

常识:汽车上的发电机就是根据电磁感应原理工作的。右手定则又称为发电机定则。

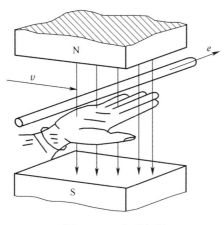

图3-10 右手定则

2. 线圈中磁通发生变化时产生感应电动势

通电导体周围存在磁场,即电能生磁,反之磁也能生电。当穿过闭合电路的磁通发生变化,闭合电路中就有电流产生,这种利用磁场产生电流的现象称为电磁感应现象。

线圈中感应电动势的方向可用楞次定律判断,即线圈中感应电流的磁场总是阻碍引起感应电流的磁通(原磁通)的变化,这就是楞次定律。此定律用于导体不作运动但磁通变化,从而引起闭合电路产生感生电动势(感生电流)的方向判定,如图3-11所示。

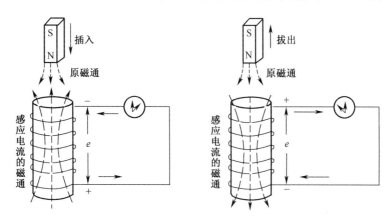

图3-11 线圈中磁通发生变化时产生感应电动势

用楞次定律判断感应电动势方向的具体步骤是:首先确定原来磁场的方向及变化趋势

(增加还是减弱),再根据楞次定律确定感应电流产生的磁场方向(当原磁场增加时,感应电流产生方向与原磁场方向相反,反之则相同),最后根据感应电流产生磁场的方向判断出感应(图3-11)线圈中磁通发生变化时产生的感应电动势。

线圈中感应电动势的大小与穿过线圈的磁通的变化率和线圈的匝数成正比,这就是著名的法拉第电磁感应定律。

常识:电机、变压器、汽车点火系统、起动电动机等的工作原理都基于电磁感应原理。

导体中产生感应电动势和感应电流的条件是:导体与磁场作切割磁感线的相对运动或线圈中的磁通发生变化时,就会在导体或线圈中产生感应电动势;当导体或线圈构成闭合回路时就会产生感应电流。

3. 霍耳效应(磁场对通电半导体的作用)

当电流 I 通过放在磁场中的半导体基片(霍耳元件)且电流方向和磁场方向垂直时,在垂直于电流和磁通的半导体基片的横向侧面上即产生一个电压,这个电压称为霍耳电压 U_H,如图3-12所示。U_H 的大小与通过的电流 I 和磁感应强度 B 成正比。可用下式表示:

$$U_\mathrm{H} = \frac{R_\mathrm{H}}{d} IB \tag{3-4}$$

式中:R_H 为霍耳系数;d 为基片厚度;I 为电流;B 为磁感应强度。

由上式可知,当通过的电流 I 为定值时,产生的霍耳电压与磁感应强度 B 成正比,即霍耳电压随磁感应强度的大小而变化。

常识:利用霍耳效应可制成霍耳式传感器,如汽车上的霍耳式位置和转速传感器及霍耳式电子点火器等。

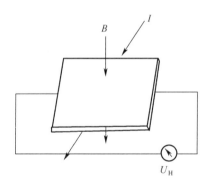

图3-12 霍耳效应

4. 自感和互感

将两个线圈 N_1、N_2 绕在同一个铁心上,如图3-13所示。当线圈 N_1 的电流发生变化时,引起磁场变化,在 N_1 中产生感应电动势,称为自感电动势;其大小与电流的变化率和匝数成正比;这种由线圈本身电流变化引起磁场变化而在线圈本身产生感应电动势的现象称为自感现象。而线圈 N_1 变化的磁场也穿过线圈 N_2,会使线圈 N_2 中产生感应电动势,这种由一个线圈的电流变化引起另一个线圈产生感应电动势的现象称为互感现象。N_2 中的电动势就叫互感电动势。如图3-13所示,互感电动势的大小与穿过线圈 N_2 的磁通变化率成正比,与线圈 N_2 的匝数成正比。互感和自感电动势的方向由楞次定律来判定。

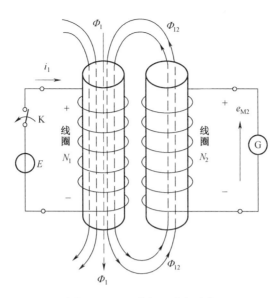

图 3-13 互感与互感电动势

常识:变压器及汽车上的点火线圈就是利用自感和互感原理工作的。

在直流电路中,由于电流的变化率为零,故通电线圈只有在电路断开或接通的瞬间才产生自感电动势。通路时由于线圈电阻较小,通过线圈的电流较大,相当于短路。

当线圈通电或断电时线圈本身会产生自感应电动势或自感应电流,通电时产生的自感应电流方向与所加电流的方向相反;断电时产生的自感应电流方向与原有电流的方向相同。前者有减少线圈磁化的倾向,后者有维持线圈磁化的倾向。

5. 汽车电路中电感特性示例

1)点火线圈(变压器)储存点火能量

点火线圈初级绕组通电时,将电源的电能变为磁场能量,当初级绕组断电时,次级绕组产生的高压电转换为火花塞电极的点火能量。

2)电感的自感电动势造成过电压

自感应在大多数情况下是不希望存在的。例如点火线圈、继电器线圈、发电机和电动机的绕组等电感在电路开关开闭时或是通电线路突然断开时,会产生自感电动势,其瞬变的电压会很高,将对汽车上的电子元器件造成危害。因此,为了对汽车电路中电子元器件保护,汽车的电气设备特别是蓄电池的连接要可靠。因为蓄电池(相当于电容)可吸收瞬变过电压,对稳定电网电压可起到重要作用。同时由于自感电动势,许多随时通、断的电感器件,会在开关上产生电火花(电弧),在含有线圈的电器部件或电动机中会遇到自感应作用。为减少高压电弧,可以在电路上接电容器或钳位二极管,电容器能吸收由于接通或断开电路时电感线圈所产生的高压。

3.2 变 压 器

3.2.1 变压器的基本结构和工作原理

变压器是利用电磁感应原理工作的电气设备,具有传递能量、变换电压、变换电流和变换阻抗的功能,因此在各个领域中有着广泛的应用。

变压器的种类繁多,如在电子线路中用到的整流变压器、振荡变压器、脉冲变压器等;另外,还有互感器、自耦变压器及各种专用变压器。不同的变压器其外形、体积及工作性能各有特点,但它们的基本结构和工作原理是相同的。

1. 变压器的结构

变压器主要由铁心和绕组两大部分构成,普通的双绕组变压器有心式和壳式两种结构形式。

图3-14(a)为心式变压器,其特点是绕组包围铁心。图3-14(b)为壳式变压器,这种变压器的部分绕组被铁心包围,可以不要专门的变压器外壳,适用于容量较小的变压器。变压器的绕组有原边绕组(初级或一次绕组)和副边绕组(次级或二次绕组),原边绕组与电源相连,副边绕组与负载相连。

变压器铁心上的原绕组和副绕组之间有磁耦合关系,在图3-15中,当匝数为N_1的原边绕组接上交流电压u_1时,原绕组中将产生交流电流i_1,磁通势i_1N_1,产生的交变磁通大部分通过铁心而闭合,因此,根据电磁感应定律将同时在原、副绕组中产生感应电动势e_1和e_2。如果副边绕组有负载,则副绕组(匝数为N_2)中有电流i_2通过,磁通势i_2N_2产生的磁通也大部分通过铁心而闭合。这样,铁心中的主磁通Φ是一个由原、副绕组的磁通共同产生的合磁通,这时,e_1和e_2也自然是由合磁通Φ产生的。另外,磁通势i_1N_1和i_2N_2还要产生漏磁通$\Phi_{\sigma 1}$和$\Phi_{\sigma 2}$,它们在各自的绕组中分别产生漏磁电动势$e_{\sigma 1}$和$e_{\sigma 2}$。

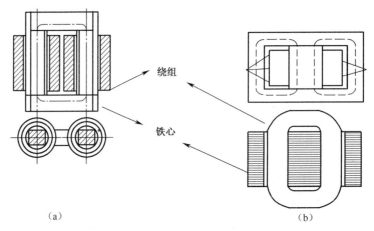

图3-14 变压器的结构
(a)心式;(b)壳式。

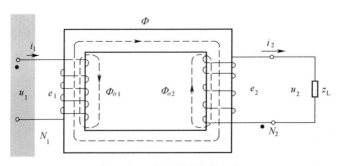

图3-15 变压器的负载运行

2. 变压器的原理

1）变压器的电压变换作用

变压器原边绕组施加额定电压,副边绕组开路(不接负载)的情况,称为空载运行。图 3-16 是普通双绕组变压器空载运行时的示意图。

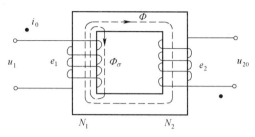

图 3-16 变压器的空载运行

设变压器原绕组通过的为正弦变化的交流电,则产生的磁通也为正弦变化,根据电磁感应定律 $e = -N\dfrac{\mathrm{d}\Phi}{\mathrm{d}t}$,经推导得出两个绕组的电压分别为

$$U_1 \approx E_1 = 4.44fN_1\Phi_m , \quad U_{20} = E_2 = 4.44fN_2\Phi_m \tag{3-5}$$

式中:f 为电源的频率;Φ_m 为铁心中的主磁通的最大值;U_1 为电源电压;U_{20} 为空载时副边的电压。

由上式可得原、副绕组的电压之比为

$$\frac{U_1}{U_{20}} = \frac{E_1}{E_2} = \frac{N_1}{N_2} = K$$

即变压器原、副绕组的电压与其绕组的匝数成正比。

上式中 K 称为变压器的变比。若 $K>1$,则为降压变压器。

变压器铭牌上常注明原、副边的额定电压,如"220/20V"($K=11$),这表示原绕组的额定电压 $U_{1N}=220\text{V}$,副绕组的额定电压 $U_{2N}=20\text{V}$。

2）变压器的电流变换作用

变压器原绕组加上额定电压,副绕组接上负载 Z_L 的工作情况,称为负载运行,如图 3-15 所示。负载运行时原、副边都有电流,则铁心中的主磁通是由合磁通 $i_1N_1+i_2N_2$ 产生的。

原、副绕组电流的有效值关系为

$$\frac{I_1}{I_2} \approx \frac{N_2}{N_1} = \frac{1}{K} \tag{3-6}$$

即变压器原、副绕组的电流与其绕组的匝数成反比。

3）变压器的阻抗变换作用

当变压器的负载 Z_L 变化时,i_2 变化,i_1 也随着变化,Z_L 对 i_1 的影响可以用一个接在原边的等效阻抗 Z'_L 来代替,如图 3-17(b)所示。即将图 3-17(a)所示框内的变压器和 Z_L 对电源的共同作用用 Z'_L 来等效。不考虑原、副绕组的漏阻抗和空载电流,并忽略各种损耗,可得出阻抗 Z'_L 和负载阻抗 Z_L 的关系。

根据 $U_1 = KU_2$ 及 $I_1 = \dfrac{1}{K}I_2$

得
$$|Z'_L| = \frac{U_1}{I_1} = \frac{KU_2}{\frac{1}{K}I_2} = K^2 \frac{U_2}{I_2} = K^2 |Z_L| \qquad (3-7)$$

即变压器的等效负载阻抗 Z'_L 是负载阻抗 Z_L 的 K^2 倍。

由上式可知,原边的等效阻抗值 $|Z'_L|$ 不仅与 Z_L 有关,还与变压器匝数比 K 有关,所以在实际中经常采用不同的匝数比,把负载阻抗 Z_L 变换为所需要的比较合适的数值。这种变换方法称为阻抗匹配。在电子电路中常用变压器来变换阻抗,以使负载获得最大功率。

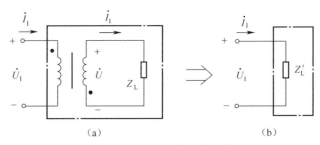

图 3-17 变压器的阻抗变换

常识:变压器的原理是通过线圈中的电流变化引起磁通发生变化,从而在线圈中产生感应电动势。即变压器的 3 个作用是对交流电而言的,不能改变直流电压。而汽车上的点火线圈之所以能改变直流电压,是因为通过原绕组的直流电流的大小变化,引起磁通变化而产生感应电动势。

例 3-1 有一台机床控制变压器,初级电压为 220V,次级电压为 36V,如果次级接入一个 100W、36V 的灯泡,若不考虑变压器绕组的阻抗,问初次的电流为多少?

解 次级接入 100W、36V 的灯泡为电阻性负载,故次级电流为

$$I_2 = \frac{P_2}{U_2} = \frac{100}{36} = 2.78\text{A}$$

$$K = \frac{U_1}{U_2} = \frac{220}{36} = 6$$

$$I_1 = \frac{1}{K}I_2 = \frac{2.78}{6} = 0.46\text{A}$$

3.2.2 变压器绕组的同名端及其测定

在实际工作中,有时要把绕组串联起来,以增高电压;有时又要把绕组并联起来,以增大电流。如图 3-18 中两个绕组 A 和 B 的匝数相同,绕向一致,额定电压都为 110V,如要把它们接到 220V 交流电源上去时,必须 2、3 相连,1、4 接 220V 电压;而如果要把它们接到 110V 交流电压上去时,则必须 1、3 相连,2、4 相连后再接上 110V 电压,如图 3-19 所示。

在图 3-18 和图 3-19 中,线圈 A 和 B 上打"·"的端口,叫做同名端(或同极性端)。这是由于此时该两个绕组的同名端 1、3 同时流进电流(或同时流出电流),两绕组产生的磁通势方向在铁心中是一致的。如图 3-20,它们相互叠加使初级电路的电压 u_1 达到平衡。

如果接错,则两个绕组 A 和 B 产生的磁通势方向在铁心中相反,相互抵消,则反电动势 e_1 叠加 e_2 为零,则将使 $u_1 = u_R + u_{LS}$。又由于绕组的电阻和漏感抗很小,将使电路中电流很

大,以致烧坏变压器绕组。

因此,要使两个绕组进行正确的串联,则应把两个绕组的非同名端连在一起,而电源则加到另外两个接线端上,如图 3-18 所示。若要使两个绕组进行正确的并联,则应把两个绕组的非同名端连在一起,而电源则加到并联绕组的两个接线端上,如图 3-19 所示。但应指出,只有额定电流相同的绕组才能串联,额定电压相同的绕组才能并联,不然会造成其中某一绕组过载。

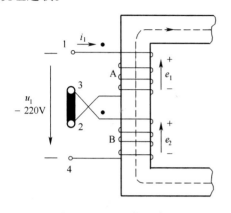

图 3-18 两个绕组串联

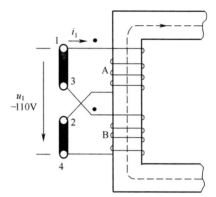

图 3-19 两个绕组并联

如果一个变压器的同名端未标注或模糊不清时,可以通过下面的两种测试法,测定变压器的同名端。

1. 直流法

如图 3-20(a)所示,图中绕组 A 的两个端点 1、2 接入开关 S 和电动势为 E 的电源,绕组的两个端点 3、4 接检流器 G 表。+、-为 G 的电压参考方向,若指针正向偏转,则实际电压与参考方向一致;若指针反向偏转,则实际方向与参考方向相反。当开关 S 迅速闭合时刻,若表的指针正向偏转一下,则 1 端和 3 端为同名端,若指针反向偏转一下,则 1 端和 4 端为同名端。

2. 交流法

如图 3-20(b)所示,将 A、B 两个绕组的任意两个端点连接在一起,如 2 端和 4 端连在一起,并在任意一个绕组(如 A 绕组)加上一个电压值较低的交流电压 u,然后用交流电压表测量:U_{12}、U_{13} 和 U_{34}。

如测得 $U_{13}=U_{12}-U_{34}$,则 1 端和 3 端为同名端;若测得 $U_{13}=U_{12}+U_{34}$,则 1 端和 4 端为同名端。

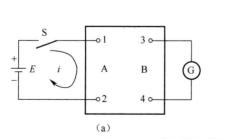

图 3-20 绕组同名端测定法
(a)直流法;(b)交流法。

3.2.3 变压器的损耗和额定值

1. 变压器的额定值

1) 额定电压 U_{1N} 和 U_{2N}

初级绕组的额定电压 U_{1N} 是根据变压器的绝缘强度和允许温升所规定加入的电压值，而次级绕组的额定电压 U_{2N} 是在初级绕组加上额定电压时次级绕组的空载电压。

在三相变压器中，U_{1N} 和 U_{2N} 都是指线电压。

2) 额定电流 I_{1N} 和 I_{2N}

额定电流 I_{1N} 和 I_{2N} 是根据绝缘材料的强度，所允许的温度而长期允许通过的电流最大值。在三相变压器中，I_{1N} 和 I_{2N} 是指线电流。

3) 额定容量

额定容量是用视在功率来表示的，单位为伏安（V·A）或千伏安（kV·A）。

在单相变压器中
$$S_N = U_{2N} I_{2N} \tag{3-8}$$

在三相变压器中
$$S_N = \sqrt{3} U_{2N} I_{2N} \tag{3-9}$$

4) 额定频率 f_N

这是指加到变压器初级绕组上的电压允许频率。在我国，规定标准工业频率为 50Hz。

在电气线路中，单相和三相变压器的图形符号，如图 3-21 所示。

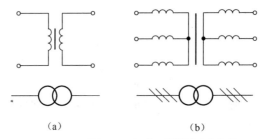

图 3-21 单相和三相变压器的图形符号
(a) 单相；(b) 三相。

2. 变压器的损耗与效率

变压器的输入功率
$$P_1 = U_1 I_1 \cos\varphi_1$$

式中，φ_1 为初级线圈的输入电压 u_1 和输入电流 i_1 的相位差。

变压器的输出功率
$$P_2 = U_2 I_2 \cos\varphi_2$$

式中，φ_2 为次级线圈的输出电压 u_2 和输出电流 i_2 的相位差。

变压器的功率损耗
$$\Delta P = P_1 - P_2 \tag{3-10}$$

变压器的效率
$$\eta = \frac{P_2}{P_1} \times 100\% \tag{3-11}$$

变压器的效率一般较高,大容量变压器在额定负载时的效率可达 98%~99%,小容量变压器的效率约为 70%~80%。

变压器的效率还与负载有关,轻载时效率很低,因此我们应合理选择变压器的容量,以免长期轻载或空载工作。

3.3 特殊变压器

3.3.1 自耦变压器

原、副边共有一个绕组的变压器称为自耦变压器,其结构如图 3‐22 所示,原绕组绕在闭合铁心上,副绕组只是原绕组的一部分。因此,原、副绕组之间不仅有磁的耦合作用,而且还存在直接的电气作用。

自耦变压器和普通变压器的工作原理是相同的,其电压、电流的变换关系仍为

$$\frac{U_1}{U_2} = \frac{N_1}{N_2} = K, \quad \frac{I_1}{I_2} = \frac{N_1}{N_2} = \frac{1}{K} \qquad (3-12)$$

自耦变压器与普通变压器相比有很多优点,如损耗小,效率高,节省铜线等。但原、副边存在着电气上的联系,高压侧一旦断线或接地时,高压电就会引入低压侧,造成事故,因此自耦变压器通常仅用于变比不大的场合,K 一般为 1.5~2.0。

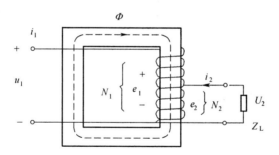

图 3‐22 自耦变压器

调压器属于自耦变压器,它是利用滑动触点来均匀改变副绕组的匝数,从而使副边电压平滑可调。其外形和原理图如图 3‐23 所示。图中 U_1 为输入电压,U_2 为输出电压,转动手柄使滑动触头 P 处于不同的位置,就可以改变输出电压。如果要使 $U_2>U_1$,可将滑动触点 P 处于 b 点上方。

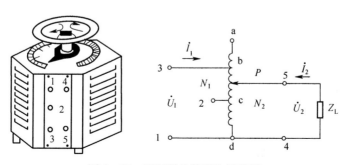

图 3‐23 调压器的外形和原理图

注意：在使用调压器时，应注意原、副绕组不可对调，防止因使用不当而导致电源短路，烧坏调压器。

3.3.2 汽车点火系统的点火线圈与电路

汽车点火线圈又称为变压器，它是根据互感原理工作的。当断电器触点张开时，通过低压绕组的电流变化引起磁场变化，就会在高压绕组产生高压电，如图3-24所示。

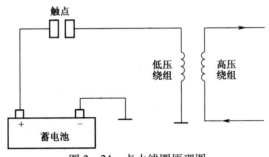

图3-24 点火线圈原理图

1. 汽车点火线圈

根据磁路和结构的不同可分为开磁路和闭磁路点火线圈。

开磁路点火线圈多用于传统点火系统及普通电子点火系统；闭磁路点火线圈具有漏磁少、转换效率高（约70%）、结构简单、体积小、质量轻等优点，多应用于高能电子点火系统及电控点火系统。

开磁路点火线圈的结构如图3-25所示。点火线圈由铁心、初级（低压）绕组、次级（高压绕组、胶木盖、绝缘瓷杯等组成。铁心由硅钢片叠制而成，包在硬纸套中，纸套上套有

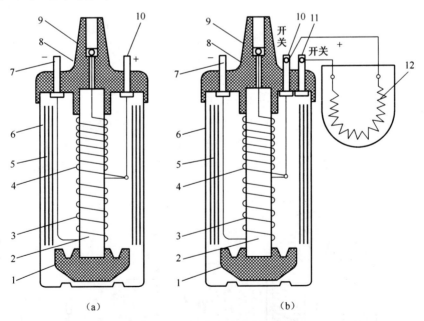

图3-25 开磁路点火线圈的结构
1—瓷座；2—铁心；3—低压绕组；4—高压绕组；5—导磁钢片；6—外壳；7—"-"接线柱；
8—胶木盖；9—高压线插座；10—"+"或"开关"接线柱；11—"+开关"接线柱；12—附加电阻。

11000～23000匝的次级绕组。初级绕组绕在次级绕组的外部,有利于散热,初级绕组的匝数为220～330匝。初级绕组和外壳之间有导磁用的钢片,底部有绝缘瓷杯,上部有胶木盖,外壳内充满沥青或绝缘油等绝缘物,以加强绝缘性,防止潮气侵入。胶木盖上有连接断电器的低压接线柱、高压线插孔、"开关"接柱和"+开关"接柱。

附加电阻(或附加电阻线)接在"+开关"和"开关"的两接线柱上,与初级绕组串联,用来改善点火系统的工作特性。图3-25所示为东风EQ1090型汽车装用的DQ125型点火线圈,为两接线柱式,本身不带附加电阻,"-"接线柱接至分电器触点,而"+"接线柱上有两根导线,其中一根接至起动机电磁开关的附加电阻短路接线柱上,另外一根导线(附加电阻线,阻值约为1.7Ω)接至点火开关,不能用普通导线代替。

闭磁路点火线圈的结构,如图3-26(a)所示。在"日"字形铁心内绕有初、次级绕组,在初级绕组外绕有次级绕组,其磁路,如图3-26(b)所示。为减小磁滞损耗,磁路中只有很小的气隙,故漏磁较少,磁路磁阻与开磁路点火线圈相比要小得多,其绕组的匝数较少,励磁电流较小,使得点火线圈结构紧凑、体积小,能量转换效率提高。

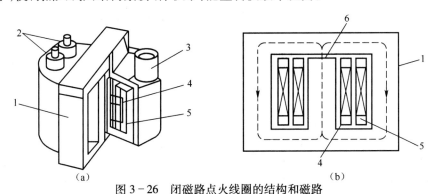

图3-26 闭磁路点火线圈的结构和磁路

1—日字形铁心;2—初级绕组接柱;3—高压接线柱;4—初级绕组;5—次级绕组;6—空气隙。

2. 点火系统的基本组成与电路

1) 点火系统的基本组成

传统点火系统由电源(蓄电池和发电机)、点火开关SW、点火线圈、分电器(断电器和配电器等)和火花塞等组成,如图3-27所示。

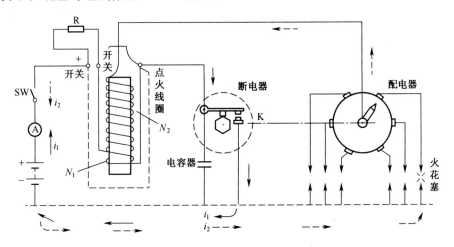

图3-27 点火系统组成及原理示意图

电源:其作用是给点火系统提供电能,一般电压为12V。

点火开关:其作用是接通和切断点火系统低压电路。

点火线圈:其作用是将12V的低压电转变成为15000~20000V的高压电。

分电器:其作用是接通或断开点火线圈的初级电路,使点火线圈产生高压电,并按各缸的点火顺序,将高压电分送到火花塞。其主要由配电器和断电器组成。断电器的作用是接通和切断低压电路,以使点火线圈产生高压电;配电器的作用是按发动机的点火顺序向各气缸火花塞分配高压电。

电容器:与断电器并联,其作用是当断电器触点断开时吸收初级线圈的自感电动势,减小断电器触点的火花,延长触点的使用寿命,并提高点火线圈的高压电。

火花塞:其作用是将点火线圈产生的高压电引入发动机气缸的燃烧室,并在其间隙中产生电火花,点燃可燃混合气。

2) 点火系统的工作原理

在蓄电池点火系统中,由蓄电池或发电机供给的12V低电压,经断电器和点火线圈转变为15~20kV的高压电,再经配电器分送到各缸火花塞,使其电极间产生电火花,其工作过程如图3-27所示。

当发动机工作时,断电器连同凸轮一起在发动机凸轮轴的驱动下旋转,使断电器触点反复地开闭,接通与切断点火线圈初级绕组的电流。在点火开关接通的情况下,断电器触点闭合,点火线圈初级绕组中有电流通过。流过初级绕组的电流称为初级电流 i_1,初级电流所经过的路径称为初级电路或低压电路,其回路为:蓄电池正极→电流表→点火开关 SW→附加电阻 R→点火线圈初级绕组 N_1→断电器触点 K→搭铁→蓄电池负极。触点 K 打开,切断初级电路,初级绕组中的电流 i_1 迅速下降,使铁心中的磁场也迅速减弱,在次级绕组 N_2 中感应出高电动势,由于初级电流和磁场迅速降低,次级绕组匝数多,次级绕组中感应电动势可达15~20kV(次级高压),击穿火花塞间隙,产生电火花,点燃可燃混合气。高压电流 i_2 流过的电路,称为次级电路或高压电路,其回路为:点火线圈次级绕组 N_2→附加电阻 R→点火开关 SW→电流表→蓄电池正极→蓄电池负极→搭铁→火花塞旁电极→火花塞中心电极→分高压线→配电器旁电极→分火头→中心高压线→点火线圈的次级绕组。

从以上分析可见,蓄电池点火系统的工作过程可分为三个阶段,即:断电器触点闭合,初级电流增长;触点打开,初级电流迅速减小,次级绕组产生高压电;火花塞间隙被击穿,产生电火花,以点燃气缸中的可燃混合气。

3.4 汽车常用电磁器件

3.4.1 汽车发电机触点式电压调节器

硅整流发电机输出电压的高低,取决于发电机转子的转速和磁极的磁通。要保持输出电压稳定,只能在发电机转速升高时,相应使磁通减弱,即通过减小励磁电流来实现。汽车发电机触点式电压调节器就是利用电磁铁在不同的电流作用下的电磁力变化,使触点张开或闭合,以控制发电机励磁电路的断开和接通,从而达到调节发电机输出电压的目的。

例如东风EQ1090型汽车上的FT-61型双级触点式电压调节器,其结构原理如图3-28

所示。它的特点是,其动触点在两个静触点中间形成一对动断的低速触点 K_1,以及一对动合的高速触点 K_2,能有效地调节两级电压,故称为双级触点式,高速静触点与金属底座直接搭铁。低速触点(一级触点) K_1 和加速电阻 R_1、调节电阻 R_2 并联;高速触点(二级触点) K_2 与发电机励磁绕组并联;温度补偿电阻 R_3 则串入磁化线圈电路中,另外还有电磁铁心、电磁线圈、活动触点臂衔铁、拉力弹簧等。外部接线柱只有两个:点火(或火线、电枢、A、S、+)和磁场(或 F)。

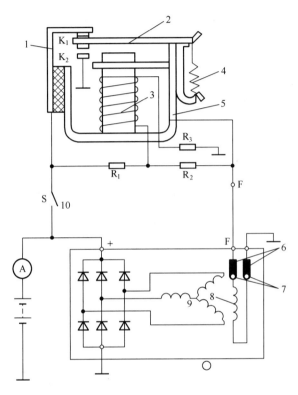

图 3-28 FT-61 型双级触点式电压调节器与发电机的接线图
1—低速触点支架;2—活动触点臂;3—电磁线圈;4—拉力弹簧;5—磁轭;6—电刷;7—滑环;8—励磁绕组;9—三相定子绕组;10—点火开关;S—点火接线柱;F—磁场接线柱;R_1—加速电阻;R_2—调节电阻;R_3—温度补偿电阻。

FT-61 型双级触点式电压调节器调节发电机输出电压的基本原理如下。

(1) 当闭合点火开关 S 时,由于发电机转速很低,调节器点火接线柱 S 对地的电压小于 14V,电流流入电磁线圈产生的电磁力不足以克服弹簧的拉力,因此低速触点 K_1 仍然闭合。

此时由蓄电池向发电机励磁绕组提供励磁电流(即他励),其励磁电流的回路为:蓄电池正极→电流表→点火开关 S→调节器点火接线柱 S→低速静触点支架→低速触点 K_1→活动触点臂→磁轭→调节器磁场接线柱 F→发电机 F 接线柱→电刷和滑环→励磁绕组→滑环和电刷→发电机"-"接线柱→搭铁→蓄电池负极。

由于励磁绕组的电流由蓄电池供给,使发电机的磁场增强,发电机电压很快升高。

(2) 当发电机转速升高,发电机电压高于蓄电池电压时,则励磁绕组的电流和电磁线圈中的电流均由发电机供给。励磁绕组的自励磁电流回路:发电机正极→点火开关 S→调节器点火接线 S→低速静触点支架→低速触点 K_1→活动触点臂→磁轭→调节器磁场接线柱 F→发电机 F 接线柱→电刷和滑环→励磁绕组→滑环和电刷→发电机"一"接线柱→搭铁→发电机负极。

（3）随着发电机转速升高,当发电机电压达到一级调压值 14V 时,电磁线圈的电磁力增强,克服弹簧拉力,将活动触点臂吸下,使 K_1 打开,但处于中间悬空位置。此时励磁电流回路为:发电机正极→点火开关 S→调节器点火接线柱 S→加速电阻 R_1。

（4）当发电机高速运转时,即使 K_1 打开,串入 R_1、R_2,由于其数值有限,发电机电压转速过高仍会继续升高。此时电压升到二级调压值 14.5V,因电磁吸力远远大于弹簧弹力,使高速触点 K_2 闭合,励磁绕组的两端均搭铁而短路。此时通过励磁绕组的电流为零,发电机电压急剧下降,导致电磁线圈吸力减小,又使活动触点处于悬空位置,K_1、K_2 均打开,励磁绕组电路中又串入 R_1、R_2,电压又重新升高,如此重复。由于高速触点 K_2 不断开闭,使发电机电压保持在二级调压值 14.5V。

常识:FT-61 型电压调节器第一级调节的转速范围较小,第二级调节的转速范围较大,因此适用于与高转速的交流发电机配用。

3.4.2 电磁感应式传感器

电磁感应式传感器如图 3-29 所示,由传感线圈、永久磁铁和转子组成。永久磁铁在磁路中产生磁场,其磁场的强弱由磁铁和磁路的磁阻共同决定。当转子齿进入磁铁的气隙时,磁阻减小,磁场增强。根据电磁感应原理,在传感线圈中感应出电压,电压的极性由永久磁铁的极性、线圈的缠绕方向和磁阻的大小来决定,而转子的转动方向不影响传感线圈输出电压的极性。传感线圈的输出电压正比于线圈匝数和磁通的变化率,即正比于转子切割磁铁气隙中磁感线的速率。

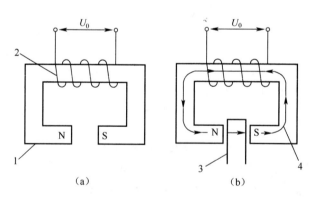

图 3-29 电磁感应式传感器
1—永久磁铁;2—传感线圈;3—转子;4—磁力线。

3.4.3 簧片开关式电流传感器

在行车时往往不能确定汽车尾灯、牌照灯和停车灯的正常与否,从而影响行车安全。采用电流传感器就可检测这些灯具的灯丝是否断开。簧片开关式电流传感器的结构和原理如图 3-30 所示,在电流线圈的周围绕有电压线圈,在线圈的中央设置簧片开关。电压线圈的作用是避免由于电压变化而引起传感器的误动作。

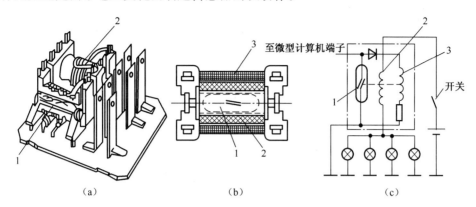

图 3-30 笛簧开关式电流传感器
(a)外形；(b)结构；(c)工作原理简图。
1—笛簧开关；2—电流线圈；3—电压线圈。

图 3-30(c)所示为电流传感器的原理电路，当图中所示开关闭合时，若灯泡都正常亮，电流线圈通过的电流所产生的电磁力使笛簧开关闭合；若有一个灯泡的灯丝断开，由于电流线圈中的电流比正常值减少，所产生的电磁力减弱，于是笛簧开关打开而报警，表示处于异常状态。笛簧开关式电流传感器就是利用笛簧开关的通、断，从而发出判断灯丝是否正常的信号。

3.4.4 电喇叭

1. 盆形电喇叭

为了警告行人和来往车辆，保证安全行车，汽车上都装有电喇叭。汽车电喇叭按外形不同可分为盆形、螺旋形和筒形等，目前国产汽车采用的多为螺旋形和盆形电喇叭。这两种电喇叭的结构和作用原理基本相同，不同之处是扬声筒的形状有差异。

汽车电喇叭是基于电磁原理使膜片振动而发出声音警报信号的。电喇叭由电磁铁、可动的衔铁、膜片和常闭的触点等构成。图 3-31 所示为盆形电喇叭。

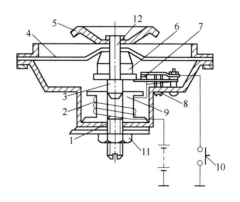

图 3-31 盆形电喇叭
1—下铁心；2—线圈；3—上铁心；4—膜片；5—共鸣板；6—衔铁；7—触点；8—调整螺钉；
9—铁心；10—按钮；11—锁紧螺母；12—中心杆。

当电流流过电磁线圈2时,线圈便产生吸引衔铁6的磁场,周边被固定的膜片4,随着衔铁6移动,衔铁移动导致触点7打开。从而断开电路,膜片4回到它的原来位置,触点7再次闭合而重复上述动作,这就引起膜片4以每秒钟数次的频率来回振动。膜片振动,引起喇叭里的空气柱振动,从而发出声音。

2. 螺旋形、筒形电喇叭

图3-32为螺旋形、筒形电喇叭的结构示意图。

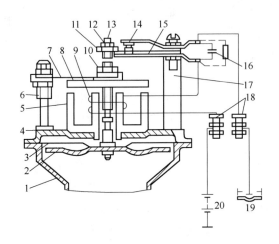

图3-32 筒形、螺旋形电喇叭

1—扬声筒;2—共鸣板;3—振动膜;4—底板;5—山形心;6—螺柱;7—弹簧片;8—衔铁;9—线圈;10、12—紧螺母;11—调整螺母;13—中心杆;14—固定触点;15—活动触点臂;16—灭弧电容;17—触点支架;18—接线柱;19—按钮;20—蓄电池。

当按下按钮19时,电流由蓄电池正极→线圈9→活动触点臂15、固定触点14→按钮19→搭铁→蓄电池负极。电流流经线圈9产生电磁吸力,衔铁8被吸下,中心杆上的调整螺母11压下活动触点臂15,使触点分开,电路被切断。此时线圈9的电流中断,电磁吸力消失,在弹簧片7和振动膜3的弹力作用下,衔铁返回原位,触点闭合,电路又接通。此后重复上述过程,使膜片不断振动,从而发出一定音调的声音由扬声筒1加强后传出。共鸣板与膜片刚性连接,在振动时发出伴音,使声音更加悦耳。灭弧电容16可减少触点断开时所产生的火花。

喇叭音调的调整:通过调整衔铁和铁心间的间隙实现。减小间隙可提高音调,间隙通常为0.5~1.5mm。调整时铁心要平整,四周间隙要均匀,否则会产生杂声。

喇叭音量的调整:通过调整螺母11使触点压力发生变化,从而调整了通过线圈9的平均电流。触点压力增大,则音量增大。

常识:通常汽车都装有两个电喇叭,两个电喇叭相互并联后与喇叭按钮(一般装在转向盘上或作为组合开关的一部分)串联,其中一个的音调比另一个的要高。喇叭发出的音调与膜片每秒钟振动次数有关,振动越快,音调越高。

喇叭发出的音调可通过调整施加给衔铁的弹簧拉力来改变,即改变磁场对衔铁的吸力。吸动衔铁的阻力越小,膜片的振动频率就越高,发出的音调越高。

3.4.5 汽车上常用的继电器

汽车上许多电器部件需要用开关进行控制。由于汽车电气系统电压较低,具有一定功率的电器部件的工作电流较大,一般在几十安以上,这样大的电流如果直接用开关或按键进行通断控制,开关或按键的触点将因无法承受大电流的通过而烧毁。继电器是一种用小电流控制大电流的器件,所以在汽车上经常利用开关控制继电器的吸合与断开,再利用继电器的触点控制电器部件的通断。在汽车上常用的继电器有起动继电器、喇叭继电器、闪光(转向)继电器、刮水继电器等。

1. 喇叭继电器

喇叭电路控制的方式有用继电器和不用继电器两种。不用继电器的喇叭是低电流型的,最常用的是用继电器的喇叭,因为其耗电较大(15~20A),用按钮直接控制易烧蚀触点,如图3-33所示。

两喇叭并联后与喇叭继电器触点5串联,喇叭按钮接柱9控制继电器线圈2,当按下转向盘上的喇叭按钮9时,蓄电池便经喇叭继电器线圈2通过小电流(电路是蓄电池"+"极→电池接柱8→继电器线圈2→按钮接柱9→按钮3→搭铁→蓄电池"-"极),使继电器铁心产生电磁吸力,将继电器触点5闭合,接通喇叭电路(大电流),电路是蓄电池"+"极→电池接柱8→继电器支架→触点5→喇叭接柱7→喇叭6→搭铁→蓄电池"-"极,使喇叭发出声音。当松开转向盘喇叭按钮3时,继电器线圈2断电,铁心电磁吸力消失,触点5在弹簧弹力作用下张开,切断了喇叭电路,喇叭停止发声。可见喇叭继电器的作用就是利用铁心线圈的小电流控制触点的大电流,从而保护转向盘按钮触点。

注意:当汽车喇叭继电器损坏后,不能将喇叭按钮直接接在喇叭电路中,否则将烧毁喇叭按钮。

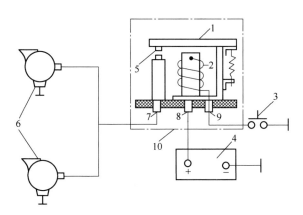

图3-33 继电器与电喇叭的连接
1—触点臂;2—线圈;3—按钮;4—蓄电池;5—触点;6—喇叭;7—喇叭接柱(H);
8—电池接柱(B);9—按钮接柱;10—喇叭继电器。

2. 起动继电器

在采用电磁啮合式起动机的起动电路中,通常起动开关与点火开关制成一体,但由于通过起动机电磁开关(吸引线圈和保持线圈)的电流很大(大功率起动机可达30~40A),而使点火开关容易损坏。因此,在汽车点火开关和起动机电磁开关之间装有起动继电器,如

图 3-34 所示为 QD124 型起动机配用的 JQ1 型继电器。当点火开关转到起动位置时,起动继电器线圈 2 中有电流通过,其电路是:蓄电池正极→主接柱 4→电流表→起动开关→继电器点火开关接线柱→起动继电器线圈 2→继电器搭铁接线柱→蓄电池负极。铁心磁化产生吸力,使常开触点 1 闭合,接通了从蓄电池到起动机电磁开关的电路,于是吸引线圈 13 和保持线圈 14 有电流通过,其电路为:蓄电池正极→主接柱 4→继电器"蓄电池"接线柱→衔铁→继电器触点 1→继电器"起动机"接线柱→起动机接柱 9,经吸引线圈 13 和保持线圈 14 回到蓄电池负极。于是电磁开关接通,起动机转动,使发动机起动。当发动机起动后,断开起动开关(点火开关的起动档),起动机停止工作。由于通过起动继电器线圈的电流较小,从而保护了起动开关。

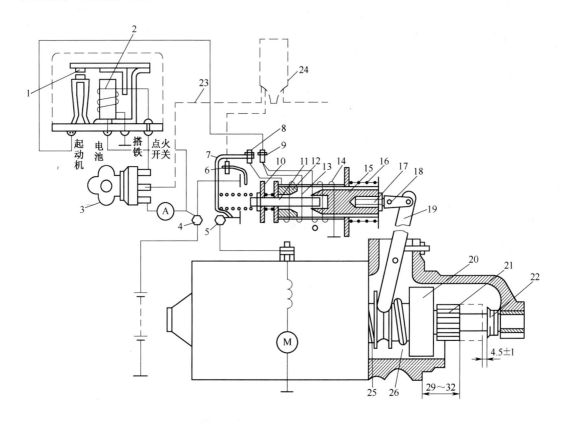

图 3-34　QD124 型起动机配用的 JQ1 型继电器

1—继电器触点;2—起动继电器线圈;3—点火开关;4、5—主接柱;6—附加电阻短路开关接柱;7—导电片;8—吸引线圈接柱;9—起动机接柱;10—触盘;11—推杆;12—固定铁心;13—吸引线圈;14—保持线圈;15—引铁;16—回位弹簧;17—螺杆;18—连接头;19—拨叉;20—单向离合器;21—驱动齿轮;22—限位螺母;23—点火线圈附加电阻线;24—点火线圈;25—分离弹簧;26—啮合弹簧。

常识:这种起动继电器应用在东风 EQ1090 型载货车、北京 BJ212 型吉普车的起动电路中。

3. 闪光继电器

闪光继电器又称为闪光器,其作用是,当车辆转向时与转向灯配合自动发出灯光闪烁信号,以告知行人或周围车辆,以保障行车安全。带监视的闪光器还可指示当转向信号灯有损坏时的状态;还有带危险警报的闪光器,当车辆紧急停车时,它能使前后左右的转向灯同时闪光。按结构不同,闪光器可分为,电热丝式、翼片式、电容式和电子式;而电子式又可分为,混合式(带触点的继电器与电子元件)和全电子式(无继电器)。本节只介绍电热丝式闪光器。

电热丝式闪光器的结构和工作原理,如图3-35所示,在胶木底板上固定有工字形铁心1,上面绕有线圈2,线圈的一端与固定触点3相接,另一端和接线柱8相接。镍铬丝有较大的热膨胀系数,一端和活动触点相连,另一端固定在调节片的玻璃球上。附加电阻也由镍铬丝制成,不工作时,活动触点在镍铬丝的拉紧下与固定触点分开。当汽车向右转弯时,接通转向开关9,电流从蓄电池正极→接线柱7→活动触点臂→镍铬丝5→附加电阻6→接线柱8→转向开关9→右(前、后)转向信号灯13和仪表板右转向指示灯12→搭铁→蓄电池负极。此时由于附加电阻6和镍铬丝5串入电路中,电流较小,故转向灯不亮。经过极短时间后,镍铬丝5受热膨胀伸长,使触点闭合,则电流由蓄电池正极→接线柱7→活动触点臂→活动触点4→线圈2→接线柱8→转向开关9→右(前、后)转向信号灯13和仪表板右转向指示灯12→搭铁→蓄电池负极。此时由于附加电阻6和镍铬丝5被短路,而电流流经线圈2产生的电磁吸力使活动触点闭合更为紧密,线路中的电阻小,电流大,故转向信号灯发出较亮的光。但镍铬丝由于被短路而渐渐冷却收缩,又拉开了活动触点,使附加电阻又被串入电路,电流较小,灯光又变暗。如此重复变化,使活动触点时开时闭,附加电阻交替被接入或短路,使通向转向信号灯的电流忽大忽小,从而使转向信号灯一明一暗地闪亮,指示汽车行驶的方向。

电热丝式闪光器结构简单,成本低,但闪光频率不稳定,寿命短。

常识:转向灯的闪光频率为50~100次/min,一般控制在65~95次/min。

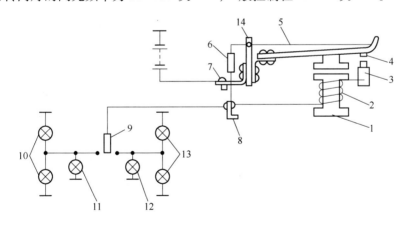

图3-35 电热丝式闪光器的结构

1—铁心;2—线圈;3—固定触点;4—活动触点;5—镍铬丝;6—附加电阻;7、8—接线柱;9—转向开关;10—左(前、后)转向信号灯;11—左转向指示灯;12—右转向指示灯;13—右(前、后)转向信号灯;14—调节片。

4. 倒车警报器

为了在倒车时警告车后的行人和车辆,有的汽车尾部装有倒车警报器,它和倒车灯一起由安装在变速器盖上的倒车灯开关控制。倒车警报器电路如图3-36所示。

倒车警报器的工作原理:当变速杆挂入倒挡位置时,接通倒车灯开关2,倒车灯3被点

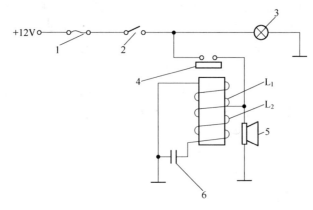

图 3-36 倒车警报器电路
1—熔丝；2—倒车灯开关；3—倒车灯；4—继电器触点；5—喇叭；6—电容器。

亮，喇叭 5 也同时发声(通过喇叭 5 的电流由倒车灯开关 2→继电器触点→喇叭搭铁)。当喇叭发出响声的同时，电磁线圈 L_1 和 L_2 中均有电流通过，流经线圈 L_2 电流经电容器 6 构成回路，电容器被充电。此时由于流入线圈 L_1 和 L_2 的电流大小相等，方向相反，产生的电磁力相互抵消，使两电磁线圈产生点的合电磁力很弱，触点 5 仍然闭合。由于电容器的充电，使电容器的两端电压逐渐升高，流入线圈 L_2 的电流减小。当线圈 L_1 产生的电磁力大于线圈 L_2 产生的电磁力并达到一定值时，即可使触点吸开，从而断开喇叭电路，喇叭停止发声。当触点张开后，电容器经线圈 L_2 和线圈 L_1 放电，使两线圈产生的电磁力相同，触点仍然张开。当电容器放电使其两端的电压下降到一定值时，线圈的电磁力大大减弱，触点又重新闭合，喇叭又通电发声，于是电容器又开始充电，以后重复上述过程。使触点反复张开、闭合，倒车警报器就发出断续的响声，从而使起到了警告的作用。

常识：倒车灯不受继电器触点控制，只要变速器挂入倒挡，倒车灯便一直发亮。

5. 电磁式电源控制开关

为了防止汽车停驶后蓄电池经外电路漏电，在有些汽车如东风 EQ1090E 型汽车装有电磁式电源总开关，其型号为 JK961，如图 3-37 所示。它的最大瞬时电流为 800A，通过开关触点的额定电流为 50A。

工作原理：当闭合开关 5 时，蓄电池电流经电磁线圈 3、常闭触点 1 搭铁(此时电磁线圈 4 被常闭触点 1 短路)。在电磁线圈 3 产生的电磁吸力作用下，常开触点 2 吸合，接通蓄电池供电电路(蓄电池正极→触点 2→起动机接线柱 6→用电设备→搭铁→蓄电池负极)。同时常闭触点 1 被吸开，则电磁线圈 3 的电流改道经电磁线圈 4 搭铁构成回路。由于这时两个电磁线圈 3 和 4 产生的电磁吸力方向相同，故常开触点 2 被牢牢吸合。当停驶后断开开关 5 时，由于两个电磁线圈均无电流通过，在回位弹簧 7 作用下，使常开触点 2 张开(常闭触点 1 闭合)，切断蓄电池向外供电的电路。

6. 电磁干扰的抑制

电磁感应现象有时也对某些设备有干扰，影响其正常工作，需要加以抑制。电磁干扰(EMI)是通、断切换电流时由电磁作用产生的有害生成物。摩擦产生的静电也会成为电磁干扰，摩擦静电是由于轮胎与路面接触，或风扇传动带与带轮接触而产生的。

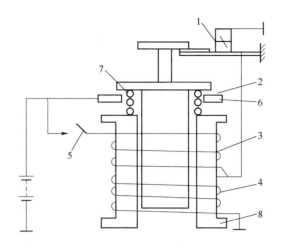

图 3-37 电磁式电源控制开关
1—常闭触点;2—常开触点;3、4—电磁线圈;5—开关;6—起动机接线柱;7—回位弹簧;8—铁心。

随着汽车上电子部件和系统的数量不断增加,电磁干扰必须抑制。现代汽车上用的小功率集成电路,对电磁干扰产生的信号特别敏感,电磁干扰导致计算机的假信号,使汽车的计算机系统中断。汽车的各系统计算机之间、计算机与传感器和执行器等之间的通信,需要经过线路传送信号,众多信号中若有一个中断,附件便会失控,发动机便会停机,电磁干扰可用以下方法加以抑制:

(1) 增加导线的电阻值,这是对待高压系统的通常做法。比如点火系统的高压线就采用大电阻值导线。

(2) 将电容器和扼流线圈并联在电路中,抑制电流变化。

(3) 使用金属或喷涂金属漆的塑料屏蔽导线或部件。

(4) 采用指定的搭铁线路,尽量减小回路电阻。

本 章 小 结

1. 磁感应强度 B:是用来描述磁场内某点磁场强弱和方向的物理量,是一个矢量。

2. 磁通 Φ:磁感应强度 B(如果不是均匀磁场,则取 B 的平均值)与垂直于磁场方向的面积 S 乘积称为该面积的磁通 Φ,即 $\Phi = BS$。

3. 磁场强度 H:磁场内某点的磁场强度的大小等于该点磁感应强度除以该点的磁导率 u,即 $H = \dfrac{B}{\mu}$,H 的单位是安/米(A/m),H 与物质的磁导率无关,而只与电流产生的磁场有关,磁场强度的大小取决于电流的大小、载流导体的形状及几何位置,而与磁介质无关。

4. 磁性材料的磁性能:高导磁性;磁饱和性;磁滞性。

5. 按磁化特性的不同,铁磁性材料可以分成三种类型:软磁材料、硬磁材料和矩磁材料。

6. 磁路的欧姆定律:$\Phi = \dfrac{NI}{R_m}$,式中,$R_m = \dfrac{L}{\mu S}$ 称为磁路的磁阻,是表示磁路对磁通具有

阻碍作用的物理量,与电路的欧姆定律在形式上相似,所以称为磁路的欧姆定律。它是磁路进行分析与计算所要遵循的基本定律。

7. 直流铁心线圈特点:①励磁电流是由励磁线圈的外加电压 U 和线圈电阻 R 决定的,电流是恒定的,无感应电动势产生;②无磁滞和涡流损耗,铁芯可以使用整块的铸钢、软铁;③吸合后电磁力比吸合前大得多,但励磁电流不变。

8. 交流电磁铁的特点:铁心中的磁通是交变的,交流电磁铁的瞬时吸力是交变的,存在过零值,会出现吸合不牢的现象,铁心需加分磁环;励磁电流吸合前大,吸合后减小,前后吸力不变;铁心和衔铁均由硅钢片叠成,可减小铁损。

9. 变压器是把一种电压的电能转换成另一种电压的电能的静止电气设备。主要用来改变电压的大小,以满足电能传输、分配以及国民经济各部门的需要,变压器的工作是建立在电磁感应原理基础之上的。变压器的主要部件是铁心和绕组,要掌握变压器的几个额定值的物理意义,并注意额定容量与原、副边额定电压和额定电流之间的关系。了解常用和特殊变压器的特点和应用。

10. 汽油发动机点火系统的功能是在发动机各种工况和使用条件下,在汽缸内适时、准确、可靠地产生电火花,以点燃可燃混合气,使发动机做功。

11. 点火线圈在汽车发动机点火系统中,是为点燃发动机汽缸内空气和燃油混合物提供点火能量的执行部件,可以认为是一种特殊的脉冲变压器,它基于电磁感应的原理,通过接通和关断点火线圈的初级回路,使初级回路中的电流增加然后又突然减小,这样在次级就会感应产生点燃火花塞所需的高电压。

习 题

1. 如图 3-38 所示,试标出:(a)图中载流导体的受力方向;(b)图中磁极极性;(c)图中导体的电流方向。

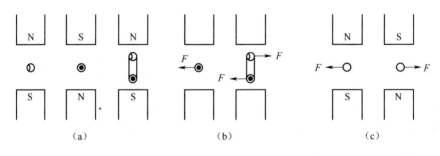

图 3-38 习题 1 的图

2. 如图 3-39 所示,试判断(a)图中线圈两头的极性,并回答(b)图中线圈会不会运动?为什么?

3. 某人在使用交流电磁铁时发现"哒哒"的颤动声,试为其找出故障原因,并加以解决。

4. 如图 3-40 所示,直导体长度 $L=0.15\text{m}$,在 $B=0.5\text{T}$ 的均匀磁场中运动,运动方向与 B 垂直,且速度 $v=20\text{m/s}$。设导体的电阻 $R_0=1\ \Omega$,外电路电阻 $R=14\Omega$,试求:(1)直导体中的感应电动势的大小和方向;(2)R 上流过的电流大小和方向;(3)作用于直导体上的外力

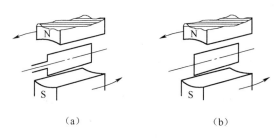

图 3-39 习题 2 的图

的大小。

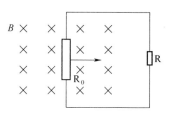

图 3-40 习题 4 的图

5. 在汽车点火电路中,为什么常在点火触点两端并联一个电容器?

6. 在汽车电路中,使用的都是直流电磁铁,当接通电源时,电磁铁是否立即吸合?有没有过渡过程,为什么?

7. 单向变压器的初级线圈电压 $U_1=3300V$,其变压比 K_U 为 10,求次级线圈两端的电压 U_2;而当次级电流 $I_2=50A$,求线圈初级电流 I_1 为多少?

8. 有一台单相变压器,容量为 20kV·A,额定电压为 3300/220V,如高压绕组为 6000 匝,试求(1)低压绕组的匝组;(2)高、低绕组的额定电流值;(3)如在次级绕组接上 220V、60W 白炽灯泡,达到满载时能接几盏?如该接 220V,40W,$\cos\phi=0.5$ 的日光灯,达到满载时又能接几盏?

9. 要使喇叭能接入功率放大器输出端,得到最大功率,已知喇叭的电阻为 8Ω,功率放大器的输出端的输出电阻为 288Ω,问喇叭是否能够直接接入功率放大器的输出端?如何接入喇叭才能发出最大声音?

10. 已知汽车发动机点火线圈次级绕组 23800 匝,初级绕组 340 匝,一般要点燃混合气,次级电压需 15000V 左右,问在点火时初级电压应保证多少伏?

11. 一台家用电器输入变压器的交流电压有 220V 或 110V 的两种电源电压,试用变压器同名端方法加以说明,应如何连接?

12. 如图 3-20 所示,将 1 端和 3 端连在一起,如何来判断 A、B 两绕组的同名端?

13. 某三相变压器初级绕组的每相匝数 $N_1=2080$ 匝,次级绕组的每相匝数为 $N_2=80$ 匝,如初级绕组端加线电压 $U_1=3300V$,试求在 Y/Y 和 Y/△ 两种连接法时,次级绕组的线电压和相电压。

14. 如图 3-41 所示,变压器的两个初级绕组的额定电压均为 110V,两个次级绕组的额定电压分别为 12V 与 6V。试问:(1) 当电源电压为 220V 时,初级绕组的四个引出端如何接线?(2) 当电源为 110V 时,初级绕组的四个引出端应如何接线?(3) 如需要 18V 的次级电压,两个绕组应如何连接?

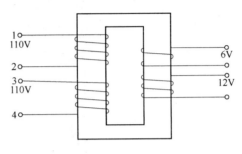

图 3-41　习题 14 的图

第 4 章

电动机和发电机

学习目标：

熟悉三相异步电动机、直流电动机的结构和转动原理；了解其运行状态和特性；学会正确使用电动机；掌握汽车起动机用直流电动机的结构；了解汽车电器中常用的直流电动机基本结构和工作原理；熟悉常用低压控制电器的结构、工作原理和用途，学会正确选用和操作常用低压控制电器；了解汽车交流发电机的工作原理；掌握汽车交流发电机的构造。

电机是利用电磁感应原理实现电能与机械能转换的旋转机械，其中把机械能转换成电能的电机称为发电机，而把电能转换成机械能的电机称为电动机。

4.1 三相异步电动机

4.1.1 三相异步电动机的结构

三相异步电动机主要由两个基本部分组成，其固定不动部分称定子，转动部分称转子。图 4-1 是它的外形结构图。

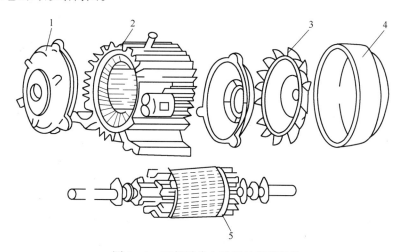

图 4-1 三相异步电动机的外形结构
1—端盖；2—定子；3—风叶；4—风罩；5—转子。

三相异步电动机的定子最外面是机座,它是由铸造铁或铸钢制成的。在机座内,装有 0.5mm 厚的互相绝缘的硅钢片叠成的圆筒形铁心,硅钢片的外形如图 4-2 所示。

图 4-2 定子的硅钢片

铁心的内壁均匀地分布着很多的平行槽,槽内安放着 3 个与铁心绝缘的绕组,这就是三相定子绕组。三相绕组有 3 个起端和 3 个末端,从机座的接线盒内引出,如图 4-3 所示,其中,图 4-3(a)的三相绕组接成 Y 形,而图 4-3(b)的三相绕组连接成 △ 形。三相定子绕组空间接成 Y 形还是 △ 形,取决于电动机每相绕组的额定电压和额定电流。

三相异步电动机的转子是由转子铁心、转子绕组、转轴、轴承等组成的。转子铁心是由硅钢片叠成的圆柱形,其圆柱表面有很多均匀分布的平行槽,槽内装入转子绕组,然后固定在转轴上。硅钢片如图 4-4 所示。

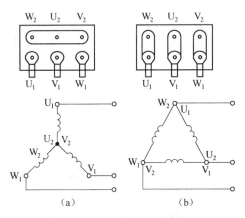

图 4-3 三相定子绕组的接法

图 4-4 转子铁心的硅钢片

根据转子绕组结构不同,可分为鼠笼式和绕线式两种。

鼠笼式的转子绕组像一个鼠笼,如图 4-5 所示。转子铁心的平行槽内装有铜条,两端用端环短接。目前,100kW 以下的鼠笼式异步电动机的转子绕组端环及作冷却的叶片一起用铝铸造成一体,其外形如图 4-6 所示。其制作方法简便,应用较广。

绕线式转子绕组与定子绕组相仿,也有三相绕组,它的 3 个末端连在一起,3 个起端与固定在转轴上的 3 个铜滑环相连,铜滑环与转轴绝缘,通过电刷与外加变阻器相连。当电动机刚启动时,串入电阻,随着转子转速的增加,电阻逐渐减少,在正常运转时,外加电阻一般转到零位,如图 4-7 所示。

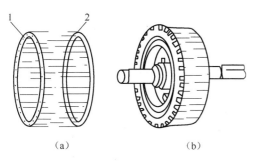

图 4-5 鼠笼式转子
(a)笼型绕组;(b)转子外形。
1—端杯;2—钢条。

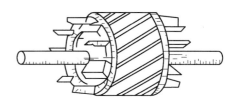

图 4-6 铸铝鼠式转子

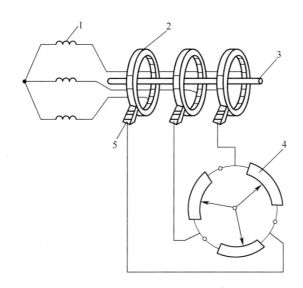

图 4-7 绕线式转子与外加变阻器的连接
1—绕组;2—滑环;3—轴;4—变阻器;5—电刷。

4.1.2 三相异步电动机的工作原理

1. 旋转磁场

图 4-8 所示为三相异步电动机最简单的定子绕组。其三相绕组在空间彼此相隔 120°，三个绕组的末端 U_2、V_2、W_2 连在一起，三个首端 U_1、V_1、W_1 分别接入三相电源，成 Y 形连接，图中标出各相电流的参考方向，其电流波形如图 4-9 所示。

下面选择几个时刻来分析三相定子绕组通入三相对称电流后的合成磁场的分布情况。

（1）$t=0$ 时刻：$i_U=0$，i_V 为负，说明电流实际从 V_2 流进，从 V_1 流出；i_W 为正，即实际电流从 W_1 流进，从 W_2 流出。应用右手螺旋定则，可判别出其合成磁场方向为自上而下，如图 4-10(a)所示。

（2）$t=\dfrac{1}{3}T$ 时刻：i_U 为"正"，电流从 U_1 流进，从 U_2 流出；$i_V=0$；i_W 为"负"，电流从 W_2 流

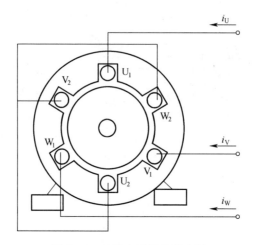

图 4-8 三相定子绕组的布置

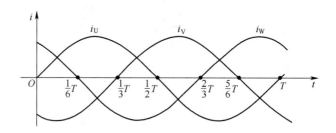

图 4-9 三相对称电流的波形

进,从 W_1 流出。再用右手螺旋定则,可确定其合成磁场沿顺时针方向转了 120°,如图 4-10(b)所示。

(3) $t = \frac{2}{3}T$ 时刻:用类似的方法同样可以判别出合成磁场又顺时针转了 120°,如图 4-10(c)所示。

(4) $t = T$ 时刻:合成磁场又顺时针转了 120°,即回复到原先 $t = 0$ 时刻的位置,如图 4-10(d)所示。

上述的旋转磁场具有一对磁极($p = 1$),电流变化一周,旋转磁场在空间也正好转了一周。

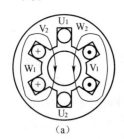　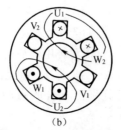　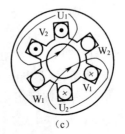　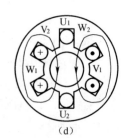

(a)　　　　　　(b)　　　　　　(c)　　　　　　(d)

图 4-10 三相电流产生的旋转磁场($p = 1$)

如果要合成一个两对磁极的旋转磁场,则必须把每相绕组的数目增加一倍,各线圈的始末端在空间彼此相隔60°,通入三相对称电流,就可产生两个N极和两个S极,即$p=2$。假设三相交流电的频率为f_1,则旋转磁场的转速n_1:在$p=1$时,$n_1=60f_1$ r/min;$p=2$时,$n_1=\frac{1}{2}60f_1$ r/min。依此类推,若存在p对磁极,则旋转磁场的转速$n_1=\frac{60f_1}{p}$ r/min,并可发现电流变化一周,合成磁场在空间只转了$1/p$周。

2. 三相异步电动机的转动原理

三相异步电动机的定子绕组接入三相对称电流后,在定子空间产生了一个旋转磁场。如其以n_1转速顺时针方向旋转,如图4-11所示,与静止的转子产生相对运动,根据相对运动的原理和右手定则,产生出如图中标出方向的感应电流。载流的转子导体在磁场中又受到电磁力的作用,其方向可用左手定则判别,如图4-11所示,则一对电磁力对转轴形成转矩T,其作用方向同旋转磁场的旋转方向一致,因此,转子就顺着旋转磁场的旋转方向转动起来。

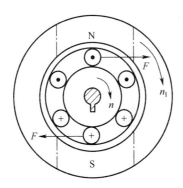

图4-11 异步电动机

转子转速n总比旋转磁场转速n_1慢,即$n<n_1$。因此,这种电动机称为异步电动机。如果$n_1=n$时,则转子与旋转磁场之间无相对运动,因而也不存在感应电流,转子转矩即为零。n_1与n的相对转速n_1-n与n_1的比值称为异步电动机的转差率,用S表示,即

$$S=\frac{n_1-n}{n_1}\times 100\% \tag{4-1}$$

转差率S是分析异步电动机运行的一个重要参数。当电动机启动时$n=0,S=1$;当$n=n_1,S=0$时,称为理想空载情况。一般S值在2%~8%之间。

例4-1 有一台三相异步电动机,其额定转速$n=2900$r/min,试求电动机在额定负载时的转差率(电源频率$f_1=50$Hz)。

解 由于异步电动机的额定转速接近而小于旋转磁场转速,根据旋转磁场转速$n_1=\frac{60f_1}{p}$得$p=1$,即$n_1=\frac{60\times 50}{1}=3000$r/min

因此,额定转差率

$$S_N=\frac{n_1-n}{n_1}\times 100\%=\frac{3000-2900}{3000}\times 100\%=3.3\%$$

4.1.3 三相异步电动机的启动、调速与制动

1. 三相异步电动机的启动

1）直接启动

直接启动是定子绕组直接加上额定电压来启动的方法。这种启动方法,设备简单启动快,但启动电流较大。

在低压(500V 以下)公用电网供电的系统中,电动机容量不超过 10kW 时,容许直接启动。而专用变压器供电系统中,单台电动机容量不超过变压器容量的 20%～30%时,也允许直接启动。

2）降压启动

这种方法是在电动机启动时降低加在定子绕组上的电压,当电动机转速升高接近稳定时,再加上全部额定电压,以正常运行的方法。

由于降低了启动电压,故而启动电流较小,但由于启动转矩也随之减小,因此这种启动方法只适用于轻载和空载下启动。

常用的降压启动方法有以下几种。

1）定子绕组串接入电阻启动。这种启动方法,如图 4-12 所示。启动时,先合上开关 QS_1,启动电流经限流电阻 R 到三绕组,故而启动电流减小,电机开始运转,转速逐渐上升,待转速稳定时,再合上开关 QS_2。其作用是将电阻 R 短接,使三相绕组获得全部的电源电压。这种启动方法,会使启动电流在电阻 R 上损耗一定的电能。

（2）Y-△换接启动。这种启动方法只适用于正常工作时定子绕组是三角形连接的,而且只在启动时将它接成 Y 形,如图 4-13 所示。启动时,将转换开关 QS_2 投向下方启动位置,此时三相定子绕组接成 Y 形,然后合上开关 QS_1。待转速上升至稳定状态,再将转换开关 QS_2 投向上方,使三相定子绕组接成△形。

经计算,Y-△换接启动,启动电流仅为直接启动电流的 1/3,当然其启动转矩也仅为直接启动转矩的 1/3,因此只能轻载或空载时启动。

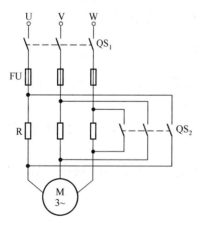

图 4-12 串接电阻启动线路

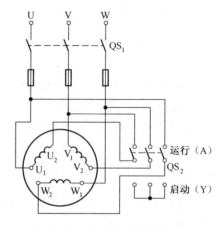

图 4-13 Y-△换接启动线路

（3）自耦变压器降压启动。这种启动方法是将三相定子绕组接到三相变压器的副边,利用变压器降压作用,将启动电压减小来达到减小启动电流的目的,如图 4-14 所示。启动

时合上开关 QS_1,将转换开关 QS_2 放在启动位置,这时定子绕组接在变压器副边,此时降低了的电源电压使启动电流减小,待转速逐渐上升到稳态时,再将转换开关 QS_2 放在工作位置,自耦变压器被切除,定子绕组直接接至电源电压。

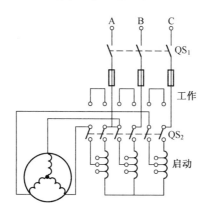

图 4-14 自耦变压器降压启动线路

2. 三相异步电动机的调速

有些生产机械需要有各种转速工作,这就需要电动机能够调速。调速是指用人工的办法,在同一负载下,使电动机由某一转速值变为另一转速值。

由电动机转差率 $S = \dfrac{n_1 - n}{n_1} \times 100\%$ 及 $n_1 = \dfrac{60f_1}{p}$ 的旋转磁场转速公式可得

$$n = (1-S)n_1 = (1-S)\frac{60f_1}{p} \qquad (4-2)$$

因此,异步电动机的转速可以有以下几种方法调速。

1)改变定子绕组的电流频率 f_1

这是一种比较先进的方法,能够实现平滑无级调速。随着电力电子技术的发展,其越来越广泛地被用于自动化生产中的电动机调速,甚至某些家用电器。

由于我国的工频电源频率是 50Hz,要改变它需要有一套专用装置,如交流-直流-交流变频装置和交流-交流变频装置等。

2)改变定子绕组的磁极对数 p

改变电动机定子绕组的接法可改变其磁极对数,从而改变电动机转速。由于极对数是成倍变化的,故而这种调速方法不能无限调速。

采用这种方法的电动机的每相绕组必须是由两个相同的部分组成的,如图 4-15(a)、(b)所示。U 相绕组 U_1U_2 和 U_1U_2 可以接成串联,也可接成并联。串联时,空间分布磁场极对数 $P=2$,而并联时,极对数 $P=1$,从而达到调速的目的。

鼠笼式异步电动机大多数采用这种方法调速,但一般不超过 4 速。双速电动机应用最广。

3)改变转差率 S 调速

这种方法适用于绕线式电动机。将电动机中的转子电路串入电阻,只要调节电阻值大小,便可调速。这种调速方法能获得平滑的调速,但由于调节电阻的能量损耗较大,故而不太经济,仅适用于起重设备等恒转矩的负载。

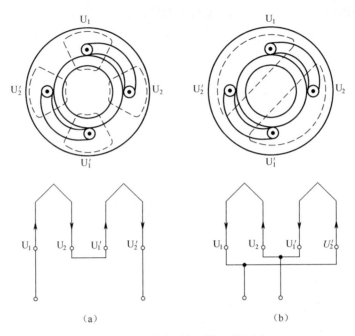

图 4-15 改变磁极对数 p 的调速

3. 三相异步电动机的制动

1) 反接制动

将电动机电源切断后,再将其接到电源的三根相线中的任意两根对调位置,此时电动机便有反转旋转磁场产生,但转子由于惯性仍按原方向转动,因此产生的反转电磁通量转矩迫使电动机迅速减速,如图 4-16 所示。当转速接近于零时,再将反接电源切断,从而达到制动的目的。

这种制动方法,设备简单,制动迅速,但机械冲击较大,制动时,电源的电流很大,一般用于不经常制动的场合。

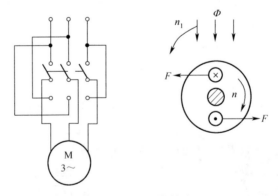

图 4-16 反接制动

2) 能耗制动

将电动机三相电源切断,同时通入直流电,如图 4-17 所示,这时,在定子和转子间产生了一个固定的不旋转的磁场,但转子由于惯性仍按原转向转动,转子导线切割磁力线产生了一个与原转向相反的电磁转矩,使电动机迅速停转。

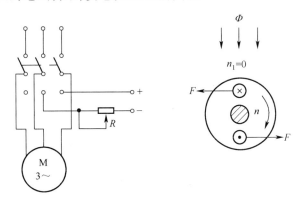

图 4-17 能耗制动

4.1.4 三相异步电动机的铭牌和选用

在电力拖动系统中,三相异步电动机应用最为广泛,每台电动机的机壳上都有一块铭牌,上面标明该电动机的规格、性能及使用条件,它是正确选用电动机的依据。选择合适的电动机和正确使用,可获得良好的技术和经济指标,使电动机得到充分的利用,达到较高的效率。这里对铭牌上主要的技术参数介绍如下。

1. 三相异步电动机的铭牌

(1) 型号。为了适应不同用途和工作环境需要,三相异步电动机制成不同系列和型号,不同型号的电动机的机座长度、中心高度、转速等技术参数不相同,使用或选购时应注意型号或根据需要查阅相应产品目录和技术手册。

(2) 功率。电动机在铭牌规定的运行条件下,正常工作时的输出功率(kW)。

(3) 电压。电动机定子绕组的额定线电压(V)。

(4) 电流。电动机在额定工作状况下运行时流入定子绕组的线电流(A)。

(5) 转速。电动机在额定工作状况下运行时转子每分钟的转数(r/min)。

(6) 接法。是指电动机定子三相绕组在额定运行时所采取的连接方式,有星形(Y)接法和三角形(△)接法。

(7) 绝缘等级。在电动机中导体与铁心、导体与导体之间都必须用绝缘材料隔开。绝缘等级就是按这些绝缘材料在使用时容许的极限温度来分级的。绝缘等级分为 A、E、B 三级,其对应的极限温度为 105℃、120℃ 和 130℃。

(8) 工作方式。指电动机的运转状态,分连续、短时和断续三种。连续表示该电动机可以在各项额定值下连续运行;短时表示电动机只能在限定的时间内短时运行;断续表示只能短时运行,但可多次使用。

此外,技术参数中有时还列有效率、功率因数、温升等指标。

2. 三相异步电动机的选用

电动机的选择主要内容有:电动机的功率、种类和转速。

(1) 功率的选择。选择电动机时,功率的选择是最为重要的。所选电动机的功率要由所带机械的功率而定。功率选择过小,电动机易过载发热损坏;功率选择过大,电动机不能得到充分利用。因此,要根据所带机械的功率等因素来确定电动机的额定功率。

除此之外,还应同时考虑电动机的工作方式。因此,电动机功率的选择要根据负载大小、工作方式不同以及散热条件等因素综合考虑。

(2) 种类的选择。种类的选择,首先考虑电动机的性能应满足所带机械的要求,如启动、调速等指标。其次再优先选择结构简单、价格便宜、运行可靠和维修方便的电动机,这些方面笼型优于绕线式。

大部分生产机械如水泵、通风机、普通机床等,都没有特殊要求,可选用普通的笼型异步电动机。而频繁启动、制动且有调速要求的生产机械,如起重机、压缩机、轧钢机等,可选用绕线式异步电动机。

在一些特殊环境下,应注意合理选择电动机的结构形式。例如潮湿、有粉尘、有易燃易爆气体等环境下,需选用封闭式或防爆式的异步电动机。

(3) 转速的选择。电动机的额定转速是根据生产机械要求而选定的,通常转速不低于 500r/min。但是对额定功率相同的电动机,转速越高,体积越小,造价越低,效率却较高,所以异步电动机多选用四极的,其同步转速 $n_0 = 1500$r/min,具有较高的性价比。

3. 三相异步电动机的接线

电动机的接线盒有 6 个接线端子,如图 4-18 所示,标有 U_1 和 U_2、V_1 和 V_2、W_1 和 W_2,分别是定子内三相绕组的首末端。

如果铭牌上标明是"Y"接法,接线端子应按图 4-18(a) 的接法连接。

如果铭牌上标明是"△"接法,接线端子应按图 4-18(b) 的接法连接。

需要改变转子当前的转向时,只要把电动机的三根电源线中的任意两根对调一下,就能改变电动机的转向。

如一台三相异步电动机铭牌上标出"380/220V,Y/△",说明每相绕组的额定电压为 220V,如果电源线电压是 220V,定子绕组按△接法;如果电源电压是 380V,则应按 Y 接法。上述两种情况电动机的每相绕组都承受 220V 电压。

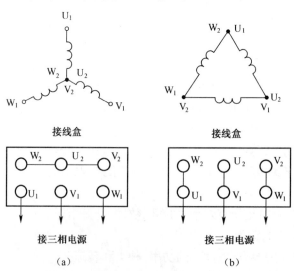

图 4-18 三相异步电动机的星形连接和三角形连接

(a) Y 接法;(b) △接法。

4.2 直流电动机

直流电动机是依靠直流电源(如干电池、蓄电池等)供电运转的电动机。直流电动机具有启动转矩大、调速性能好、容易控制等优点,但它的结构复杂、制造成本较高。

在电力机车、电动汽车、电动自行车等交通工具中,大多采用直流电动机作为驱动动力。在车辆中的其他动力驱动或控制动力中,也广泛采用直流电动机,如汽车启动机、电动执行器、电动车窗、电动座椅等。

4.2.1 直流电动机的工作原理

图 4-19 是最简单的直流电动机的物理模型,一对固定的磁极 N 和 S(一般是电磁铁,也可以是永久磁铁)构成定子。磁极之间有一个铁质圆柱体(图中未画出),称为电枢铁心,铁心表面固定一个用绝缘导体构成的电枢线圈 abcd,线圈的两端分别接到相互绝缘的两个圆弧形铜片上。圆弧形铜片称为换向片,它们的组合体称为换向器。在定子上安置固定不动但与换向片滑动接触的电刷 A 和 B,线圈 abcd 通过换向器和电刷接通外电路。电枢铁、电枢线圈和换向器构成的整体称为转子或电枢。

此模型作为直流电动机运行时,将直流电源加于电刷 A 和 B。如图 4-19(a)将电源正极加于电刷 A,电源负极加于电刷 B,则线圈 abcd 中流过电流,在导体 ab 中,电流由 a 流向 b;在导体 cd 中,电流由 c 流向 d;载流导体 ab 和 cd 均处于 N、S 极之间的磁场当中,根据电磁力(安培力)定律,电枢绕组通入直流电后,每根有效导体受到的力可以表示为

$$F = BIL \tag{4-3}$$

式中:B 为电磁感应强度,与每极磁通 Φ 成正比;L 为每根有效导体的长度,取决于电动机的结构,是个定值;I 为每根导体中的电流,与电枢电流 I_a 成正比。

电磁力的方向可用左手定则确定,可知这一对电磁力形成一个电磁转矩,电磁转矩的方向为逆时针方向,使整个电枢逆时针方向旋转。当电枢旋转 180°,导体 cd 转到 N 极下,ab 转到 S 极上,如图 4-19(b)所示,由于电流仍从电刷 A 流入,使 cd 中的电流方向变为由 d 流向 c,而 ab 中的电流由 b 流向 a,从电刷 B 流出,用左手定则可判别,电磁转矩的方向仍是逆时针方向。

由此可见,加于直流电动机的直流电源,借助于换向器和电刷的作用,使电枢线圈中流过的电流方向是交变的,从而使电枢产生的电磁转矩的方向恒定不变,确保了电枢朝确定的方向连续旋转,这就是直流电动机的基本工作原理。

实际的直流电动机,电枢四周上均匀地嵌放许多线圈。相应地,换向器由许多换向片组成,使电枢线圈所产生的总电磁转矩足够大并且比较均匀,电动机的转速也就比较均匀。

电枢产生的电磁转矩由下式表示:

$$T = C_T \Phi I_a \tag{4-4}$$

式中:C_T 为电机常数(与电动机构造有关,对于某台电动机,C_T 为定值);Φ 为每极磁通量,I_a 为电枢电流。

直流电动机旋转后,线圈的上、下两边导体 ab 和 cd 不断切割磁感应线而感应出电动势 e,感应电动势 e 的方向可用右手定则判别,其方向与电枢电流的流向相反,故而称为反电动

势。电枢感应电动势大小由下式表示：

$$E_a = C_e \Phi n \qquad (4-5)$$

式中：C_e 为电机常数(与电动机构造有关，对于某台电动机，C_e 为定值)；Φ 为每极磁通量，n 为电枢转速。

因此，直流电动机的电压平衡方程式为

$$U = E_a + I_a R_a \qquad (4-6)$$

如果不给直流电动机的电枢通电，而用其他原动机带动电枢转动，直流电动机就变成直流电动机了，反电动势就成为电源电动势。

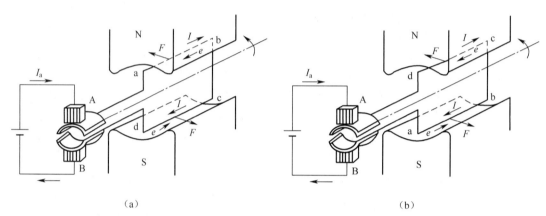

图 4-19 直流电动机的物理模型

4.2.2 直流电动机的结构

直流电动机的结构由定子和转子两大部分组成，如图 4-20 所示。定子的主要作用是产生磁场，由机座、主磁极、换向极、端盖、轴承和电刷装置等组成。转子的主要作用是产生电磁转矩，由转轴、电枢铁心、电枢绕组、换向器和风扇等组成。

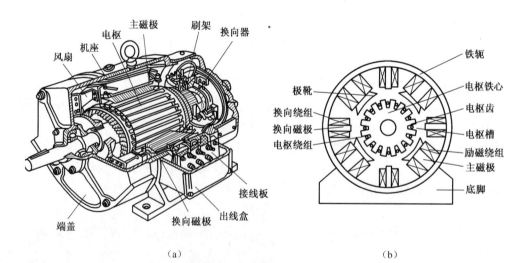

图 4-20 直流电动机的基本结构与剖面图
(a)基本结构图；(b)剖面图。

1. 定子

(1) 主磁极。主磁极的作用是产生气隙磁场。主磁极由主磁极铁心和励磁绕组两部分组成。铁心用 0.5~1.5mm 厚的钢板冲片叠压铆紧而成,上面套励磁绕组的部分称为极身,下面扩宽的部分称为极靴,极靴宽于极身,既可使气隙中磁场分布比较理想,又便于固定励磁绕组。励磁绕组用绝缘铜线绕制而成,套在极身上,再将整个主磁极用螺钉固定在机座上。

(2) 换向磁极。两相邻主磁极之间的小磁极叫换向磁极或换向极,也叫附加极或间极。换向极的作用是改善电动机的换向,减小电动机运行时电刷与换向器之间可能产生的火花。换向极由换向极铁心和换向极绕组构成。换向极的数目一般与主磁极相等。

(3) 机座。电动机定子部分的外壳称为机座。机座一方面用来固定主磁极、换向极和端盖,并起到对整个电机的支撑和固定作用;另一方面也是磁路的一部分,借以构成磁极之间的通路,磁通通过的部分称为磁轭。为保证机座具有足够的机械强度和良好的导磁性能,一般为铸钢件或由钢板焊接而成。

(4) 电刷装置。电刷装置用以引入直流电流。如图 4-21 所示,电刷装置由电刷、电刷盒和电刷座等组成。电刷一般由石墨组成,又称为碳刷。铜辫是用很多根细铜丝编织而成,柔软且满足所需的导电截面积,它的一端固定在电刷内,另一端连接接线端子。电刷放在电刷盒内,由压紧弹簧压紧,使电刷与换向器之间有良好的滑动接触。电刷座安装在定子的端盖上,并有良好的绝缘隔离。

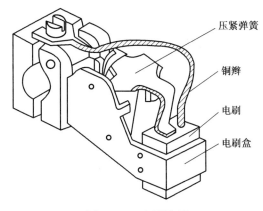

图 4-21 电刷装置

2. 转子(电枢)

转子的实物图如图 4-22 所示。

(1) 电枢铁心:是主磁通磁路的主要部分,同时用以嵌放电枢绕组。电枢铁心用 0.5mm 厚的硅钢片叠压而成,铁心的外圆开有线槽,用于嵌放绕组。叠成的铁心固定在转轴上。

(2) 电枢绕组:电枢绕组的作用是产生电磁转矩和感应电动势,是直流电动机进行能量转换的关键部件。它由许多线圈按一定规律连接而成,线圈用高强度漆包线或玻璃丝包扁铜线绕成。绕组按一定的规则和换向器上的换向片相连。

(3) 换向器:图 4-22 中转子的左端为换向器,在直流电动机中,换向器配以电刷能将外加直流电转换为电枢线圈中的交变电流,使电磁转矩的方向恒定不变。换向器是由许多换向片组成的圆柱体,换向片之间用云母片绝缘。

(4)转轴:转轴起支撑转子旋转的作用,需有一定的机械强度和刚度,一般用圆钢加工而成。

图4-22 转子(电枢)

4.2.3 直流电动机的分类

直流电动机按不同的励磁方式可分为以下4个类型。

1. 串励电动机

图4-23所示为串励电动机的结构示意图和电路图。

电动机的励磁绕组、电枢绕组串联接到直流电源上,则励磁电流I_f就是电枢电流I,与电枢串联的励磁绕组,简称串励绕组。为了减小串励绕组的电压降以及铜损,串励绕组应具有较小的电阻,因此总是用截面较大的导线绕成,且匝数较少。虽然串励绕组匝数少,但其电流$I_f(I_f=I_a)$较大,起动转矩和过载能力都比较大,通常用于起重、运输等场合。

串励电动机的机械特性为软特性,如图4-24中的曲线b所示。

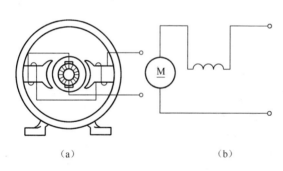 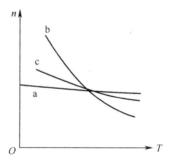

图4-23 串励电动机　　　　　　　图4-24 直流电动机的机械特性
(a)结构示意;(b)电路图。　　　　a—他励、并励;b—串励;c—复励。

串励电动机的软特性特别适用于起重设备,例如,当起重机提升较轻的货物时,电动机的转速较高,以提高生产效率。当提升很重的货物时,其转速较低以保工作安全。

串励电动机的另一特点是起动转矩较大,所以在汽车、电车、电传动机车方面得到广泛应用。

但应注意,串励电动机不能在空载或轻载的情况下工作,否则电动机的转速较高,会使电枢受到极大的离心力而损坏,因此,串励电动机至少应带有20%~25%的负载起动。此外,串励电动机应与生产机械直接耦合,切不可采用皮带传动。因为万一皮带滑下将使电动机处于空载状态而出现"飞车"事故。

2. 并励电动机

图4-25所示为并励电动机的原理图。电动机的励磁绕组和电枢绕组并联接到直流电

源上,因此两绕组上有相同的电压。为了减小励磁绕组的电损耗,励磁电流 I_f 通常很小,一般大型电动机的 I_f 为额定电流的 1%,小型电动机的 I_f 为额定电流的 5%,为了使励磁电流小,同时又要产生足够的磁通,所以励磁绕组的匝数很多,导线很细,阻值较大。

当 U 不变的情况下, I_f 不变即 Φ 不变, n 与 T 之间的关系曲线,即机械特性曲线,如图 4-24 的曲线 a 所示,该曲线表明随转矩 T 的上升,转速 n 略有下降,即机械特性为硬特性。如果改变电压 U 或励磁电流 I_f(即磁通 Φ)的大小,能得到较宽范围的平滑调速。因此,这种励磁方式的电动机应用比较广泛。如大型车床、磨床、龙门刨床和某些冶金机械等都常用并励直流电动机拖动。

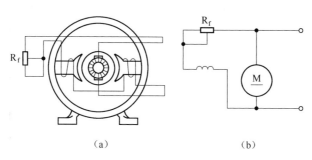

(a)   (b)

图 4-25 所示为并励电动机的原理图

3. 他励电动机

他励电动机的电枢绕组和励磁绕组分别接到两个直流电源上,如图 4-26 所示。

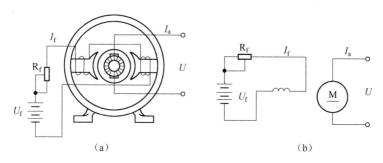

(a)   (b)

图 4-26 他励电动机
(a)结构示意;(b)电路图。

U 为励磁电源,接励磁绕组,产生励磁电流 I_f,建立磁通 Φ。电枢电路接电源 U,产生工作电流 I_a,在磁场的作用下产生电磁转矩 T,以转速 n 旋转,机械特性与并励电动机的相同,也同样具有良好的调速性能。不同的是他励电动机需要单独的励磁电源,设备复杂一些,但由于其励磁回路和电枢回路各自独立,所以可分别调节。因此控制比较方便,常应用于自动控制要求较高的场合。另外要注意的是直流电动机的励磁回路不能断开,否则励磁电流 $I_f=0$, $\Phi \approx 0$(只有很小的剩磁),对于起动的电动机因转矩太小($T=K_T\Phi I_a$)将不能起动,同时由于反电动势为零,电枢电流很大,电枢绕组易被烧坏。对于正在有载运行的电动机,如断开励磁回路,反电动势立即减小,电枢电流增大,同时由于电磁转矩减小,而使电动机减速而停转,这更加促使电枢电流增大,以致烧毁电动机绕组和换向器。如果电动机在空载或轻载运行时,其转速会很快上升,这种现象称为"飞车"。发生"飞车"会严重损坏电动机,因此必须防止励磁回路开路。

4. 复励电动机

复励电动机由两个励磁绕组组成,如图4-27所示,一个是串励绕组与电枢串联,另一个是并励绕组与电枢并联,两绕组都套在主磁极上,共同由一个电源供电。所以电动机的磁通是由这两个绕组的电流共同产生的。

复励电动机由于有并励和串励两个励磁绕组,因此其机械特性介于并励和串励电动机之间,如图4-24中的曲线c所示,兼有并励和串励电动机的某些优点。一方面,它具有较大的过载能力和起动转矩以及较软的机械特性;另一方面,在空载或轻载时由于并励绕组的磁场存在,使转速不致于过高。因此它在船舶、起重、机床等设备中都有应用。

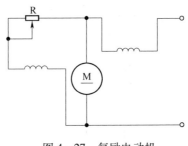

图4-27 复励电动机

4.2.4 直流电动机的启动、调速与制动

1. 直流电动机的启动

直流电动机刚接入电源启动时,因为电动机转速等于零,电枢上的反电动势为零,故而外加电压全部加到电枢电阻上,而电枢电阻一般都较小,此时电动机的电枢电流会很大,即启动电流

$$I_{st} = \frac{U}{R_S} \qquad (4-7)$$

例如,一台直流电动机的额定电压为220V,电枢电阻为0.4Ω,其额定电流为50A,则直接启动时的电流

$$I_{st} = \frac{U}{R_S} = \frac{220}{0.4} = 550A$$

这样大的启动电流(为额定电流的11倍),会使直流电动机的换向器形成火花而烧坏。因此启动时,必须在电枢电路中串入电阻或降低电源电压,以限制其启动电流,但又要考虑启动转矩不因启动电流减小太多而影响启动能力,一般限制在1.5~2.5倍额定电流。图4-28所示为并励式直流电动机的启动线路图。启动时将启动变阻器R_{st}放到最大位置,随着电动机转速的逐渐升高,逐步减小启动变阻器R_{st},最后使它短接,而此时磁场变阻R_f调到最小,增加磁通Φ,使电动机的电磁转矩增大,增加启动能力。

汽车启动机采用串励式直流电动机,即励磁绕组与电枢绕组串联,如图4-29所示。启动时,可使电流达到最大(约100多安培),此时电枢的输出转矩也最大,使汽车很容易启动。而汽车启动机允许短时间超载工作。串励式比并励式直流电动机的启动转矩要大得多。

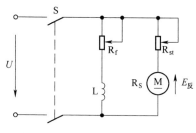
图4-28 并励式电动机启动线路

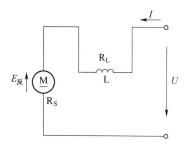
图4-29 串励式电动机的线路

2. 直流电动机的调速

直流电动机的调速一般有以下3种方法。以并励式直流电动机为例,根据式(4-5)和式(4-6)可得到电动机转速为

$$n = \frac{U - I_S R_S}{C_T \Phi} \qquad (4-8)$$

可以通过改变 Φ、R_S 和 U 来进行调速。

1) 改变磁极磁通 Φ

改变磁通 Φ 值的大小,可以改变转速 n。为此在励磁电路中串接一只磁场变阻 R_f,如图4-30所示。如把磁场变阻器阻值增加,则激磁电流减小,磁通也随之减小,电动机的转速升高;反之,磁场变阻器阻值减小,则电动机的转速降低。

由于并励式电动机的励磁电流较小,而在调速过程中能量耗损也较小,故而实际使用中应用较广。

串励式直流电动机也可采用改变磁通 Φ 来调速,不过此时磁场变阻 R_f 必须与激磁绕组并联,如图4-31所示。磁场变阻器阻值减小,通过变阻器的电流增大,而激磁绕组的电流减小,磁通 Φ 减小,电动机转速升高;反之,则转速降低。

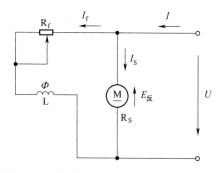
图4-30 并励式电动机改变 Φ 的调速线路

以改变磁极磁通 Φ 来调速,电动机的转速能在其额定转速以上平滑调节。但转速增高受到电枢机械强度的制动,一般不超过额定转速的20%。

2) 改变电枢电路中的电阻

在电枢电路中串联一个可调变阻器 R_{SC},如图4-32所示。当阻值 R_{SC} 增大时,电枢电流 I_{SC} 减小,则转速降低,反之,R_{SC} 减小时,电动机转速将升高。

由于电枢电流一般较大,故而调速电阻 R_{SC} 要消耗大量的能量,不太经济。另外,还会

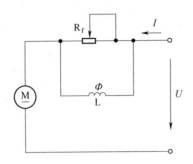

图 4-31 串励式电动机改变 Φ 的调速线路

使电动机的机械特性变软。采用这种调速方法,只能使电动机的转速在额定值以下作比较平滑的调节。

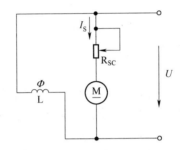

图 4-32 电枢电路中串接电阻调速

3) 改变电源电压 U

由公式 $n = \dfrac{U - I_S R_S}{C_T \Phi}$,若保持激磁电路中磁通 Φ 不变,则改变电动机的直流电源电压 U,可以实现平滑调节。但应注意 U 不能超过额定电压。

改变直流电源电压,过去采用直流发电机,现在大多数采用晶闸管整流电源。

4. 直流电动机的制动

为了使直流电动机切断电源后能迅速停止转动,需要对电动机采取制动方法。如图 4-33 所示即为其中的一种称为能耗制动的方法。

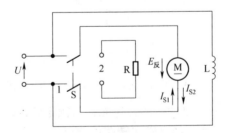

图 4-33 能耗制动的线路

当转换开关 S 由 1 转至 2 时,电动机电枢电路与电源脱离,而与某一电阻元件 R 相连形成回路。如图 4-34(a)所示,由于电动机的电枢具有惯性,继续旋转,而电动机励磁电路仍在继续工作,因此电枢绕组切割磁感线产生感应电动势,并且方向也不变。不过此时电动机变为发电机状态向电阻元件 R 供电,其电流方向与感应电动势方向一致,而此方向与原来电动机的工作状态正好相反(图 4-34(b))。此时电流在磁场中产生的一对制动电磁力 F_B 对转轴产生的制动转矩 T_B 与电动机电枢转向相反,因而电动机迅速停转。

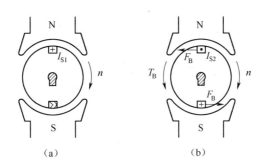

图 4-34 制动电磁力 F 的产生示意图
(a)电动机运行时;(b)发电机运行时。

4.2.5 汽车起动机用直流电动机

汽车起动机多采用直流串激式电动机。所谓串激式是指磁场绕组与电枢绕组采用串联连接。直流电动机的作用是产生起动转矩。它由磁场、电枢、电刷装置三部分组成,如图 4-35 所示。由于电动机工作电流大,转矩大,工作时间短(一般为 5s 左右),因此要求零件的机械强度高,电路电阻小。

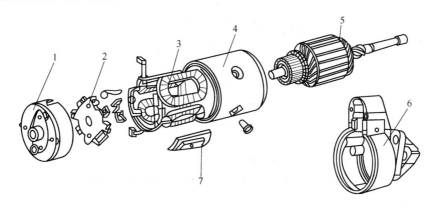

图 4-35 直流电动机的组成
1—前端盖;2—电刷与电刷架;3—磁场绕组;4—电动机外壳;5—电枢总成;6—后端盖;7—磁极。

1. 磁场部分

磁场部分由磁极、磁场绕组和外壳组成。磁极用螺钉固装在外壳的内壁上,为加强磁场增大转矩,采用 4 个磁极。有的大功率起动机(功率超过 17.4kW)采用 6 个磁极,每个磁极上套装磁场绕组,经通电励磁后使 N、S 极相间排列,并利用外壳形成磁路,如图 4-36 所示。

磁场绕组由矩形截面的铜导线绕成,每个绕组匝数较少,绕组的一端接在外壳的绝缘接柱上,另一端与绝缘电刷连接后再与电枢绕组串联连接。4 个磁极的磁场绕组,先每两个绕组分别串联,再并联为两路,如图4-37所示,这样可以在绕组铜导线截面尺寸相同的情况下减小电动机回路电阻,增大起动电流,从而增大起动转矩。

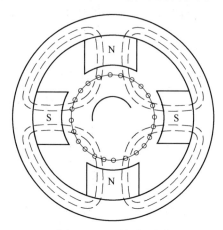

图4-36 磁场与磁路

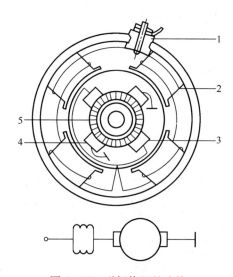

图4-37 磁场绕组的连接
1—绝缘接线柱;2—磁场绕组;3—绝缘电刷;4—搭铁电刷;5—换向器。

2. 电枢部分

电枢由铁心、绕组、电枢轴和换向器等组成。铁心由硅钢片叠压而成,以内花键固定在轴上。铁心的外表面槽内放有电枢绕组,采用较粗的矩形截面铜导线绕成波形绕组。为防止铜导线间短路用绝缘纸隔开;为防止铜导线在电枢旋转时的离心力作用下甩出,在槽口两侧的铁心上用轧纹挤紧。

换向器由铜片和云母片叠压而成,如图4-38所示,压装于电枢轴的一端,铜片间互相绝缘并与轴绝缘。为避免电刷磨损的粉末落入换向器铜片间造成短路故障,铜片间云母片不能过低(有些起动机换向器上云母片略低于铜片)。电枢绕组的各端头均焊于换向器铜片上,换向器和电刷滑动接触,将蓄电池的电能引入绕组(从绝缘电刷流入,从搭铁电刷流出)。

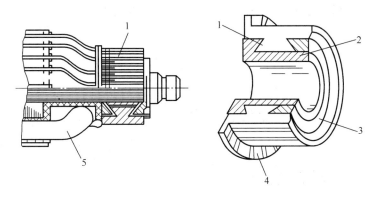

图 4-38 换向器剖面示意
1—铜片;2—轴套;3—压环;4—接线凸缘;5—电枢。

电枢轴的另一端制有传动花键,用于与传动机构配合。电枢轴前后端由石墨青铜平轴承支撑,中间有一支撑板支撑。轴的后部装有一限位螺母(或限位圈),用以承受传动机构后移时的冲击力。轴的尾端较细,轴肩部与后端盖之间装有止推垫圈,以调整轴向间隙。

3. 电刷装置

电刷用铜粉和石墨粉压制而成,一般含铜 80%~90%,石墨 10%~20%,以减小电刷电阻并增加其耐磨性。为减小电刷上的电流密度,以限制与换向器表面接触处的发热量,采用的电刷个数等于磁极个数。电刷架采用箱式结构,铆装于前端盖上,安装绝缘电刷的电刷架须与端盖绝缘,而搭铁电刷则通过电刷架直接搭铁。搭铁电刷架与绝缘电刷架数量相等,相间排列。电刷装于架内,并由螺旋卷簧压紧在换向器上,如图 4-39 所示。

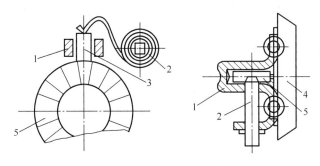

图 4-39 电刷与电刷架
1—箱式电刷架;2—螺旋卷簧;3—电刷;4—前端盖;5—换向器。

汽车用起动机的直流电动机端盖分前、后两个,前端盖由钢板压制而成,后端盖由灰铸铁浇制而成,呈缺口杯状,如图 4-35 中的 6 号元件。

4.2.6 汽车电器中常用的永磁式直流电动机

直流电动机除了转子、定子双线圈结构外,还有由永久磁铁构成定子的永磁式直流电动机,简称为永磁式电动机。如图 4-40 所示,为刮雨器永磁式电动机的结构示意简图。

1. 刮水电动机

刮水器可以清除挡风玻璃上的雨水、雪或灰尘。目前汽车上广泛采用电动刮水器,其主要动力部件就是刮水电动机。刮水电动机大多采用永磁式电动机，如图4-41所示。

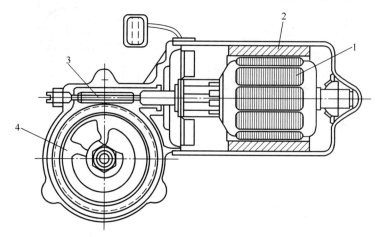

图4-40　永磁电动机的结构示意简图
1—电枢；2—永久磁铁；3—蜗杆；4—蜗轮。

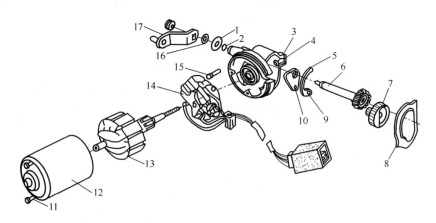

图4-41　永磁式刮水电动机的结构
1—平垫圈；2—圆形圈；3—减速器壳；4—消除电枢轴轴向间隙的弹簧；5—复位开关顶杆；6—输出齿轮和轴；7—惰轮和蜗轮；8—减速器盖；9—放在凸轮表面的部分；10—复位开关顶杆的定位板；11—长螺钉；12—电动机外壳和磁铁总成；13—电枢；14—3个电刷的安装位置和复位开关总成；15—复位开关顶杆及其与开关联动的销子；16—弹簧垫圈；17—输出臂。

刮水电动机的磁极为铁氧体永久磁铁。铁氧体具有陶瓷的脆性、硬性和不耐冲击的特点。但它不易退磁，且价廉，所以在汽车上得到广泛使用。

直流电动机的转速公式为

$$n = \frac{U - I_a R_a}{KZ\Phi} \qquad (4-9)$$

式中：U为电动机端电压；I_a为通过电枢绕组中的电流；R_a为电枢绕组的电阻；K为常数；Z为正、负电刷间串联的导体数；Φ为磁极磁通。

刮水电动机通常采用改变两电刷间串联的导体（线圈）数的方法，对其进行调速，如图4-42所示。

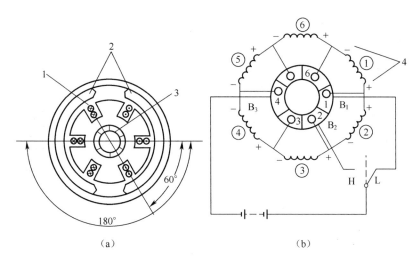

图 4-42 双速刮水电动机的工作原理
(a) 结构原理；(b) 电路原理。
1—电枢绕组；2—永久磁铁；3—换向器；4—反电动势。

电刷 B_3 为高、低速公用，B_1 用于低速，B_2 用于高速，B_2 与 B_1 相差 60°。电枢采用对称叠绕式。

永磁式三刷电动机，是利用 3 个电刷来改变正负电刷之间串联的线圈数实现变速的。当直流电动机工作时，在电枢内同时产生反电动势，其方向与电枢电流的方向相反。如要使电枢旋转，外加电压必须克服反电动势 e 的作用，即 $U>e$。当电枢转速上升时，反电动势也相应上升，只有当外加电压 U 几乎等于反电动势 e 时，电枢的转速才趋于稳定。

三刷式电动机旋转时，电枢绕组所产生的反电动势，如图 4-42(b) 所示，图上所标的"+"、"-"代表该线圈产生的反电动势 e 的方向。当开关拨向 L 时，电源电压 U 加在 B_1 和 B_3 之间。在电刷 B_1 和 B_3 之间有两条并联支路：一条是由线圈①⑥⑤串联起来的支路；另一条是线圈②③④串联起来的支路，即在电刷 B_1 和 B_3 间有两条支路，每条支路均有 3 个线圈。这两条支路产生的全部反电动势与电源电压平衡后，电动机便稳定旋转，此时转速较低。

当开关拨向 H 时，电源电压加在 B_2 和 B_3 之间，如图 4-42(b) 所示。电枢绕组一条由 4 个线圈②①⑥⑤串联，另一条由两个线圈③④串联。其中线圈②的反电动势与线圈①⑥⑤的反电动势方向相反，互相抵消后，变为只有两个线圈的反电动势与电源电压平衡，因而只有转速升高使反电动势增大，才能得到新的平衡，故此时转速较高。可见，两电刷间的导体数减少，会使电动机的转速升高，这就是永磁三刷电动机变速的原理。

另外，为了不影响驾驶人的视线，要求刮雨器片能自动复位，不管在什么时候驾驶人断开刮雨器开关时，刮雨器的橡胶刷都能自动停止在风窗玻璃的下部。图 4-43 为刮雨器自动复位装置的示意图。

在减速蜗轮 8 (由尼龙制成) 上，嵌有铜环，其中较大的一片 9 与电动机外壳相连接而搭铁，触点臂 3、5 用磷铜片制成 (有弹性)，其一端分别铆有触点与蜗轮端面或铜片接触。

当电源开关 1 接通，把刮水器开关拉到 "Ⅰ" 挡 (低速挡) 时，电流从蓄电池正极→电源开关 1→熔断丝 2→B_3 电刷→电枢绕组→B_1 电刷→接线柱②→接触片 12→接线柱③→搭铁→蓄电池负极，形成回路，电动机以低速运转。

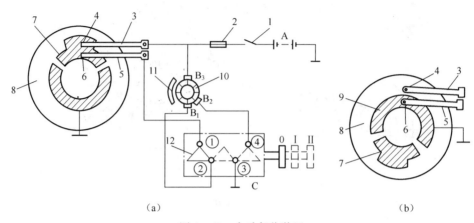

图 4-43 自动复位装置
(a)电枢短路制动；(b)雨刮电动机继续转动。
1—电源开关；2—熔断丝；3、5—触点臂；4、6—触点；7、9—铜环；8—减速蜗轮；10—电枢；
11—永久磁铁；12—接触片；A—蓄电池；B_1、B_2、B_3—电刷；C—刮水器开关。

当刮水器开关拉到"Ⅱ"挡时，电流从蓄电池正极→电源开关 1→熔断丝 2→B_3 电刷→电枢绕组→B_2 电刷→接线柱④→接触片 12→接线柱③→搭铁→蓄电池负极，形成回路，电动机以高速运转。

当刮水器开关推到"0"挡(停止)时，如果刮水器橡胶刷没有停到规定位置时，由于触点与铜环 9 接通，如图 4-43(b)所示，则电流继续流入电枢，其电路为蓄电池正极→开关 1→熔断丝 2→B_3 电刷→电枢绕组→B_1 电刷→接线柱②→接触片 12→接线柱①→触点臂 5→铜环 9→搭铁→蓄电池负极，形成回路，电动机以低速运转直至蜗轮旋转到图 4-43(a)所示的特定位置，电路中断。由于电枢的惯性，电机不可能立即停止转动，电动机以发电机方式运行，因此时电枢绕组通过触点臂 3、5，与铜环 7 接通而短路，电枢绕组产生很大的反电动势，产生制动力矩，电机迅速停止转动，使橡胶刷复位到风窗玻璃的下部。

2. 电动车窗电动机

(1) 电动车窗的组成：电动车窗一般由玻璃及升降器、车窗、可逆式直流电动机、减速器和直流开关等组成。电动车窗电动机及开关等在车上的布置如图 4-44 所示。

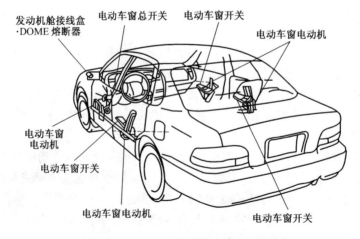

图 4-44 电动车窗部件在汽车上的布置

（2）电动车窗电动机的特点：电动车窗使用的电动机是双向的，广泛采用的为永磁型，但也有采用双绕组串励型。现代汽车的每个车窗都装有一个电动机，通过开关控制电流的方向，使电动机正向或反向旋转，升降电动机旋转时，就会通过联动机构使车窗升或降。所有车窗系统装在每个乘员门的中部，为分开关，由乘员进行操作。每个车窗都通过总开关搭铁，所以电流不但通过每个车窗上的分开关，还要通过总开关上的相应开关。有的汽车在总开关上装有锁止开关，如将它断开，分开关就不起作用。

为了防止电路过载，电路或电动机内装有一个或多个热敏断路开关，用来控制电流。当车窗完成关闭或由于结冰而车窗玻璃不能自由运动时，即使操纵的开关没有断开，热敏开关也会自动断路，有的车上还专门安装一个延时开关，在点火开关断开以后约10min内或在车门打开以前，仍有电流供给，使驾驶员和乘客能有时间关闭车窗及操纵其他辅助设备。

4.3 常用控制电器介绍

4.3.1 开关

开关的作用是切断和闭合电路。根据实际生产的需要，开关分为闸刀开关、铁壳开关、行程开关、转换开关、组合开关等。

下面介绍其中常用的一种组合开关，图4-45所示为其结构图。它有三对静触片、三对动触片。静触片固定在绝缘垫板上，一端与接线柱相连，以便与负载或电源线相接。三对动触片固定在中间绝缘转轴上，转轴通过手柄，每旋转90°，实现动、静触片接通或断开一次。

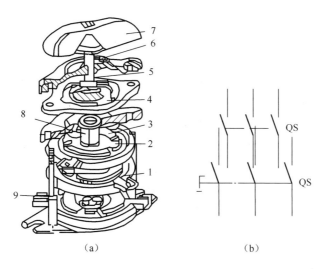

图4-45 组合开关结构
(a) 外形；(b) 符号。

1—手柄；2—转轴；3—弹簧；4—凸轮；5—绝缘垫板；6—动触片；7—静触片；8—接线柱；9—绝缘杆。

4.3.2 按钮

按钮是在电力拖动中发出主令的电器。图4-46所示为其结构剖面图及符号。它有一对固定的静触头,中间动触头连在绝缘杆上。当按下按钮帽时,上面一对常闭触头,动断时先被打开,而下面一对常开触头,动合时后被接通。放开按钮帽时,在弹簧作用下,动断触点复位闭合,动合触点复位打开。

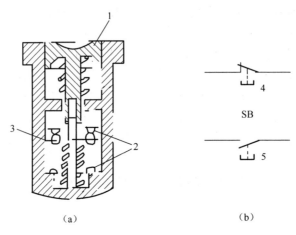

图 4-46 按钮
（a）剖面图；（b）图形符号。
1—按钮帽；2—静触点；3—动触点；4—动断按钮；5—动合按钮。

4.3.3 接触器

接触器是为了能频繁启动或实现远距离控制而设计的一种自动开关,其工作原理是通过通电线圈产生电磁吸力来实现开关功能的。其按取用的电源不同而分为交流接触器和直流接触器。

接触器的主要组成部分有电磁铁和触点。图 4-47 所示为常用的 CJ10 型交流接触器的外形、结构示意图及符号。

一组动合触点经连杆与电磁铁的动铁心绝缘地连在一起,而一组静触点固定在绝缘壳体上,当电磁铁吸引线圈尚未通电时,互相分开的触点称为动合触点,又称常开触点。而互相闭合的触点称为动断触点,又称常闭触点。当吸引线圈加上额定电压后,电磁铁产生吸力,将动铁心吸合,带动连杆,使动合触点接通,而动断触点打开。当吸引线圈断电时,由于弹簧的作用,将动铁心释放,恢复成原来的状态。因此,只要控制吸引线圈的通电或断电,即可控制触点的接通与断开,从而达到控制电路通断的目的。

交流接触器的额定电压有 36V、110V、220V 和 380V,额定电流有 5A、10A、20A、40A、60A、100A、150A 等。在实际使用中,则按电源电压和负载大小而定。

4.3.4 熔断器

熔断器俗称保险丝,它是一种短路保护电器。它有管式、插入式、螺旋式等,如图 4-48 所示。其中的熔丝、熔片用电阻率较高的易熔合金制成。当正常工作时,流过熔体的电流小于它的额定电流,熔体不熔断,而一旦电路发生短路或严重过载时,熔体便立即熔断,从而切断了电源,保护了电器。

熔丝或熔片的选择应根据电路的具体情况而定。在照明、电热线路中,熔丝的额定电

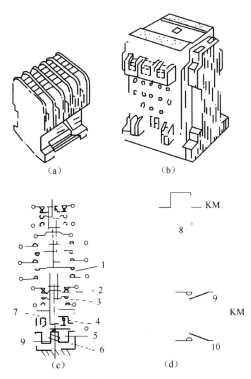

图 4-47　CJ10 型交流接触器

(a) CJ10-10；(b) CJ10-20；(c) 结构示意图；(d) 图形符号。

1—动合主触点；2—动断辅助触点；3—运输事辅助触点；4—恢复弹簧；
5—吸引线圈；6—静铁心；7—动铁心；8—吸引线圈；9—动合触点；10—动断触点。

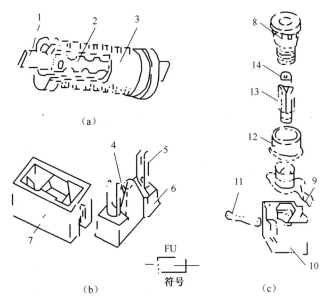

图 4-48　熔断器外形

(a) 管式；(b) 插入式；(c) 螺旋式。

1—刀形接触片；2,4—熔体；3—纤维管；5—动触头；6—瓷插件；
7—瓷座坐；8—瓷帽；9—上接线端；10—瓷底坐；11—下接线端；12—瓷套；13—熔断管；14—红点。

流应等于或稍大于负载的额定电流。

若负载是电动机,应根据下式选择：

$$熔体额定电流 \geq \frac{电动机启动电流}{2.5}$$

频繁启动的电动机,上式分母取 1.6~2.0。

4.3.5 热继电器

继电器是一种传递信号的电器,按照输入信号切断和闭合电路。它的输入信号可以是温度、速度、压力等非电量,也可以是电流、电压,而输出的是触点通断信号。

热继电器是利用电流的热效应而动作的电器,其通常用来保护电动机过载。图 4-49 所示为其结构示意图。

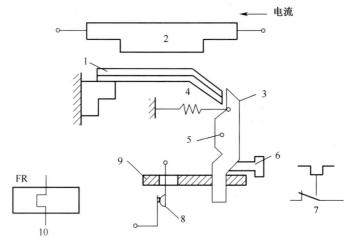

图 4-49 热继电器结构示意图
1—双金属片;2—发热元件;3—扣板;4—弹簧;5—轴;6—复位按钮;
7—动断触点符号;8—触头;9—绝缘至引板;10—发热元件符号。

4.4 汽车交流发电机

4.4.1 交流发电机的工作原理

交流发电机由定子(电枢部分)和转子(磁场部分)组成。汽车用交流发电机还装有整流器(将交流电变为直流电)。

1. 发电原理

图 4-50 为三相交流发电机的工作原理图。图中转子的磁感线从 N 极出发,穿过转子与定子之间的空气间隙进入定子铁心,然后再经过气隙回到相邻的 S 极,构成磁回路。当转子旋转时,磁感线与定子绕组作相对运动,在三相绕组中便产生交变电动势。交变电动势的频率为

$$f = \frac{Pn}{60} \qquad (4-10)$$

式中:P 为磁极对数;n 为发电机的转速(r/min)。

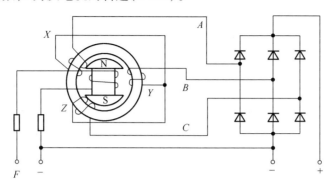

图 4-50　交流发电机工作原理示意图

汽车上用的交流发电机采用爪型磁极,在定子绕组表面沿圆周方向形成了近似按正弦规律分布的磁感应强度。根据电磁感应原理,当发电机转子转动时,在定子绕组中产生正弦电动势。又因 3 个绕组在定子槽中是对称分布的,因而它们产生的 3 个电动势也是对称的,称为三相电动势。各相电动势的大小相等,频率相同,相位差互为 120°电角度,每相电动势 E_Φ 的有效值为

$$E_\Phi = 4.44 K f n \Phi \tag{4-11}$$

式中:K 为绕组系数;f 为频率;N 为每相绕组匝数;Φ 为转子每极的磁通。

将 $f = \dfrac{Pn}{60}$ 代入 $E_\Phi = 4.44 K f n \Phi$ 式中,则有

$$E_\Phi = 0.074 K P n N \Phi \tag{4-12}$$

对于某一具体型号的发电机,当制造完成后,其 K、N、P 均为定值。若令 $C = 0.074 KNP$ 为电机常数,便可得到交变电动势有效值的另一数学表达式:

$$E_\Phi = C_n \Phi \tag{4-13}$$

该式说明,在绕组匝数、磁极对数一定的条件下,交流发电机交变电动势的有效值取决于转速 n 和转子的磁通量 Φ。因此在实际中,可通过控制磁通的强弱来达到控制发电机电动势(电压)的目的。

2. 整流原理

为了满足汽车用电设备使用直流电的需要,交流发电机内都配置有整流器,图 4-51 所示为硅整流器的整流原理电路和电压波形图,车用交流发电机采用三相桥式全波整流电路。

由图可见汽车三相交流发电机产生的是三相对称电动势,经过三相桥式整流,变为直流电向外供电。有关三相桥式整流电路的原理在后面章节中介绍。

3. 交流发电机的励磁方式

从理论上讲,任何发电机都应可以利用磁路的剩磁自励建立额定电压。但汽车交流发电机由于以下几个原因而不能实现自励建立额定电压:①发电机的转子磁场剩磁较弱;②硅二极管有 0.6~0.7V 死区电压,即正向电压低于 0.6~0.7V 时二极管始终处于截止状态;③车用电气设备可能因种种原因直接接在发电机的输出回路中。为此,车用交流发电机在发动机起动过程中或低速运转时,总是采用蓄电池供给励磁电流的他励方式来建立电

压的。交流发电机励磁回路的原理电路,如图 4-52 所示。这样可以保证发电机的输出电压可以很快建立起来。当发电机的转速随着发动机转速增大之后,发电机的输出电压等于大于蓄电池端电压时,发电机才会进入自励发电运行方式。

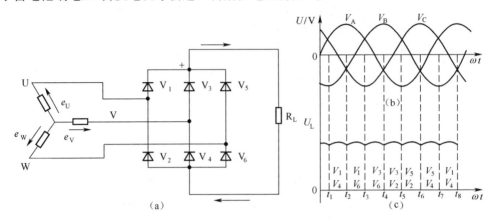

图 4-51 交流发电机整流原理电路及电压波形示意图
(a) 整流电路;(b) 三相对称电压波形;(c) 平衡脉冲电压波形。

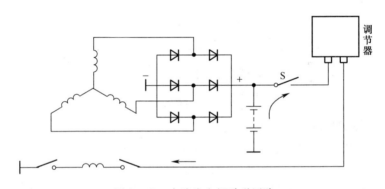

图 4-52 交流发电机励磁回路

4.4.2 汽车交流发电机的构造

普通 6 管交流发电机的结构,如图 4-53 所示。它主要由转子、定子、电刷装置、三相桥式整流器、前后端盖、风扇及 V 带轮等组成,也有交流发电机把调节器组装在一起的。

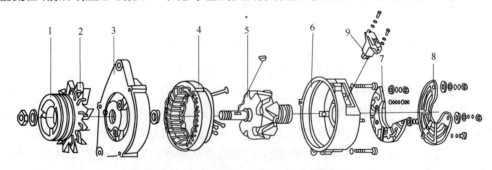

图 4-53 普通 6 管交流发电机组件图
1—V 带轮;2—风扇;3—前端盖;4—定子;5—转子;6—后端盖;7—整流器总成;8—防护罩;9—电刷架总成。

1. 转子

转子部分是交流发电机的磁场部分,它主要由两块对称的爪极、励磁绕组、滑环和转轴组成,如图 4-54 所示。两块爪极由厚钢板冲压制成,压装在转轴上。爪极的空腔内有一个圆柱形磁轭,磁轭内孔与转轴压装在一起,两个端面与爪极紧压相连(为了减小磁阻,有的发电机将磁轭分别与爪极做成一体,当两个爪极合拢后,磁轭与爪极间只有一个接触面,可有效地减小磁阻),平绕的励磁绕组套装在磁轭的外面、爪极的内部,励磁绕组的两引出线穿过一个爪极端部的两个小孔分别焊接在两个彼此绝缘的滑环上。滑环与轴之间是绝缘的,与装在后端盖上的两个电刷接触,电刷的作用是将直流电源引入励磁绕组产生励磁电流,使轴向磁通磁化爪极,其中一块为 N 极,另一块为 S 极,形成 4~8 对相互交错的磁极。国产交流发电机多采用 6 对磁极。

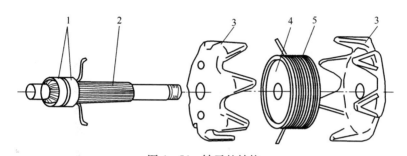

图 4-54 转子的结构
1—滑环;2—转子轴;3—爪极;4—磁轭;5—磁场绕组。

转子爪极的形状做成鸟嘴形,目的是使磁力线在定子、转子之间气隙中成正弦分布,以保证定子感应电势有较好的正弦波形。

交流发电机的磁场绕组的搭铁形式有内搭铁和外搭铁之分。磁场绕组的一端经电刷在发电机端盖上搭铁称为内搭铁式;磁场绕组的两端均与端盖绝缘,其中一端经调节器后搭铁称为外搭铁式,如图 4-55 所示。解放 CA1001 型汽车用的 JF1522A 型交流发电机为外搭铁式交流发电机。

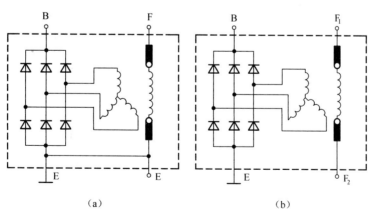

(a) (b)

图 4-55 交流发电机磁场绕组的搭铁极性
(a)内搭铁式;(b)外搭铁式。

2. 定子

交流发电机的定子是发电机的电枢部分。它由定子铁心和对称的三相绕组组成。

定子铁心由相互绝缘的厚度为 0.5mm 的硅钢片叠成环状,环的内圆表面一般开 36 个线槽,电枢绕组按一定规则嵌放在槽内。定子绕组一般采用星形接法,也有采用三角形接法(如北京 BJ2021 型、富康等汽车)。三相绕组的每相绕组均由 6 个线圈串联而成,每个线圈大约绕 13 匝(也有绕 9 匝的)。三相绕组的起端分别与整流板上的二极管引线相接,并分别固定在 3 个绝缘接线柱上(二极管引线接线柱)。

3. 整流器

整流器的作用是将三相绕组产生的交流电整流成直流电。

交流发电机的整流器一般由 6 只硅二极管组成三相桥式全波整流电路。常见的二极管安装形式有焊接式和压装式两种,如图 4-56 所示。焊接式是将二极管的 PN 结直接烧结在整流板上;压装式是将具有金属外壳的二极管压装在整流板的孔中。

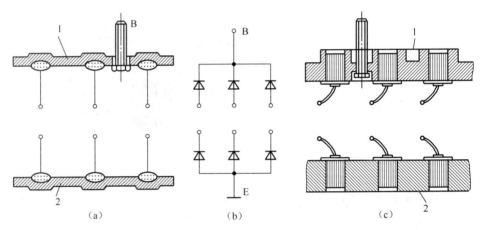

图 4-56 二极管安装示意图
(a) 焊接式;(b) 电路图;(c) 压装式。
1—正整流板;2—负整流板。

汽车交流发电机用整流二极管的引出电极有正极与负极之分。引出电极为二极管正极的称为正极管(涂有红色标记),引出电极为二极管负极的称为负极管(涂有绿色或黑色标记)。安装 3 只正极管的整流板称为正整流板,在外侧;安装 3 只负极管的整流板称为负整流板,在内侧,如图 4-57 所示。两块整流板相互绝缘地安装在一起(老式发电机只有正整流板,负整流用发电机外壳代替,由于不便于维修,已逐渐被淘汰),然后固装在后端盖上。

安装在正整流板上并与正整流板绝缘的 3 个二极管引线接线柱分别固装有正、负极管的线和来自三相绕组某一相的端头。与正整流板连接在一起的粗螺柱引出,作为发电机的输出接线柱,称为"电枢"接柱,用"B"表示。

4. 端盖

交流发电机的前、后端盖均用铝合金铸造而成,因为铝合金为非导磁材料,可减少漏磁并具有轻便、散热性能好等优点。

在后端盖上装有电刷组件,电刷组件由电刷、电刷架和电刷弹簧组成,电刷用铜粉和石墨粉模压而成,其作用是将直流电源引入励磁绕组产生励磁电流。电刷架用酚醛玻璃纤维塑料模压或用玻璃纤维增强尼龙制成。电刷安装在电刷架的孔内,借弹簧张力与滑环保持

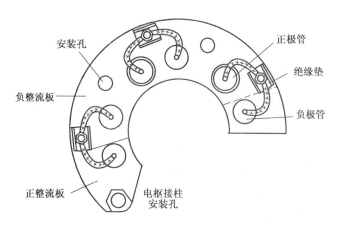

图 4-57 整流器总成

接触。

两电刷的引线分别与电刷架上的两个螺柱连接,当交流发电机装复完整后,一个螺柱成为交流发电机的"磁场"接线柱(与端盖绝缘),用"F"表示;另一个螺柱直接与端盖连通,成为交流发电机的"接铁"接线柱,用"E"表示。CA1091 型汽车装用的交流发电机,由于是外接铁式发电机,因此它的两个螺柱都与端盖绝缘,均称为"磁场"接线柱,分别用"F_1"和"F_2"表示(图 4-55)。

电刷组件的安装有外装式和内装式两种。外装式可直接从发电机的外部拆装电刷,如图 4-58(a)所示;内装式必须将发电机拆开才能更换电刷,如图 4-58(b)所示,因此使用很不方便,已逐渐被淘汰。

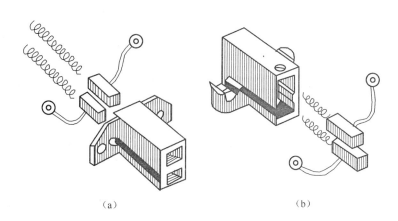

图 4-58 电刷组件
(a)外装式;(b)内装式。

交流发电机的前端装有 V 带轮,由发动机通过风扇 V 带驱动发电机旋转。

发电机的后端盖上有进风口,前端盖上有出风口,当 V 带轮由发动机曲轴驱动时,交流发电机转子轴上的叶片式风扇(用钢板冲制或铝合金压铸而成)旋转,使空气高速流经发电机内部进行冷却,这称为外装式风扇。近年来为提高发电机效率,减小发电机体积,又出现了内装式风扇,即风扇叶片直接做在转子上,如图 4-59 所示。

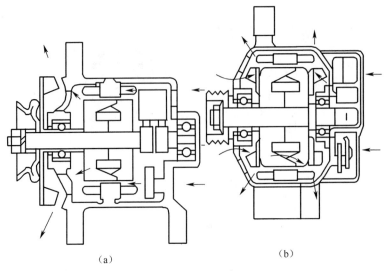

图 4-59 交流发电机的通风方式
(a) 叶片外装式;(b) 叶片内装式。

本 章 小 结

1. 电动机的作用是将电能转换为机械能,电动机可分为交流电动机和直流电动机两大类。

2. 三相异步电动机结构简单,运行可靠,在工农业生产中广泛应用,也可以作为汽车电力驱动电动机。三相异步电动机的基本结构主要由静止的定子和旋转的转子两部分组成。定子产生旋转磁场,鼠笼转子产生感应电流,在旋转磁场中转动,其转速小于旋转磁场转速。

3. 三相异步电动机的使用:启动时应限制启动电流,有 Y-△ 启动和自耦变压器降压启动。现代调速广泛采用变频调速,制动可用反接制动或能耗制动。

4. 直流电动机由定子、电枢、换向器和电刷组成。磁场的建立可分为他励式、串励式、并励式、复励式和永磁式。串励式直流电动机因启动力矩大,常作为汽车发动机启动电动机和汽车电力驱动电动机。其结构复杂,故障率高,维修难度大。

5. 常用低压控制电器分为保护电器和控制电器。按操作方式又分为手动电器和自动电器两大类。手动电器是人工操纵的,如闸刀开关、组合开关、按钮等;自动电器是按某些信号(如电压、电流等)或某些物理量的变化而自动动作的,如电压继电器、交流接触器、自动空气开关、漏电保护器等。三相异步电动机可用控制电器组成的控制电路实现启动、运行和正反向转动。

6. 电动机在一般汽车上可用于电力启动和电动控制,在电动汽车中为驱动电动机。

习 题

1. 一台三相异步电动机的额定转速为 1420r/min,试求其额定转差率,它是几极电动机?

2. 当一台三相异步电动机有一对磁极,其转差率 S 分别为 1.5%、2%、3%时的转子转速分别为多少?

3. 交流电动机由于负载变化而使转速改变,这是不是调速? 如何进行调速?

4. 三相异步电动机要求其能调速,可以采用哪些方法? 最先进的方法是哪种?

5. 串励式电动机的励磁绕组能不能接成并励式? 为什么?

6. 某台三相异步电动机的额定电压为 380V/220V,试问:

(1) 当电源的线电压为 380V 时,电动机能否用 Y-△ 启动? 为什么?

(2) 什么情况下,电动机能用 Y-△ 启动? 如能启动,则能否满载启动? 最大能带多少负载启动?

7. 一并励式直流电动机在额定负载下的电枢电流 $I_{st}=26.6A$,端电压 $U=110V$。如果直接启动,则电枢启动电流 $I_{st}=390A$,为了把电枢绕组的启动电流限制在 $I_{st}=1.5I_{sm}$。问应该接入多大的启动电阻?

8. 试绘出开关按钮、接触器、热继电器、熔断器等电器的图形符号和文字符号。

下篇

电子技术

第 5 章 模拟电子技术基础

学习目标：

了解半导体的特性；了解二极管的基本结构和符号，掌握二极管的作用和特性，了解二极管的参数，了解二极管在汽车上的作用；掌握三极管的基本结构和符号，了解三极管的特性和参数，掌握三极管的放大和开关作用，了解三极管在汽车上的作用；了解放大电路的基本组成及各元件的作用，熟悉放大电路的基本原理，掌握放大电路放大的条件；掌握集成运算放大器的基本组成，熟悉集成运算放大器的参数和特性，掌握集成运算放大器的工作原理及运算关系，了解集成运算放大器用作比较器的电路形式和特点；掌握直流稳压电源的基本组成及各部分的作用，了解直流稳压电源的基本原理，掌握单相整流电路和三相桥式整流电路的工作原理，了解电容滤波电路的作用。

5.1 半导体基础知识

5.1.1 P 型与 N 型半导体

在物理学中，按照材料的导电能力，可以把材料分为导体与绝缘体。衡量导电能力的一个重要指标是电阻率，导体的电阻率小于 $10^{-6}\Omega\cdot cm$，绝缘体的电阻率大于 $10^{6}\Omega\cdot cm$，介于导体与绝缘体之间的物质被称为半导体。在电子技术中，常用的半导体材料有硅（Si）、锗（Ge）和化合物半导体，如砷化镓（GaAs）等，目前最常用的半导体材料是硅。

目前半导体工业中使用的材料是完全纯净、结构完整的半导体材料，这种材料称为本征半导体。当然，绝对纯净的物质实际上是不存在的。半导体材料通常要求纯度达到 99.999999%，而且绝大多数半导体的原子排列十分整齐，呈晶体结构，所以由半导体构成的管件也称晶体管。

本征硅原子最外层有 4 个电子，其受原子核的束缚力最小，称为价电子，如图 5-1 所示。晶体的

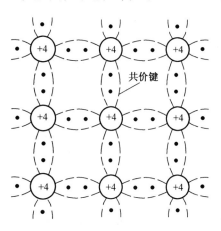

图 5-1 半导体共价键结构

结构是三维的,在晶体结构中,原子之间的距离非常近,每个硅原子的最外层价电子不仅受到自身原子核的吸引,同时也受到相邻原子核的吸引,使得其为两个原子核共有,形成共有电子对,称为共价键结构。

在热力学温度零度(即 $T=0K$,约为 $-273.15℃$)时,所有价电子被束缚在共价键内,不能成为自由电子。所以,此时的半导体的表现就和绝缘体一样,不能导电。

在本征半导体中掺入五价元素磷。由于掺入杂质比例很小,不会破坏原来的晶体结构。掺入的磷原子取代了某些位置上的硅原子,如图 5-2 所示。磷原子参加共价键结构只需要四个价电子,多余的第五个价电子很容易挣脱磷原子核的束缚,成为自由电子,于是半导体中的自由电子数目大量增加。这种由大量自由电子参与导电的杂质半导体称为电子型半导体或 N 型半导体。

在本征半导体中掺入三价元素硼。由于每个硼原子只有三个价电子,所以就形成了一个天然的空穴。这样,在半导体中就形成了大量的空穴。这种由大量空穴参与导电的杂质半导体称为空穴型半导体或 P 型半导体,如图 5-3 所示。

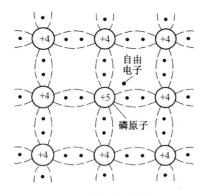
图 5-2 掺杂半导体结构

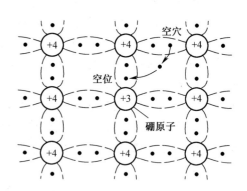
图 5-3 自由电子与空穴运动

在掺杂半导体中多数载流子主要是由掺入的杂质元素提供的,所以可以通过控制掺杂浓度来改变半导体的导电能力。掺杂半导体中尽管有一种载流子占多数,但是整个晶体仍然是呈电中性的。

5.1.2 PN 结的形成及其单向导电特性

1. PN 结的形成

在同一块半导体基片的两边分别形成 N 型和 P 型半导体,它们的交界区域会形成一个很薄的空间电荷区,称为 PN 结。PN 结的形成如图 5-4 所示。

如图 5-4(a)所示,界面两边存在着载流子的浓度差,N 区的多子(多数载流子)是电子,P 区的多子是空穴,在它们的交界区域会发生扩散的现象,N 区的电子向 P 区移动,P 区的空穴向 N 区移动,在中间的交界区复合而消失,使 P 区留下不能移动的负电荷离子,N 区留下不能移动的正电荷离子。扩散的结果使交界区域出现了空间电荷区,即形成了一个由 N 区指向 P 区的内电场,如图 5-4(b)所示。内电场的存在阻碍了扩散运动,但却使 P 区少子(电子)向 N 区漂移,N 区的少子(空穴)向 P 区漂移。多子的扩散运动使空间电荷区加厚,而少子的漂移运动使空间电荷区变薄。当扩散与漂移达到动态平衡时,便形成了一定

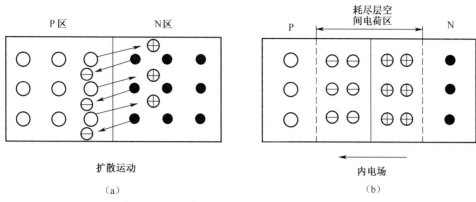

图 5-4 PN 结的形成
(a) 多子扩散示意图;(b) 扩散结果出现的空间电荷区。

厚度的空间电荷区,即为 PN 结。由于空间电荷区缺少能移动的载流子,故又称 PN 结为耗尽层或阻挡层,整体对外还是显电中性。

2. PN 结的单向导电性

(1) PN 结正向导通。将电源的正极接 PN 结的 P 区,负极接 PN 结的 N 区(即正向连接或正向偏置),如图 5-5(a)所示。由于 PN 结为耗尽层高阻区,而 P 区与 N 区电阻很小,因而外加电压几乎全部落在 PN 结上。由图可见,外电场方向与内电场方向相反,外电场将推动 P 区多子(空穴)向右扩散,与原空间电荷区的负离子中和,同时也推动 N 区的多子(电子)向左扩散与原空间电荷区的正离子中和,使空间电荷区变薄,打破了原来的动态平衡。电源不断地向 P 区补充正电荷,向 N 区补充负电荷,结果使电路中形成较大的正向电流,由 P 区流向 N 区。这时 PN 结对外呈现较小的阻值,处于正向导通状态。

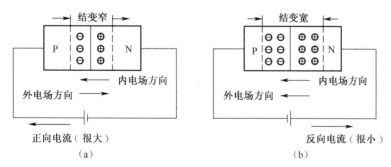

图 5-5 PN 结的单向导电性
(a) 正向连接示意图;(b) 反向连接示意图。

(2) PN 结反向截止。将电源的正极接 PN 结的 N 区,负极接 PN 结的 P 区(即 PN 结反向偏置),如图 5-5(b)所示。外电场方向与内电场方向一致,它将 N 区的少子(空穴)向左侧拉进 PN 结,同时将 P 区的少子(电子)向右侧拉进 PN 结,使原空间电荷区电荷增多,PN 结变宽,呈现大的阻值,且打破了原来的动态平衡,使漂移运动增强,由于漂移运动是少子运动,因而漂移电流很小。若忽略漂移电流,则可以认为 PN 结截止。

因此,当 PN 结正向偏置时,正向电阻较小,正向电流很大,此时 PN 结导通;当 PN 结反向偏置时,正向电阻较大,反向电流很小,此时 PN 结截止。这就是 PN 结的单向导电性。

5.2 晶体二极管

5.2.1 二极管的结构与符号

半导体二极管是由一个 PN 结、相应的电极引线和管壳构成的电子元件。P 区的引出线称为正极或阳极，N 区的引出线称为负极或阴极，如图 5-6 所示。按所用材料分，有硅管、锗管等；按不同的结构分，可分为点接触型二极管和面接触型二极管。

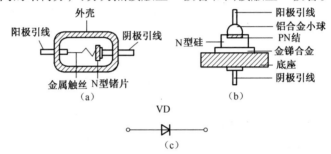

图 5-6 晶体管二极管的结构及符号
（a）点接触型；（b）面接触型；（c）图形符号。

5.2.2 二极管的伏安特性

二极管是由一个 PN 结构成的，它的主要特性就是单向导电性，可以用它的伏安特性来表示。

二极管的伏安特性是指流过二极管的电流与加于二极管两端的电压之间的关系。用逐点测量的方法测绘出来或用晶体管图示仪显示出来的 $U-I$ 曲线，称二极管的伏安特性曲线。图 5-7 是二极管的伏安特性曲线示意图，以此为例说明其特性。

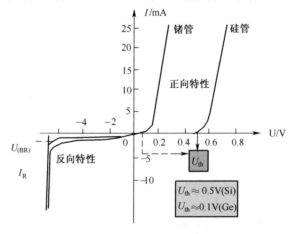

图 5-7 二极管伏安特性曲线

1. 正向特性

由图可以看出，当所加的正向电压为零时，电流为零；当正向电压较小时，由于外电场远不足以克服 PN 结内电场对多数载流子扩散运动所造成的阻力，故正向电流很小（几乎为零),二极管呈现出较大的电阻,这段曲线称为死区。

当正向电压升高到一定值 U_{th} 以后内电场被显著减弱,正向电流才有明显增加。U_{th} 被称为门限电压或阈电压。U_{th} 视二极管材料和温度的不同而不同,常温下,硅管一般为 0.5V 左右,锗管为 0.1V 左右。在实际应用中,常把正向特性较直部分延长交于横轴的一点,定为门限电压 U_{th} 的值,见图 5-7 中虚线与横轴的交点。

正向特性整体来说,电压 U 与电流 I 不成线性关系,也就是所说的非线性,但当正向电压大于 U_{th} 以后,正向电流随正向电压几乎线性增长。把正向电流随正向电压线性增长时所对应的正向电压,称为二极管的导通电压,用 U_F 来表示。通常,硅管的导通电压约为 0.6~0.8V,一般取为 0.7V;锗管的导通电压约为 0.1~0.3V,一般取为 0.2V。

2. 反向特性

当二极管两端外加反向电压时,PN 结内电场进一步增强,使扩散更难进行。这时只有少数载流子在反向电压作用下的漂移运动形成微弱的反向电流 I_R。反向电流很小,且在一定的范围内几乎不随反向电压的增大而增大。常温下,小功率硅管的反向电流在 nA 数量级,锗管的反向电流在 μA 数量级。

3. 反向击穿特性

当反向电压增大到一定数值 U_{BR} 时,反向电流剧增,这种现象称为二极管的击穿,此时的 U_{BR} 电压值叫做击穿电压。U_{BR} 视不同二极管而定,普通二极管一般在几十伏以上且硅管较锗管为高。

击穿特性的特点是,虽然反向电流剧增,但二极管的端电压却变化很小,这一特点成为制作稳压二极管的依据。

4. 温度对二极管伏安特性的影响

二极管是对温度敏感的器件,温度的变化对其伏安特性的影响主要表现为:随着温度的升高,其正向特性曲线左移,即正向压降减小;反向特性曲线下移,即反向电流增大。一般在室温附近,温度每升高 1℃,其正向压降减小 2~2.5mV;温度每升高 10℃,反向电流大约增大 1 倍左右。

综上所述,二极管的伏安特性具有以下特点。

(1)二极管具有单向导电性。
(2)二极管的伏安特性具有非线性。
(3)二极管的伏安特性与温度有关。

5.2.3 二极管的主要参数

二极管的参数是定量描述二极管性能优劣的质量指标,常见参数如下。

(1)最大整流电流 I_{FM}。它是指二极管长时间工作时,允许通过的最大正向平均电流,由 PN 结的面积和散热条件决定。实际应用时,流过二极管的平均电流不能超过最大整流电流 I_{FM},超过此值管子将因过热而损坏。

(2)最高反向工作电压 U_{RM}。它是指管子工作时所允许加入的最高反向电压,超过此值二极管就有被反向击穿的危险。通常器件手册上给出的最高反向工作电压约为击穿电压的一半。

(3)最大反向电流 I_{RM}。它是指二极管未被击穿时的反向电流值。反向电流小,说明二极管的单向导电性能好。I_{RM}对温度很敏感,使用二极管时,要注意温度的影响。

注意:二极管在使用时不要超过最大整流电流和最高反向工作电压。

在汽车电子产品中常见的国外小功率二极管产品为1N4148。1N4148是玻封硅高速开关二极管,突出特点是具有良好的高频开关特性,反向恢复时间短。表5-1列出硅高速开关二极管的典型产品1N4148的主要参数。这种二极管采用玻封形式,通常标有黑色圆环的一端引脚为负极,无标记的一端为正极。

表5-1 1N4148玻封硅高速二极管主要参数

参数型号	最高反向工作电压 U_{RM}/V	反向击穿电压/V	最大正向压降 U_{FM}/V	最大整流电流 I_{FM}/mA	平均整流电流/mA	最高结温/℃	最大功耗 P_M/mW
1N4148	75	100	≤1	450	150	150	500

1N系列塑封中功率硅整流二极管的突出特点是体积小,性能优良,所以应用非常广泛。通常靠近白色色环的引脚为二极管的负极,其典型产品有1N4001~1N4007(1A)、1N5391~1N5399(1.5A)、1N5401~1N5408(3A)。

5.2.4 二极管型号

二极管型号由4部分组成。

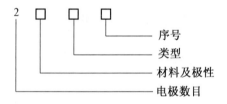

第一部分表示电极数目,用数字表示,2表示二极管。

第二部分表示材料和极性,用汉语拼音字母表示:A表示N型锗材料;B表示P型锗材料;C表示N型硅材料;D表示P型硅材料。

第三部分表示二极管类型,用汉语拼音字母表示:P表示普通管;Z表示整流管;W表示稳压管;CF表示发光二极管;GD表示光敏二极管;GJ表示激光二极管。

第四部分表示序号,用阿拉伯数字表示。

例如2CZ11型二极管,表示是N型硅材料整流二极管,产品设计序号为11。

2AP1和2AP7是检波二极管(点接触型锗管),在电子设备中做检波和小电流整流用。

2CZ52~2CZ57系列二极管是整流用的,用于整流电路中。整流二极管种类很多,电流从十几毫安至数千安,耐压从十几伏至数千伏。小电流整流二极管通常采用塑料封装;大电流整流管采用金属外壳螺旋式封装,把正极(或负极)制成螺纹以便紧固在散热器上,有的还把负极(或正极)用铜编织线引出以便接线;电流在200A以上的整流二极管采用金属平板式结构,其两平面分别是正极和负极。

整流二极管型号有2CZ、2DZ系列,还有ZP系列,ZP型硅整流器件广泛用于大电流整流。

常识:汽车和拖拉机交流发电机装用的硅整流二极管是专用的,其型号表示方法如下所示。

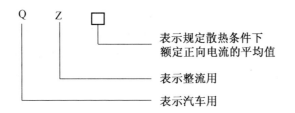

型号举例:QZ20 表示汽车整流用二极管,额定正向电流为20A。

5.2.5 二极管在汽车上的应用

利用二极管的单向导电性,可以组成整流、续流、检波、限幅等电路。

(1)用于将交流变直流——硅整流发电机(在直流稳压电源中介绍)。

(2)二极管续流电路。汽车电感线圈、继电器等电磁元件当通电后突然断电时就会在线圈两端产生反向感应电动势,它作用在与之相连接的电子元件上,会由于电压过高而击穿损坏。通常在线圈两端并联二极管来吸收反向感应电动势,起到保护其他电子元件的作用。

二极管与线圈的正确连接:二极管负极接高电位,正极接低电位。

图 5-8 为有二极管保护的三极管继电器驱动电路。二极管 VD_1 的作用是反向电源保护,二极管 VD_2 为续流二极管,抑制继电器线圈 L 断电时产生的自感电动势,保护三极管 VT 不被击穿。

常识:在汽车电子电路中二极管的续流电路应用很多,通常在继电器线圈、电磁线圈等旁边都并联有保护二极管。保护二极管有些装在器件外部,有些装在器件内部。

(3)限幅电路。利用二极管的正向导通压降(硅管的正向压降约为 0.7V,锗管约为 0.3V)为定值的特性,达到输出电压限制在某一幅度。

(4)检波电路。主要用于汽车音响电路中。

另外在无分电器的电子点火控制系统中,有的汽车采用了二极管配电点火方式。如图 5-9 所示,其特点是:4 个气缸共用一个点火线圈,该点火线圈为内装双初级绕组、一个输出次级绕组的特制点火线圈,次级绕组的两端通过 4 个高压二极管与火花塞构成回路。利用 4 个二极管的单向导电性交替完成对 1、4 缸和 2、3 缸配电过程。

4 个二极管有内装式(安装在点火线圈内部)和外装式两种。点火顺序为 1—3—4—2 的发动机,1、4 缸为成对的缸,2、3 缸为另一成对的缸。点火模块中两个功率三极管各控制一个初级绕组,两个功率三极管则由电子控制单元按点火顺序交替触发导通或截止。

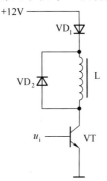

图 5-8 三极管继电器驱动电路

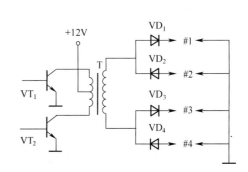

图 5-9 二极管配电点火方式

两个初级绕组通电时的电流方向相反,在次级绕组中所产生的高压电动势方向也相反,当一个初级绕组断电,在次级绕组产生的高压电动势方向使1、4缸的二极管正向导通,火花塞电极电压迅速升高至跳火;而2、3缸的二极管反向截止,故火花塞无高压电而不跳火;当另一个初级绕组断电时,则为2、3缸火花塞跳火,1、4缸的火花塞不跳火。每次跳火包括一个有效火花和一个无效火花。

5.3 特殊用途的二极管

5.3.1 稳压二极管

1. 稳压管的结构

在二极管上所加的反向电压如果超过二极管的承受能力,二极管就要击穿损毁。但是有一种二极管,它的正向特性与普通二极管相同,而反向特性却比较特殊:当反向电压加到一定程度时,虽然二极管呈现击穿状态,通过较大电流,却不损毁,并且这种现象的重复性很好;反过来看,只要二极管处在击穿状态,尽管流过二极管的电流变化很大,而二极管两端的电压却变化极小,能起到稳压作用,这种特殊的二极管叫稳压管。

稳压管(也称为齐纳二极管)是一种用特殊工艺制造的面接触型硅半导体二极管,其代表符号如图5-10所示。这种二极管的杂质浓度比较大,空间电荷区内的电荷密度高,且很窄,容易形成强电场。当反向电压加到某一定值时,反向电流急剧增加,产生反向击穿,只要反向电流不超过I_{ZM},仍能正常工作,其特性曲线如图5-11所示。

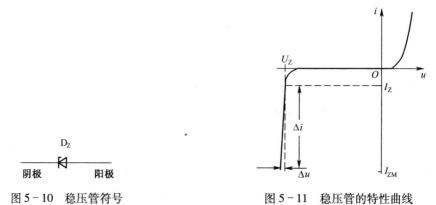

图5-10 稳压管符号   图5-11 稳压管的特性曲线

2. 稳压管的主要参数

(1) 稳定电压U_Z。它是指稳压管中的电流为规定的测试电流(例如10mA)时,稳压管两端的电压值。如2CW11型稳压管的稳定电压为3.2~4.5V,2CW14的稳定电压为6~7.5V。

(2) 稳定电流I_Z。稳定电流只是稳压管正常工作时的参考电流值。但对每一种型号的稳压管,都规定有一个最大稳定电流I_{Zmax}和最小稳定电流I_{Zmin},在I_{Zmin}~I_{Zmax}范围内,工作电流越大,稳压效果越好。

(3) 动态电阻r_Z。稳压管的动态电阻越小,则反向伏安特性曲线越陡,稳压性能越好。一般在几欧至几十欧之间。

(4) 额定功耗 P_Z。它是由稳压管允许温升决定的参数,其数值为稳定电压和允许的最大稳定电流的乘积。

3. 稳压管稳压电路

稳压管稳压电路由稳压管和电阻 R 构成。R 称为限流电阻,作用是使流过稳压管的电流小于 I_{Zmax},保证稳压管安全工作。由于负载与稳压管并联,又称为并联稳压电路。

引起电压不稳定的原因是电网电压波动和负载变化,稳压电路的作用是保证负载上的电压稳定。当负载不变,电网电压升高时,负载上(即稳压管两端)的电压也升高,从特性可知,管内电流将显著增加,使 R 上的电流(I_Z+I_L)和电压降增加,从而限制了输出电压($U_o=U_I-U_R$)的增加。若电网电压不变,负载电流增加时,R 上的电压降加大,使 U_o 减小,稳压管电流显著减小,从而使流过 R 的电流和 R 上的电压降减小,使输出电压保持稳定。可见,限流电阻 R 还具有调压的作用。同理,若电网电压减小(或负载电流减小),变化过程相反。

常识:稳压管在电路中的接法是稳压管的正极接低电位,而负极接高电位。稳压管在正常工作时必须串联一个电阻,这个电阻提供了稳压管的稳定工作电流。这个电阻的阻值根据稳压管的参数而有一个取值范围。

在汽车电路中由于各个电器总成或元件工作电流比较大,使汽车电源系统的电压会出现波动。在汽车的仪表电路和一部分电子控制电路中,一些需要电压值精确的地方经常利用稳压管来获取所需电压。如用稳压管为汽车仪表提供稳定电压,稳压管与电阻串联而与仪表并联,如果仪表电压限定值为 7V,则可使用额定电压为 7V 的稳压管。汽车电源电压一部分降落在电阻上,7V 电压降落在稳压管上。即使电源电压发生变化,也只是引起大小不同的电流流过电阻和稳压管,改变降落在电阻上的电压,而稳压管始终维持 7V 电压不变。

5.3.2 发光二极管

发光二极管简称 LED,是一种把电能直接变成光能的半导体器件,是由特殊的半导体材料(如砷化镓、磷化镓等化合物)做 PN 结的二极管,其外形如图 5-12 所示。当发光二极管工作在正向电压的状态下,有电流通过时便发出光来,光的颜色取决于制造时所用的半导体材料。常用的发光二极管的主要颜色有红、橙、黄、绿、蓝等。图 5-13 所示为发光二极管的符号,箭头指向外,表示向外发光。因为发光二极管的正向电阻很小,故应使用串联电阻器以限制电流。当施加反向电压时,二极管截止不再发光。按发光类型不同,可分为可见光发光二极管、红外线发光二极管和激光发光二极管。

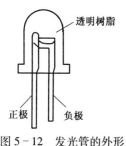

图 5-12 发光管的外形

图 5-13 发光二极管符号

发光二极管是一种固体发光器件,它的体积小,亮度高,工作电压低,频率响应快,使用寿命可超过5万h,能在1/12ms的极短时间内导通,既可用环氧树脂将单个PN结封装成半导体发光二极管,也可将多个PN结按段式或点阵式封装成半导体数码管或点阵式显示器,但由于它的发光亮度低,白天在阳光直射下看不清楚,难以实现大型显示。

可见发光二极管可用于数字、字符显示器件,或电子仪器、仪表指示器等。这类二极管具有亮度强、清晰度高、电压低(1.5～3V)、反应快、体积小、寿命长等特点。在汽车上用LED作指示灯、报警灯、组合仪表显示、故障代码显示等。

红外线发光二极管可用于光电耦合器、红外线遥控装置等。

激光发光二极管可用于小功率光电设备中,如计算机上的光盘驱动器、激光打印机中的打印头等。

注意:发光二极管正向工作电流一般为10mA,正向导通电压降一般为2V。故不能将发光二极管直接接在汽车12V电源上,应该串联限流电阻,串联的限流电阻的阻值为

$$R = \frac{(12-2)\text{V}}{100\text{mA}} = 1000\Omega。$$

在汽车电路中,发光二极管主要应用在仪表板上作为指示信号灯或报警信号灯。例如,当液体液面过低,制动蹄片过薄和前照灯、尾灯、制动灯等烧坏时,则相对应的发光二极管就会被接通发光,发出报警指示。发光二极管在汽车电路中的应用举例,图5-14所示为浮子舌簧管开关式液位传感器应用电路。

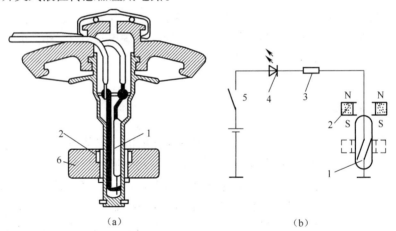

图5-14 舌簧管开关式液位传感器
1—舌簧管开关;2—永久磁铁;3—限流电阻;4—发光二极管(报警灯);5—点火开关;6—浮子。

在图5-14(a)中,传感器是由树脂软管制成的轴和沿轴上下移动的环状浮子组成的。圆管状轴内装有易磁化的强磁性材料制成的触点(舌簧管),浮子内嵌有永久磁铁。当液位低于规定值时,舌簧管与浮子的位置关系如图5-14(b)中虚线浮子位置所示。当永久磁铁接近舌簧管时,磁感线从舌簧管中通过,舌簧管的触点闭合,报警二极管电路被接通,报警二极管发光,提醒驾驶人液位已经低于规定值。当液位达到规定值时,浮子上升到规定位置,如图5-14(b)中实线所示,没有磁感线通过舌簧管,在舌簧管本身的弹力作用下,舌簧管触点打开,报警二极管熄灭,表示液位合乎要求。

这种传感器可用于检测汽车制动液液位、发动机机油液位、洗涤液液位、水箱冷却液液

位以及沉淀物内的含水量。红外发光二极管经常作为光源与光电三极管组合在一起组成光电传感器或光电耦合器,作为汽车传感器应用到燃油流量检测、曲轴位置检测、车速检测、车高位置检测、转向盘转角检测等方面。

在某些高级轿车仪表盘上装有利用发光二极管显示转向盘转角、前轮转角、车门的开闭状态等的转向盘转角监控仪。

5.3.3 光敏二极管

光敏二极管俗称为光电二极管,它是将光能转变为电能的半导体器件,其结构如图 5-15 所示,外形和符号如图 5-16 所示,箭头的指向表示接收光照。它也是由一个 PN 结构成,它的 PN 结面积较大,且在它的 PN 结处,通过管壳上的一个玻璃窗口能接收外部的光照。这种器件的 PN 结在反偏状态下工作,反向电流随光照强度的增加而上升。其反向耐压值一般为 10~15V。

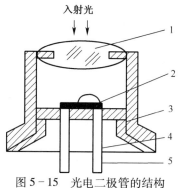

图 5-15 光电二极管的结构
1—玻璃透镜;2—管芯;3—管壳;4—陶瓷管座;5—引线。

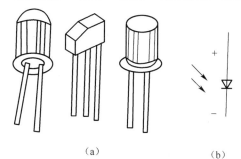

(a) (b)

图 5-16 光敏二极管外形和符号

光电二极管有一个受到光照就发射电子的光敏阴极和一个收集发射电子的阳极,当光敏阴极受到光或其他电磁辐射的照射时,发射出的电子被电位较高的阳极收集形成电流,电流的大小,在阳极电压保持不变的情况下,随光的强弱而变化。这种二极管的特性类似 NTC 电阻光线越强,PN 结间的电阻越小,二极管集电极电流越大,即表现为从截止向导通的转化。

光敏二极管能用于光的测量,是一种可将光信号转换为电信号的常用器件。当制成大面积光敏二极管时,可作为一种能源,称为光电池。

利用光电二极管制成光电传感器,可以把非电信号转变为电信号,以便控制其他电子器件。

光电二极管在汽车上应用较广。汽车上的许多传感器就是利用光电二极管制成的,用于汽车自动空调系统的日照强度传感器就是一个光电二极管,如图 5-17 所示。典型应用实例如雷克萨斯 LS400 型全自动空调系统中由日本电装公司生产的日照传感器。

日照传感器实质上就是一个光电二极管,它安装在汽车前挡风窗玻璃下面阳光照射最强的地方。它的作用是把日光照射量变化转换为电流值变化信号检测出来,并将其送到 A/C ECU,用于调整空调的吹风量与温度。其结构如图 5-17(a)所示,主要由壳体、滤波器与内部光电二极管组成,其工作原理如图 5-17(b)所示。

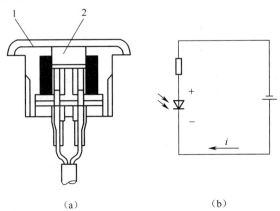

(a)　　　　　　　　　　　(b)

图 5-17　日照强度传感器及等效电路
(a)日照强度传感器;(b)等效电路。
1—滤波器;2—光电二极管。

它利用光电二极管可检测出日光照射量的变化,光电二极管对日光照射变化反应敏感,它把日照变化转换成电流,根据电流的大小就可以知道准确的日照量。

光电二极管作为光传感器还被应用到汽车灯光自动控制器中,用来检测车辆周围亮、暗程度。

常识:光电二极管大部分应用场合与稳压管类似是反向工作,负极接高电位,正极接低电位。

5.4　晶体三极管

5.4.1　三极管的基本结构和符号

三极管的结构和符号,如图 5-18 所示。它由两个 PN 结、三个区组成,这三个区分别称为发射区、基区和集电区。各区引出一个电极,相应地称为发射极、基极和集电极,分别用大写字母 E、B、C 表示。发射区与基区交界处的 PN 结称为发射结,集电区与基区交界处的 PN 结称为集电结。

图中发射极的箭头表示发射极电流的方向。箭头向外表示 NPN 型三极管,箭头向里表示 PNP 型三极管。

注意:虽然发射区和集电区为同一类型半导体,但不能互换使用。

三极管的种类很多,按功率不同可分为小功率管、中功率管和大功率管;按工作频率不同可分为低频管和高频管;按管芯材料不同可分为硅管和锗管;按结构不同可分为 PNP 型管和 NPN 型管。除此之外还可按用途不同进行分类。

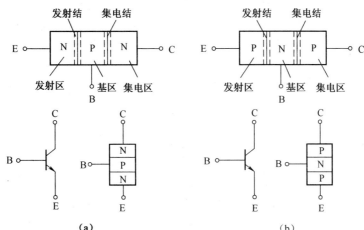

图 5-18 晶体管的结构示意图和电路符号
(a) NPN 型晶体管;(b) PNP 型晶体管。

三极管的型号:晶体三极管的型号由以下 4 部分组成。

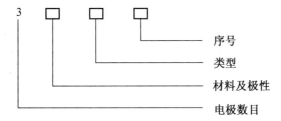

第一部分(数字)表示电极数目,如"3"表示三极管。
第二部分(拼音字母)表示材料和极性,如表 5-2 所列。

表 5-2 三极管的材料和极性

字母	A	B	C	D
材料	锗		硅	
极性	PNP	NPN	PNP	NPN

第三部分(拼音字母)表示管子的类型:X—低频小功率管;G—高频小功率管;D—低频大功率管;A—高频大功率管;K—开关管。
第四部分(数字)表示器件序号。若第一、二、三部分相同,仅第四部分不同,则只是在某些性能参数上有差别。
例如:3DG6 表示 NPN 型高频小功率硅三极管;3AD8 表示 PNP 型低频大功率锗三极管。

5.4.2 三极管的电流放大作用

三极管要具备电流放大作用,PN 结内部结构必须满足以下条件。
(1) 为了便于发射结发射电子,发射区半导体的掺杂浓度远高于基区半导体的掺杂浓度,且发射结的面积较小。
(2) 发射区和集电区虽为同一性质的掺杂半导体,但发射区的掺杂浓度要高于集电区的掺杂浓度,且集电结的面积要比发射结的面积大,便于收集电子。

(3) 联接发射结和集电结两个 PN 结的基区非常薄,且掺杂浓度也很低。

上述的结构特点是三极管具有电流放大作用的内因。要使三极管具有电流的放大作用,除了三极管的内因外,还要有外部条件。三极管的发射结为正向偏置、集电结为反向偏置是三极管具有电流放大作用的外部条件。三极管内部载流子的运动可分为三个过程,下面以 NPN 型三极管为例来讨论,如图 5-19 所示。

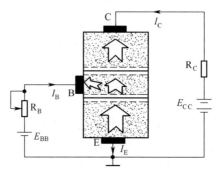

图 5-19 NPN 型三极管中电子运动示意图

1. 发射区向基区发射电子的过程

发射结处在正向偏置,使发射区的多数载流子(自由电子)不断地通过发射结扩散到基区,即向基区发射电子。与此同时,基区的空穴也会扩散到发射区,由于两者掺杂浓度上的悬殊,形成发射极电流 I_E 的载流子主要是电子,电流的方向与电子流的方向相反。发射区所发射的电子由电源 U_{CC} 的负极来补充。

2. 电子在基区中的扩散与复合的过程

扩散到基区的电子,将有一小部分与基区的空穴复合,同时基极电源 E_{BB} 不断地向基区提供空穴,形成基极电流 I_B。由于基区掺杂的浓度很低,且很薄,在基区与空穴复合的电子很少,因而,基极电流 I_B 也很小。扩散到基区的电子除了被基区复合掉的一小部分外,大量的电子将在惯性的作用下继续向集电结扩散。

3. 集电结收集电子的过程

反向偏置的集电结在阻碍集电区向基区扩散电子的同时,空间电荷区将向基区延伸,因集电结的面积很大,延伸进基区的空间电荷区使基区的厚度进一步变薄,使发射极扩散来的电子更容易在惯性的作用下进入空间电荷区。集电结的空间电荷区,可将发射区扩散进空间电荷区的电子迅速推向集电极,相当于被集电极收集。集电极收集到的电子由集电极电源 E_{CC} 吸收,形成集电极电流 I_C。调节电位器 R_B,使 I_B、I_C 均发生变化,通过测量可得表 5-3 所示数据。

表 5-3　3DG6 的实验数据

电流 \ 测量次数	1	2	3	4	5
$I_B/\mu A$	10	28	40	65	110
I_C/mA	0.99	1.98	2.99	4.94	9.9
I_E/mA	1	2	3	5	10

根据上面的分析和节点电流定律可得,三极管三个电极的电流 I_E、I_B、I_C 之间的关系为

(1) $$I_E = I_B + I_C \tag{5-1}$$

(2) I_B 的微小变化会引起 I_C 的较大变化,如

$$\Delta I_B = (0.028 - 0.01)\text{mA} = 0.018\text{mA}$$
$$\Delta I_C = (1.972 - 0.99)\text{mA} = 0.982\text{mA}$$

这种由于基极电流的微小变化而引起集电极电流的较大变化的控制作用称为晶体三极管的电流放大作用。

5.4.3 三极管的特性曲线

1. 输入特性曲线

输入特性曲线是描述三极管在管压降 U_{CE} 保持不变的前提下,基极电流 I_B 和发射结压降 U_{BE} 之间的函数关系,即

$$I_B = f(U_{BE})\big|_{U_{CE}=常数} \tag{5-2}$$

三极管的输入特性曲线如图 5-20 所示,可见 NPN 型三极管共射极输入特性曲线的特点如下。

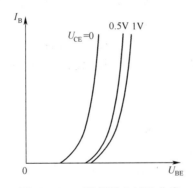

图 5-20　三极管输入特性曲线

(1) $U_{CE} = 0$ 的一条曲线与二极管的正向特性相似。这是因为 $U_{CE} = 0$ 时,集电极与发射极短路,相当于两个二极管并联,这样 I_B 与 U_{BE} 的关系就成了两个并联二极管的伏安特性关系。

(2) U_{CE} 由零开始逐渐增大时输入特性曲线右移,而且当 U_{CE} 的数值增至较大时(如 $U_{CE} > 1\text{V}$),各曲线几乎重合。这是因为 U_{CE} 由零逐渐增大时,使集电结宽度逐渐增大,基区宽度相应地减小,使存储于基区的注入载流子的数量减小,复合减小,因而 I_B 减小。如保持 I_B 为定值,就必须加大 U_{BE},故使曲线右移。当 U_{CE} 较大时(如 $U_{CE} > 1\text{V}$),集电结所加反向电压已足能把注入基区的非平衡载流子绝大部分都拉向集电极去,以致 U_{CE} 再增加,I_B 也不再明显地减小,这样,就形成了各曲线几乎重合的现象。

(3) 和二极管一样,三极管也有一个门值电压,通常硅管约为 0.5~0.6V,锗管约为 0.1~0.2V。

2. 输出特性曲线

输出特性曲线是描述三极管在输入电流 I_B 保持不变的前提下,集电极电流 I_C 和管压降 U_{CE} 之间的函数关系,即

$$I_C = f(U_{CE})|_{I_B = 常数}$$

三极管的输出特性曲线,如图 5-21 所示。由图 5-21 可见,当 I_B 改变时,I_C 和 U_{CE} 的关系是一组平行的曲线簇,并有截止、放大、饱和三个工作区。

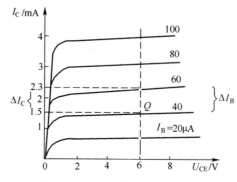

图 5-21 三极管输出特性曲线

1) 截止区

$I_B = 0$ 特性曲线以下的区域称为截止区。此时晶体管的集电结处于反偏,发射结电压 $U_{BE} \leq 0$,也是处于反偏的状态。处在截止状态下的三极管,发射结和集电结都是反偏,在电路中犹如一个断开的开关,晶体管无电流的放大作用。

实际的情况是:处在截止状态下的三极管集电极有很小的电流 I_{CEO},该电流称为三极管的穿透电流,它是在基极开路时测得的集电极-发射极间的电流,不受 I_B 的控制,但受温度的影响。

2) 饱和区

对应不同 I_B 值的输出特性曲线簇几乎重合在一起。也就是说,U_{CE} 较小时,I_C 虽然增加,但 I_C 增加不大,即 I_B 失去了对 I_C 的控制能力。这种情况,称为三极管的饱和。饱和时,三极管的发射结和集电结都处于正向偏置状态。三极管集电极与发射极间的电压称为集-射饱和压降,用 U_{CES} 表示。U_{CES} 很小,通常中、小功率硅管 $U_{CES} < 0.5V$;三极管基极与发射极之间的电压称为基-射饱和压降,以 U_{BES} 表示,硅管的 U_{BES} 在 0.8V 左右。三极管截止和饱和的状态与开关断、通的特性很相似,数字电路中的各种开关电路就是利用三极管的这种特性来制作的。

3) 放大区

三极管输出特性曲线饱和区和截止区之间的部分就是放大区。工作在放大区的三极管才具有电流的放大作用。此时三极管的发射结处在正偏,集电结处在反偏。由放大区的特性曲线可见,特性曲线非常平坦,当 I_B 等量变化时,I_C 几乎也按一定比例等距离平行变化。由于 I_C 只受 I_B 控制,几乎与 U_{CE} 的大小无关,说明处在放大状态下的三极管相当于一个输出电流受 I_B 控制的受控电流源。在放大区,三极管的发射结处于正向偏置,集电结处于反向偏置状态。

5.4.4 三极管的主要参数

1. 共射电流放大系数 β 和 $\bar{\beta}$

电流放大系数表示晶体管的电流控制能力。

在共射极放大电路中,若交流输入信号为零,则管子各极间的电压和电流都是直流量,此时的集电极电流 I_C 和基极电流 I_B 的比就是 $\bar{\beta}$,称为共射直流电流放大系数。当共射极放大电路有交流信号输入时,因交流信号的作用,必然会引起 I_B 的变化,相应地也会引起 I_C 的变化,两电流变化量的比称为共射交流电流放大系数 β,即

$$\beta = \frac{\Delta I_C}{\Delta I_B} \tag{5-3}$$

上述两个电流放大系数 $\bar{\beta}$ 和 β 的含义虽然不同,但工作在输出特性曲线放大区平坦部分的三极管,两者的差异极小,可做近似相等处理,故在今后应用时,通常不加区分,直接互相替代使用。

由于制造工艺的分散性,同一型号三极管的 β 值差异较大。常用的小功率三极管的 β 值一般为 20~100。β 过小,三极管的电流放大作用小,β 过大,三极管工作的稳定性差,一般选用 β 在 40~80 之间的管子较为合适。

2. 极间反向饱和电流 I_{CB0} 和 I_{CE0}

(1) 集电结反向饱和电流 I_{CB0} 是指发射极开路,集电结加反向电压时测得的集电极电流。常温下,硅管的 I_{CB0} 在 nA(10^{-9})的量级,通常可忽略。

(2) 集电极-发射极反向电流 I_{CE0} 是指基极开路时,集电极与发射极之间的反向电流,即穿透电流。穿透电流的大小受温度的影响较大,穿透电流小的三极管热稳定性好。两个极间反向饱和的电流关系为

$$I_{CE0} = (1 + \beta) I_{CE0} \tag{5-4}$$

3. 极限参数

1) 集电极最大允许电流 I_{CM}

晶体管的集电极电流 I_C 在相当大的范围内 β 值基本保持不变,但当 I_C 的数值大到一定程度时,电流放大系数 β 值将下降。使 β 明显减少的 I_C 即为 I_{CM}。为了使三极管在放大电路中能正常工作,I_C 不应超过 I_{CM}。

2) 集电极最大允许功耗 P_{CM}

晶体管工作时,集电极电流在集电结上将产生热量,产生热量所消耗的功率就是集电极的功耗 P_{CM},即

$$P_{CM} = I_C U_{CE} \tag{5-5}$$

功耗与三极管的结温有关,结温又与环境温度、三极管是否有散热器等条件相关。产品手册上给出的 P_{CM} 值是在常温下 25℃时测得的。硅管集电结的上限温度为 150℃左右,锗管为 70℃左右,使用时应注意不要超过此值,否则三极管将损坏。

3) 反向击穿电压 $U_{BR(CEO)}$

反向击穿电压 $U_{BR(CEO)}$ 是指基极开路时,加在集电极与发射极之间的最大允许电压。使用中如果三极管两端的电压 $U_{CE} > U_{BR(CEO)}$,集电极电流 I_C 将急剧增大,这种现象称为击穿。三极管击穿将造成三极管永久性的损坏。三极管电路在电源 U_{CC} 的值选得过大时,有可能会出现击穿现象,当三极管截止时,$U_{CE} > U_{BR(CEO)}$ 将导致三极管击穿从而损坏。一般情况下,三极管电路的电源电压 U_{CC} 应小于 $\frac{1}{2} U_{BR(CEO)}$。

5.5 特殊用途的三极管

5.5.1 功率三极管

通常把最大集电极电流 $I_{CM}>1A$，或最大集电极耗散功率 $P_{CM}>1W$ 的晶体管称为大功率晶体管。其特点是工作电流大，功率大。

1. 大功率三极管

大功率三极管分为金属壳封装和塑料封装两种。在汽车电子控制单元中应用较多的是塑料封装的产品，因用途及要求不同而具有多种封装形式，如图 5-22 所示。

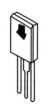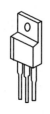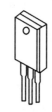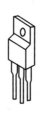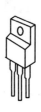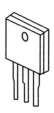

图 5-22 常见大功率三极管外形

在一些需要提供大的驱动电流、散热较高的场合，金属壳封装的功率管用的较多，如电子点火放大器、空调鼓风机驱动器等。对于金属壳封装的三极管，通常金属外壳即为集电极 C，而对于塑料封装的三极管，其集电极通常与自带的散热片相通，因大功率三极管工作在大电流状态下，使用时应按要求加适当的散热片。

2. 达林顿三极管

为了提高大功率三极管的电流放大系数，将两只或多只三极管的集电极连接在一起，将第一只三极管的发射极直接接到第二只三极管的基极，依次级连复合而成，引出 E、B、C 三个电极，这种三极管称为达林顿管（复合三极管）。图 5-23 是由两只 PNP 型三极管构成的达林顿管基本电路。达林顿管总的电流放大系数约为各管电流放大系数的乘积。所以，达林顿管的电流放大系数很高。

达林顿管在汽车电子电路中应用很多。如 JFT106 型电子调节器、汽车前照灯延时控制电路、音响报警装置和电子点火（解放 CA1092 型汽车用 6TS2107 型点火电子组件）中的三极管即为达林顿晶体管。从单纯的电子点火到现在的发动机集中控制，达林顿管都有应用。

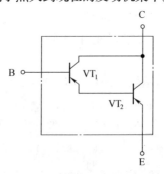

图 5-23 达林顿管内部电路

5.5.2 光敏三极管

光敏三极管俗称光电三极管,它具有光敏二极管的光电特性。当光敏三极管工作时先将光信号变为电信号然后对电流进行放大。所以光敏三极管受光照射产生的光电流可达相应光敏二极管的$(1+\beta)$倍。故不能在强光下直接照射,以免损坏。光敏三极管的原理图和符号如图 5-24 所示。

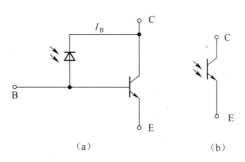

图 5-24 光敏三极管
(a) 原理图;(b) 符号。

光电三极管与光电二极管的差别在于它是正向接在电路中的,即它的发射极 E 接在光电二极管 N 极接点处,其集电极 C 接在光电二极管 P 极接点处,且光电三极管的光电流要比光电二极管的大。因而,在同一光电路中应用光电三极管时,工作电流应适当调整,光电三极管常用于光电耦合器中。

光电二极管和光电三极管在汽车上应用于点火系统、微型计算机控制系统的传感器、发动机转速传感器以及光信号检测和光信号转换电路中。在要求响应快,对温度敏感小的场合选用光电二极管;要求灵敏度高的光控电路应选用光电三极管。

5.5.3 光耦合器

光耦合器是一种把发光管与光敏管封装在一起的光电器件。它用输入的电信号驱动发光二极管,使之发出一定波长的光,照射光敏二极管或光敏三极管而产生光电流,转换成电信号,然后送给负载,这就完成了电-光-电的转换,从而起到输入、输出隔离的作用。图 5-25 是由发光二极管和光敏三极管组成的光电耦合器。

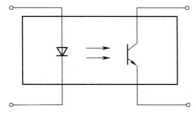

图 5-25 光电耦合器

由于光耦合器以光为媒介传输电信号,使输出电路与输入电路在电气上隔离;信号具有良好的隔离性与抗干扰性;输入端与输出端之间耐压可达几百伏至几千伏,绝缘电阻高达 $10^{11}\Omega$。它主要用于要求电气隔离而需信号单向传输的场合。如它在长线传输信息中作为终端隔离元件可以大大提高信噪比。在计算机数字通信及实时控制中作为信号隔离的接口器件,可以隔离电路中的干扰信号,大大增加计算机工作的可靠性。

当光电耦合器作为传感器来使用时,称为光传感器,如图 5-26 所示,它可以检测物体的有无和遮挡次数等信号。

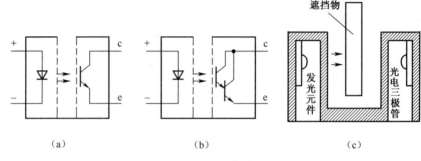

图 5-26　光传感器

(a)三极管型;(b)达林顿管型;(c)槽型光电传感器。

在汽车上,光电式传感器被应用到许多场合,主要有曲轴位置检测、车高位置检测、转向角度检测、车速传感器等。都是利用在光传感器的中间设置遮挡物,利用遮挡物是否挡住光线,来判断遮挡物的位置(遮挡物均和被检测的对象连接在一起),传递位置信号或转过位置信号或转过的遮挡物的个数信号。

5.6　基本电压放大电路

5.6.1　共射极放大电路

1. 电路组成

如图 5-27 所示,各元件及作用如下。

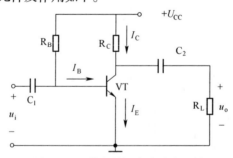

图 5-27　共发射极交流放大电路

三极管 VT:电路采用 NPN 型三极管,利用三极管的电流放大作用,在集电极获得放大的电流 I_C。

集电极电源 U_{CC}:其作用是为整个电路提供能源,并且保证三极管的发射结正向偏置,集电极反向偏置,三极管工作于放大状态。

基极偏置电阻 R_B:其作用是和 U_{CC} 一起为基极提供一个合适的基极电流 I_B,这个电流也称基极偏置电流。

集电极负载电阻 R_C:其作用是将集电极电流的变化转换为集电极—发射极之间电压的变化。

耦合电容 C_1、C_2:其作用是隔直流,通交流。

符号"⊥":接地符号,电路中的零参考电位。

为分析方便,电压的方向以输入、输出回路的公共端为负,其他各点为正;电流方向以三极管各电极电流的实际方向为正方向。

2. 放大电路的基本分析方法

放大电路可分为静态和动态两种情况来分析。

(1) 静态分析法。静态是当放大电路没有输入信号时的(直流)工作状态。静态分析是要确定放大电路中三极管的静态电流 I_{BQ}、I_{CQ} 和静态电压 U_{BEQ}、U_{CEQ} 的值,这四个值在三极管输入特性曲线和输出特性曲线上确定一个点,称为静态工作点 Q。对于放大电路来说,具有合适的静态工作点,才能够保证信号的放大。

静态工作点的确定可以通过估算法和图解法来实现。

① 估算法静态值是直流量,可以用放大电路的直流通路来确定。如图 5-28 所示为基本放大电路的直流通路,即指当输入信号 $u_i = 0$ 时,在直流电压 $+U_{CC}$ 的作用下,电容开路时对应的电路图。

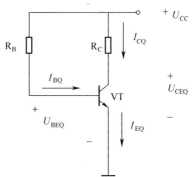

图 5-28 基本放大电路的直流通路

由图 5-28 直流通路得出基极电流为

$$I_B = \frac{U_{CC} - U_{BE}}{R_B} \tag{5-6}$$

式中:U_{BE} 为发射结正向偏置电压,一般硅管为 0.7V(锗管为 0.3V),远小于 U_{CC},故忽略不计,则

$$I_B = \frac{U_{CC}}{R_B} \tag{5-7}$$

由三极管电流放大特性可得

$$I_C = \beta I_B \tag{5-8}$$

因此,集电极—发射极电压为

$$U_{CE} = U_{CC} - I_C R_C \tag{5-9}$$

② 图解法在三极管的输出特性曲线上作直流负载线,直流负载线由方程 $U_{CE} = U_{CC} - I_C R_C$ 确定,负载线与三极管的某条输出特性曲线相交于一点,这点就是 Q 点,如图 5-29

所示。

（2）动态分析法。动态是指放大电路有输入信号时的工作状态,当放大电路加入交流信号 u_i 时,利用动态分析确定放大电路的电压放大倍数 A_u、输入电阻 r_i 和输出电阻 r_o。此时,电路中各电极的电压电流都是直流量和交流量叠加而成的。

① 三极管的微变等效电路。由于放大电路中存在的三极管为非线性器件,直接计算较为复杂,通常认为在输入信号为微小信号时,三极管上的电压和电流可以近似是线性的,由此将三极管进行微变等效变化,这样的放大电路称为微变等效电路。

三极管的电路图如图 5-31(a)所示,根据三极管的输入特性(图 5-30)可知,当输入信号 u_i 很小时,在静态工作点 Q 附近的工作段可认为是直线。当 U_{CE} 为常数时,ΔU_{BE} 与 ΔI_B 之比为

$$r_{be} = \frac{\Delta U_{BE}}{\Delta I_B} = \frac{U_{be}}{I_b} \tag{5-10}$$

称为三极管的输入电阻。低频小功率三极管的输入电阻常用下式估算:

$$r_{be} = 300 + (1+\beta)\frac{26(\text{mV})}{I_E(\text{mA})} \tag{5-11}$$

在小信号的条件下,r_{be} 是一个常数,由 r_{be} 确定输入回路的电压 U_{be} 线电流 I_b 之间的关系。因此,三极管的输入回路基极与发射极之间可用等效电阻 r_{be} 代替。

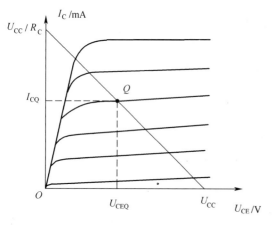

图 5-29 图解法确定基本放大电路的静态工作点

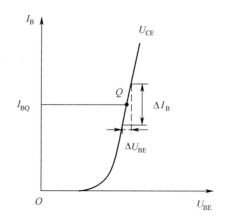

图 5-30 从晶体管的输入特性曲线求 r_{be}

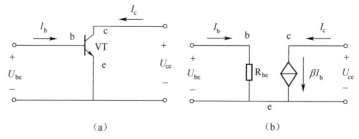

图 5-31 三极管的微变等效电路
(a)电路图;(b)三极管等效电路。

当三极管工作于放大区,输入回路的 I_b 给定时,三极管输出回路(集电极与发射极间)

可用一个大小为 βI_b 的理想受控电流源来等效。

如图 5-31(b) 所示,得到三极管的微变等效电路。

② 共射极放大电路的微变等效电路。放大电路的微变等效电路是在放大电路的交流通路和晶体管的微变等效电路的基础上得出的。交流通路就是在信号源的作用下,只有交流电流流过的路径,画交流通路时,电容短路,直流电源 U_{CC} 相当于导线接地处理,图 5-32 就是图 5-28 共射极放大电路所对应的交流通路。

在共射极放大电路的交流通路的基础上将三极管变化为微变等效电路,就得到共射极放大电路的微变等效电路,如图 5-33 所示。

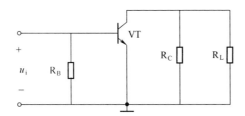

图 5-32 放大电路的交流通路

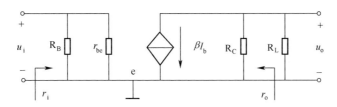

图 5-33 共射极放大电路的微变等效电路

a. 电压放大倍数 A_u。电压放大倍数是衡量放大电路放大能力的指标,它是输出电压与输入电压之比,即

$$A_u = \frac{u_o}{u_i} \tag{5-12}$$

图 5-33 所示电路中

$$u_o = -I_c R'_L = -\beta I_b R'_L \tag{5-13}$$

$$u_i = I_b r_{be} \tag{5-14}$$

$$A_u = \frac{u_o}{u_i} = -\frac{\beta I_b R'_L}{I_b r_{be}} = -\frac{\beta R'_L}{r_{be}} \tag{5-15}$$

式中:$R'_L = R_C // R_L$;"-"表示输入信号与输出信号相位相反。

b. 输入电阻 r_i。根据戴维南定理可知,输入电阻 r_i 就是从放大电路输入端往里看进去的等效电阻。如图 5-33 所示电路中

$$r_i = r_{be} // R_B \tag{5-16}$$

c. 输出电阻 r_o。根据戴维南定理可知,放大电路对于负载 R_L 而言,相当于一个具有等效电阻和等效电动势的信号源,这个信号源的内阻就是放大电路的输出电阻。如图 5-33 所示电路中

$$r_o = R_L \tag{5-17}$$

例 5-1 晶体三极管放大电路如图 5-27 所示,已知 $R_B = 300\text{k}\Omega$, $R_C = 3\text{k}\Omega$, $U_{CC} = 12\text{V}$, $\beta = 50$。求该电路的静态工作点。

解
$$I_B = \frac{U_{CC} - U_{BE}}{R_B} \approx \frac{U_{CC}}{R_B} = \frac{12\text{V}}{300\text{k}\Omega} = 40\mu\text{A}$$
$$I_C = \beta I_B = 50 \times 40\mu\text{A} = 2\text{mA}$$
$$U_{CE} = U_{CC} - I_C R_C = 12\text{V} - 2\text{mA} \times 3\text{k}\Omega = 6\text{V}$$

例 5-2 放大电路如图 5-27 所示,条件如例 5-1, $R_L = 3\text{k}\Omega$。求:电路带负载与不带负载时的放大倍数、输入电阻与输出电阻。

解 $I_E \approx I_C = 2\text{mA}$

$$r_{be} = 300 + (1+\beta)\frac{26(\text{mV})}{I_E(\text{mA})} = 963\Omega$$

不带负载的放大倍数
$$A_u = -\frac{\beta R_C}{r_{be}} = -156$$

带负载的放大倍数
$$A_u = -\frac{\beta R'_L}{r_{be}} = -78$$

$$r_i = r_{be} // R_L \approx r_{be} = 963\Omega$$
$$r_o = R_L = 3\text{k}\Omega$$

5.6.2 射极输出器

1. 电路的组成

交流信号从基极输入,从发射极输出,所以也称为射极输出器。在接法上属于共集电极接法,共集电极电路如图 5-34 所示。

2. 静态分析

射极输出器的直流通路如图 5-35 所示。由图 5-35 可知

$$I_B = \frac{U_{CC} - U_{BE}}{(1+\beta)R_E + R_B} \tag{5-18}$$

$$I_C = \beta I_B \tag{5-19}$$

$$U_{CE} = U_{CC} - I_E R_E \tag{5-20}$$

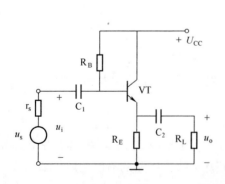

图 5-34 射极输出器

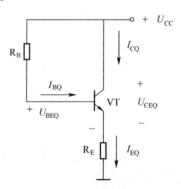

图 5-35 射极输出器直流通路

3. 动态分析

射极输出器的微变等效电路如图 5-36 所示。

（1）电压放大倍数 A_u。
$$u_o = I_e R'_L = (1+\beta)I_b R'_L$$
$$u_i = u_{be} + u_o = I_b r_{be} + I_e R'_L = I_b r_{be} + (1+\beta)I_b R'_L$$
$$A_u = \frac{u_o}{u_i} = \frac{(1+\beta)I_b R'_L}{I_b r_{be} + (1+\beta)I_b R'_L} = \frac{(1+\beta)R'_L}{r_{be} + (1+\beta)R'_L} \tag{5-21}$$

式中：$R'_L = R_C // R_L$。

由式（5-20）可以看出，射极输出器的放大倍数小于 1 且趋于 1。

（2）输入电阻 r_i。射极输出器的输入电阻也可从图 5-36 所示的微变等效电路得出，即
$$r_i = R_B // r_{be} + (1+\beta)R'_L \tag{5-22}$$

（3）输出电阻 r_o。将信号源短路，保留内阻 r_s，并去掉 R_L，加上测试电压 u_o，如图 5-37 所示。

$$r_o = R_E // r'_o = R_E // \frac{r_{be} + r_s // R_B}{1+\beta} \approx R_E // \frac{r_{be}}{1+\beta} \tag{5-23}$$

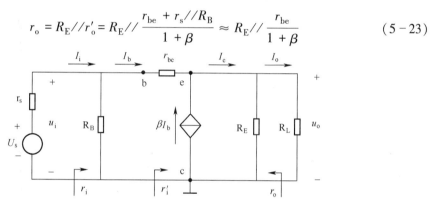

图 5-36 射极输出器的微变等效电路

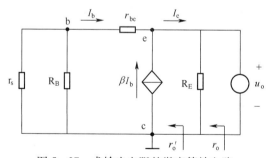

图 5-37 求输出电阻的微变等效电路

5.7 晶体三极管的开关作用

5.7.1 三极管的开关作用

三极管用作开关时，通常采用共发射极接法，如图 5-38 所示。当在基极 B 输入正脉冲

时,三极管导通并进入饱和状态,集电极电流较大,集电极 C 和发射极 E 之间的电压接近于零,这时三极管的集电极 C 和发射极 E 之间相当于一个接通的开关。当它的基极 B 输入负脉冲时,三极管截止,这时三极管的集电极 C 和发射极 E 之间相当于一个断开的开关,切断了集电极回路,所以只要在三极管的基极输入相应的控制信号,就可以使三极管起到开关作用。

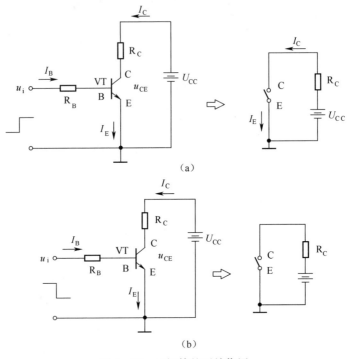

图 5-38 三极管的开关作用
(a) 三极管饱和导通;(b) 三极管截止。

5.7.2 三极管的开关作用在汽车上的应用

晶体三极管的开关作用在汽车电路上的应用非常广泛,例如电子调压器、电子点火器以及各种信号报警电路、无触点电子闪光器、发动机喷油及点火控制、间歇式电动刮雨器等。

1. 蓄电池电解液液位过低报警电路

汽车上的许多信号报警电路的基本原理大致相同,都是通过监测电路中某一个点的电位变化,去控制三极管的导通(开)和截止(关),以发出声音或光的报警信号。图 5-39 所示的是蓄电池电解液液位过低报警电路。报警电路的传感器是装在蓄电池盖子上的铅棒。当图 5-39(a)所示的蓄电池液面高度正常时,铅棒浸在蓄电池电解液中,铅棒(相当于正极)与蓄电池的负极之间产生一定电压 V_A,使三极管 VT_1 处于饱和导通状态,VT_1 的 C-E 极之间电压很小,约等于零,B 点电位 V_B 近似为零,故三极管 VT_2 截止,报警灯(发光二极管)不亮。

图 5-39(b)所示的蓄电池电解液液面在最低限位以下时,铅棒不能与蓄电池电解液接触,则铅棒与蓄电池的负极之间电压为零,使三极管 VT_1 处于截止状态,B 点电位 V_B 上升,

使三极管 VT_2 饱和导通,报警灯亮,提醒驾驶人蓄电池电解液液面过低,应及时补充蒸馏水。

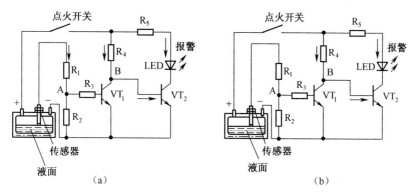

图 5-39 蓄电池液位过低报警电路

2. 晶体管调节器

汽车交流发电机发出的电压随着发动机的转速和负荷会产生波动,发电机输出电压与发电机励磁绕组通过的励磁电流成正比,通过控制励磁线圈电路通断就可以控制流过的励磁电流平均值的大小,从而使发电机输出电压基本稳定在一个定值。晶体管调节器就是利用三极管的开关作用来控制励磁线圈电路的通断,达到调节发电机输出电压的目的。

1) JFT106 型晶体管电压调节器的基本结构

解放 CA1091 型汽车装用的 JFT106 型晶体管电压调节器为 14V 负极外搭铁式。它可以配用 14V、750W 的 9 管交流发电机,也适用于 14V、功率小于 1000W 的 6 管交流发电机。调节电压为 13.8~14.6V,图 5-40 所示为这种调节器的原理图。

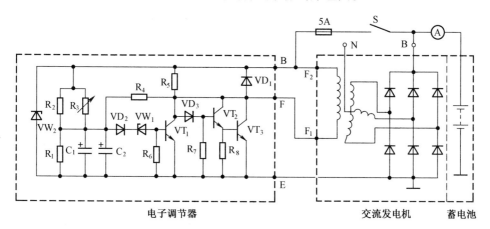

图 5-40 JFT106 型晶体管电压调节器原理图

图中各元件的作用如下。

稳压管 VW_2 起过压保护作用;R_1、R_2 和 R_3 组成分压电路;C_1、C_2 称为降频电容器,与电阻 R_1 并联,由于电容两端电压不能突变,则电阻 R_1 两端的电压也不能突变,从而推迟了稳压管的导通和截止的时间,也就降低了三极管的开关频率,减少了三极管的开关次数,从而减小耗散功率,延长调节器的使用寿命。VD_2 为 VW_1 的温度补偿二极管;VT_1 是否导通由 VW_1 控制;R_5 为 VT_1 集电极负载电阻;VT_1 为开关三极管;VD_3 为分压二极管。当 VT_1 导通时,使 VT_2、VT_3 截止;当 VT_1 处于导通状态,工作温度升高时,集电极与发射极之间的管压降增大,若无此二极管,则可能使 VT_2、VT_3 误导通。增设此二极管后,利用二极管的分压,可以消除 VT_1 管温度升高时对 VT_2、VT_3 管的影响。R_7 是 VT_2 下偏置电阻;R_8 为 VT_3 偏置电阻。VT_2 和 VT_3 接成复合管,起开关作用。VD_1 续流二极管,它的作用是防止 VT_3 截止时磁场线圈产生的自感电动势将 VT_3 击穿损坏。R_4 正反馈电阻,其作用是提高三极管的开关速度,减小三极管的耗散功率,延长调节器的使用寿命。

2) JFT106 型晶体管电压调节器的工作过程

(1) 当发电机的电压低于限额电压时,VW_1 截止,则 VT_1 也处于截止状态。由于 VT_1 不导通,VT_2 由 R_5、VD_3、R_7 建立正向导通电压,VT_2 导通,VT_3 与 VT_2 组成复合管,故 VT_3 也导通,则发电机的磁场绕组有电流通过,其路径为:电源正极→发电机 F_2 接线柱→磁场绕组→发电机 F_1 接线柱→调节器 F 接线柱→VT_3(C-E 极)→调节器接铁(E)接柱→电源负极。

此时发电机磁场绕组有较大的电流通过,随着发电机转速的升高,发电机电压不断升高,并很快达到限额电压值。

(2) 当发电机的电压稍超过限额电压时,R_1 的分压值达到稳压二极管 VW_1 的击穿导通电压,故 VW_1 导通,使 VT_1 有基极电流而导通,VT_1 导通时集电极电位接近于零(为电源的负极电位),使 VT_2 的基极电位为低电位,故 VT_2、VT_3 截止,切断了磁场绕组的电流,发电机的电压很快降低,当发电机的电压稍低于限额值时又重复第一种工作情况,以后依此反复进行,使发电机的输出电压稳定在限额值。

5.8 集成运算放大器

5.8.1 集成运算放大器的组成及图形符号

集成运算放大器的内部电路可以分为输入级、中间级(偏置电路)和输出级 3 个基本部分,如图 5-41 所示。

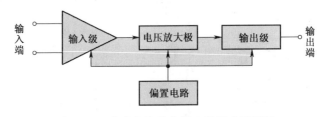

图 5-41 集成电路放大器内部组成原理图

集成电路运算放大器是一种高电压增益、高输入电阻和低输出电阻的多级直接耦合放大电路,它的类型很多,电路也不一样,但结构具有共同之处,一般由四部分组成。输入级一般是由 BJT、JFET 或 MOSFET 组成的差分式放大电路,利用它的对称特性可以提高整个电路的共模抑制比和其他方面的性能,它的两个输入端构成整个电路的反相输入端和同相输入端。电压放大级的主要作用是提高电压增益,它可由一级或多级放大电路组成。输出级一般由电压跟随器或互补电压跟随器所组成,以降低输出电阻,提高带负载能力。偏置电路是为各级提供合适的工作电流,此外还有一些辅助环节,如电平移动电路、过载保护电路以及高频补偿环节等。

集成运算放大器的符号如图 5-42 所示。运算放大器的符号中有三个引线端,两个输入端,一个输出端。一个称为同相输入端,即该端输入信号变化的极性与输出端相同,用符号"+"表示;另一个称为反相输入端,即该端输入信号变化的极性与输出端相异,用符号"-"表示。

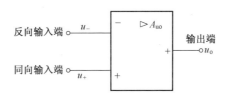

图 5-42 集成运算放大器符号

5.8.2 集成运算放大器的基本特性

为了突出主要特性,简化分析过程,在分析实际电路时,一般将实际运放当作理想运放看待。所谓理想运放,是指具有如下理想参数的运放,图形符号如图 5-42 所示。

其中,开环电压放大倍数 $A_{uo} = \infty$

输入电阻 $r_{id} = \infty$

输出电阻 $r_o = 0$

共模抑制比 $K_{CMR} = \infty$

工作在线性区域的理想运放具有两个重要特性。

(1) 理想运放两个输入端的电位相等。因为 $A_{uo} = \dfrac{u_o}{u_+ - u_-}$,当 $A_{uo} = \infty$,U_o 为定值时,有

$$u_+ = u_-$$

这一特性称为"虚短",如果有一个输入端接地,则另一个输入端也很接近地电压,称为"虚地"。

(2) 理想运放的输入电流为零。这是由于 $r_{id} = \infty$,因此两个输入端的输入电流就趋于零,即

$$i_+ = i_- = 0$$

这一特性称为"虚断"。

5.8.3 运算放大器的输入方式

1. 反相输入放大电路

反相输入放大电路,如图 5-43 所示。图中 R_f 为负反馈电阻,成为闭环状态;R_1 为输入端电阻,为使电路对称,在同相输入端和地之间介入电阻 R_2,R_2 称为平衡电阻,$R_2 = R_1 /\!/ R_f$;u_i 为加在反相输入端上的电压(同相输入端接地);u_o 为输出电压。输入信号通过 R_1 加到运放的反相输入端,输出信号通过负反馈电阻 R_f 也加到反相输入端,从而在反相输入端实现电流相加($i_1 = i_- + i_f$)。

根据 $i_- = i_+ = 0$,可以得到

$$i_1 = i_f = \dfrac{u_- - u_+}{R_f}$$

又因为 $u_- = u_+$,而 $u_+ = 0$,所以 $u_- \approx 0$,反相端虽然没有接地,但电压为零,故称"虚地"。

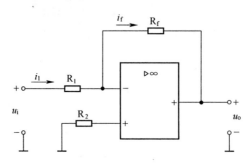

图 5-43 反相输入

"虚地"与真正的"地"区别在于："虚地"点的电位近似为零，而不是真正地为零；电流不流进"虚地"，而是从"虚地"点绕行。

于是得

$$i_f = \frac{u_- - u_o}{R_f} = -\frac{u_o}{R_f}$$

$$i_1 = \frac{u_i - u_-}{R_f} = -\frac{u_i}{R_f}$$

故闭环放大倍数为

$$A_{uf} = \frac{u_o}{u_i} = -\frac{R_f}{R_1}$$

式中："-"表示输入信号从反相端引入时，输出电压与输入电压相反。u_o 与 u_i 的比例关系，只与 R_f 和 R_1 有关，而与放大器本身参数无关。当 $R_f=R_1$ 时，$u_o=-u_i$，实现了反相功能（称为反相器或反号器）。

图 5-44 所示是加法运算电路，它是在反相比例运算电路基础上改造而成的。

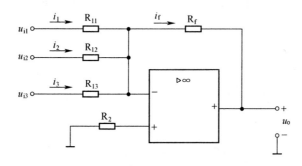

图 5-44 反相加法电路

由图可列出

$$i_1 = \frac{u_{i1}}{R_{11}}, \quad i_2 = \frac{u_{i2}}{R_{12}}, \quad i_3 = \frac{u_{i3}}{R_{13}}$$

又因 $u_- = u_+ = 0$，$i_f = i_1 + i_2 + i_3$，得

$$u_o = -\left(\frac{R_f}{R_{11}}u_{i1} + \frac{R_f}{R_{12}}u_{i2} + \frac{R_f}{R_{13}}u_{i3}\right)$$

当 $R_{11}=R_{12}=R_{13}=R$ 时,则

$$u_o = -\frac{R_f}{R}(u_{i1}+u_{i2}+u_{i3})$$

设 $R_f=R$,则

$$u_o = -(u_{i1}+u_{i2}+u_{i3})$$

平衡电阻

$$R_2 = R_{11}//R_{12}//R_{13}//R_f$$

可见,加法电路的输入电压与输出电压之和成正比关系。电路的稳定性与精度都取决于外接电阻的质量,与放大器本身无关。

2. 同相输入放大电路

同相输入放大电路如图 5-45 所示。图中 R_f 为负反馈电阻;R_2 为输入端电阻,起限流保护作用,为使电路对称,取 $R_2=R_f$;u_i 为加在同相输入端上的电压(反相输入端接地);u_o 为输出电压。输入信号加到同相输入端,反馈信号通过 R_f 加到反相输入端。

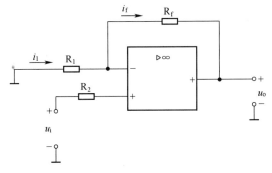

图 5-45 同相输入放大电路

因为 $u_-=u_+$,故得

$$i_1 = -\frac{u_-}{R_1} = -\frac{u_+}{R_1} = -\frac{u_i}{R_1}$$

又因为 $i_-=i_+=0$,得

$$i_1 = i_f = -\frac{u_- - u_o}{R_f} = -\frac{u_i - u_o}{R_f}$$

故闭环放大倍数为

$$A_{uf} = \frac{u_o}{u_i} = 1 + \frac{R_f}{R_1}$$

5.8.4　集成运算放大器在汽车上的应用

在汽车电喷发动机中,用来测量进气量的进气压力传感器就是由压敏电阻和集成运放组成的,这种传感器被美国通用、日本丰田等汽车公司广泛采用,国产桑塔纳 2000GLi 型轿车采用的就是该传感器。图 5-46 为压敏电阻式进气压力传感器的结构示意图和工作原理示意图。

该传感器有一个通气口与进气管相通,进气压力通过该口加到压力转换元件上。压力

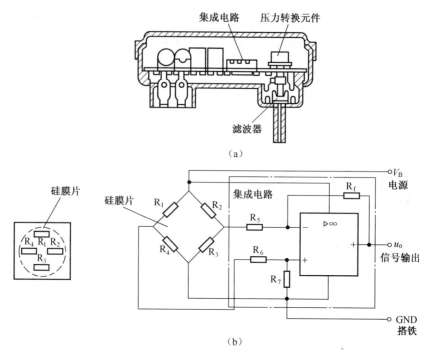

图 5-46 压敏电阻式进气压力传感器
(a) 结构示意图；(b) 工作原理示意图。

转换元件是由 4 个压敏电阻构成的硅膜片,硅膜片受压力变形后,电桥输出信号,压力输出信号越强。该信号经集成运放放大后传送给 ECU。

桑塔纳 2000GLi 型轿车进气压力传感器与进气温度传感器制成一体,其外形如图 5-47 所示。调节直流稳压输出电压至 5V,正极接传感器端子 3,负极接端子 1。用万用表的直流电压挡测量端子 4 和端子 1 之间的电压,其标准值是 3.8~4.2V。将真空枪接在进气压力传感器的通气口上,并使其产生真空。这时端子 4 和端子 1 之间的电压应为 0.8~1.3V,电压值随真空度的增大而增大。

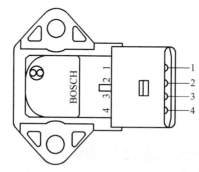

图 5-47 桑塔纳 2000GLi 型轿车进气压力传感器外形
1—搭铁;2—进气温度信号输出端子;3—电源端子;4—传感器信号输出端子。

5.8.5 集成运放在幅值比较方面的应用

集成运放工作于非线性区时,可构成幅值比较器(电压比较器)。其功能是对输入端的两个信号(模拟输入信号和参考信号)进行比较,并在输出端以高、低电平的形式得到比较结果。要注意的是,电压比较器是工作于非线性区的集成运放。它的两个输入电压中,一个是基准电压,另一个是被比较的输入电压,当两个电压不相等时,集成运放输出的电压不是等于正电源电压就是等于零(单电源供电时,若采取负电源供电,就等于负电源电压)。即在输出端只输出两种电压值,或者正电源电压,或者零。在汽车电路中用于信号测量、越限报警等电路中。比较器最常见的应用电路有三种形式:简单电压比较器、滞回电压比较器和窗口比较器。这里只介绍简单电压比较器及在汽车上的应用。

1. 简单电压比较器

简单的电压比较器电路,如图 5-48 所示。在该电路中,集成运放工作于饱和区,即非线性区。输入模拟电压 u_i 作用在集成运放的反相输入端,参考电压 U_R(可正可负)加在集成运放的同相输入端。由于理想运放的电压放大倍数很大,只要反相输入端和同相输入端之间有一个很小的电压差值,就会使运放趋于饱和。

该电路的工作特性是:当输入电压 u_i 高于参考电压 U_R(又称 U_{TH})时,集成运放的输出电压为低电平,即 $u_o = -U_{OM}$(接近电源的负电压);当输入电压 u_i 低于参考电压 U_R 时,运放的输出电压为高电平,即 $u_o = +U_{OM}$(接近电源的正电压)。比较器的输出发生跳变的条件是:$u_i = U_{TH}$。通常将 U_{TH} 称为阈值电压(或门槛电压、门限电压)。简单电压比较器的特点就是只有一个阈值电压,当输入电压在阈值电压附近变化时,输出信号就会发生跳变。

电压传输特性曲线,如图 5-48(b)所示。由于这种电路只有一个门限电压 U_{TH}(数值上等于参考电压 U_R),故称为单门限电压比较器。

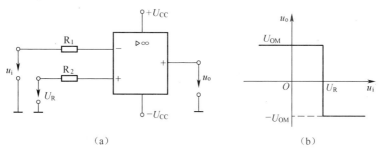

图 5-48 单门限压比较器
(a)电路;(b)传输特性曲线。

上面为运放双电源供电时的情况。当为单电源供电时,区别点在于当输入电压 u_i 高于参考电压 U_R 时,集成运放的输出电压为低电平,即 $u_o = 0$,如图 5-49(b)所示。

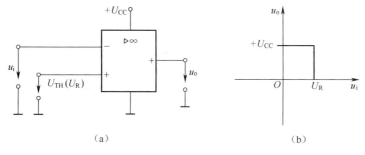

图 5-49 反相电压比较器
(a)电路;(b)传输特性曲线。

2. 过零比较器

如果参考电压 $U_R(U_{TH}) = 0V$,那么当输入信号每经过一次零时,输出电压就会发生跳变,这种比较器又称为过零比较器,其电路和传输特性,如图 5-50 所示。

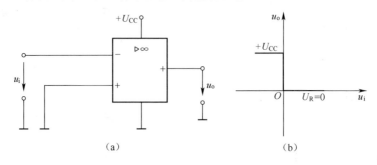

图 5-50 过零比较器
(a) 电路;(b) 传输特性曲线。

输入模拟电压也可以加在集成运放的同相输入端,而参考电压 U_R 作用在集成运放的反相输入端,就构成了同相输入电压比较器,其传输特性与反相输入电压比较器正好相反,如图 5-51 所示。当为单电源供电时,电路的工作特性为,$u_i > U_R$ 时,$u_o = +U_{CC}$;$u_i < U_R$ 时,$u_o = 0$。

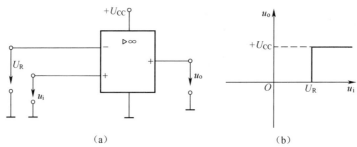

图 5-51 同相电压比较器
(a) 电路;(b) 传输特性曲线。

3. 简单电压比较器在汽车电子电路中的应用

1) 氧传感器通过电压比较器与 ECU 之间进行信号传递

发动机电子控制燃油喷射的主要目的就是控制发动机在理论空燃比附近工作,保证排放合乎法规要求。在电喷发动机闭环控制系统中,氧传感器承担着向 ECU 传递发动机是否工作在理论空燃比附近的信息的任务。在浓可燃混合气燃烧时(小于理论空燃比),排气中的氧消耗殆尽,氧传感器几乎不产生电压;在稀可燃混合气燃烧时(大于理论空燃比),排气中还含有部分多余的氧气,氧传感器产生约为 1V 的电压。控制系统根据氧传感器的输出信号对喷油量进行修正。电子控制系统规定,当氧传感器输出电压大于 0.5V 时,认为可燃混合气过浓;小于 0.5V,认为可燃混合气过稀。氧传感器与 ECU 之间就是通过电压比较器进行信号传递的。图 5-52 所示为氧传感器与电压比较器及 ECU 的连线原理图。

ECU 设定 0.45V 为基准电压,当氧传感器信号电压大于基准电压时,比较器输出 $u_o \approx 0$,送给 ECU 进行判断为可燃混合气过稀,增加喷油量;当氧传感器信号电压小于基准电压时,比较器输出 $u_o \approx 0.5V$,送给 ECU 判断为可燃混合气过浓,减少喷油量。

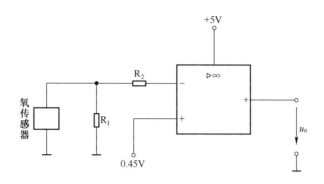

图 5-52 氧传感器与 ECU 的连接

2）蓄电池电压过低报警电路

电路如图 5-53 所示,由集成运放、电阻、稳压管及发光二极管组成。

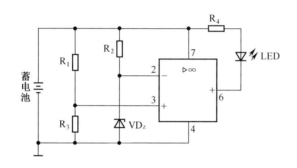

图 5-53 蓄电池电压过低报警电路

电阻 R_2 与稳压管 VD_Z 组成电压基准电路,向比较器提供 5V 的基准电压,基准电压接在反相输入端。R_1、R_3 组成分压电路,中间点作为电压检测点,即输入信号接在同相输入端。当蓄电池电压高于 10V 时,输入信号电压大于基准电压,则比较器输出电压为蓄电池电压（10~12V）,发光二极管因承受反向电压不发光,表示蓄电池电压正常;当蓄电池电压低于 10V 时,输入信号电压小于基准电压,则比较器输出电压为零,发光二极管承受正向电压导通而发光,指示蓄电池电压过低。

3）电动车窗玻璃升降器的工作原理

以丰田系列车电动车窗为例介绍其工作原理及控制电路。图 5-54 是一种具有 4 个车门的玻璃升降器电子控制电路,除具有驾驶席主开关外,它还由各个车门开关、乘员车窗玻璃升降的驱动电机,以及前驱动器（包括开关、电机）等组成。玻璃升降,既可由乘员手动控制,也可由驾驶人自动控制。

（1）手动操作控制玻璃升降。当把手将自动调节柄推向车辆前方时,车窗玻璃即上升。此时触点 A 与"UP"（向上）接点相连,触点 B 处于原来状态,电机按"UP"箭头方向通过电流,车窗玻璃上升且关闭;当把手离开调节柄时,利用其开关自身的回复力,此时开关回到中立位置。若把手动调节柄推向车辆后方,触点 A 保持原位不动,而触点 B 则与

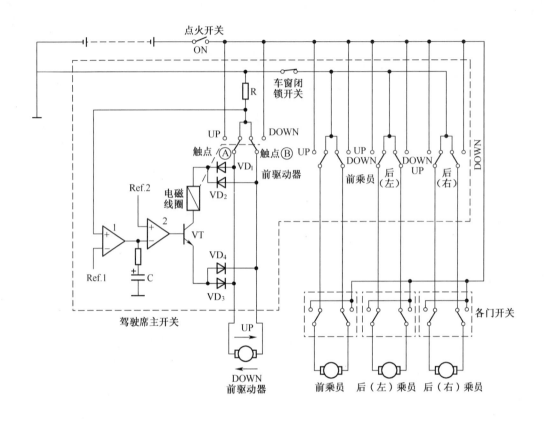

图 5-54 电动车窗控制电路

"DOWN"(向下)侧相接,电机所通过的电流按"DOWN"箭头所示的方向流动,电机反转,以实现车窗玻璃向下移动,直至下降到底。

(2)自动控制玻璃升降。当把自动旋钮压向车辆前方时,触点 A 与"UP"侧相接,电机按"UP"箭头方向通过电流,车窗玻璃上升;与此同时,检测电阻 R 上电压降低,此电压加于比较器 1 的同相输入端,它与参考电压 Ref.1 进行比较。比较器 1 的输出端为负电位,则比较器 2 的输出为高电位,使三极管 VT 正偏而导通,电磁线圈通过较大的电流,其路径为:蓄电池"+"→点火开关→"UP"→触点 A→二极管 VD_1→电磁线圈→三极管 VT→二极管 VD_4、触点 A→电阻 R→搭铁(蓄电池"-")。此电流产生较大的电磁力,吸引驱动器开关的柱塞,使棘爪板向上升,越过棘爪板凸缘的滑锁,在原来位置被锁定,这样即使把手离开自动调节柄,开关仍会保持原来的状态。

当车窗玻璃上升至终点位置,在电机上有锁止电流流动,检测电阻 R 上的压降增大,当此 1 电压超过参考电压 Ref.1 时,比较器 1 的输出由低电位转变为高电位,此时,电容器 C 开始充电,当电容器 C 两端电压上升至超过比较器 2 的参考电压 Ref.2 时,比较器 2 则输出低电位,三极管 VT 立即截止,电磁线圈中的电流被切断,棘爪板在滑锁内由弹簧的反力被压下,自动调节柄自动回复到中立位置,触点 B 搭铁,电机停转。

车窗玻璃自动下降的工作情况与上述情况相反,操作时只需将自动调节柄压向车辆后方即可。

5.9 直流稳压电源

5.9.1 直流稳压电源的组成

直流稳压电源一般由电源变压器、整流电路、滤波电路和稳压电路 4 部分组成,如图 5-55 所示。

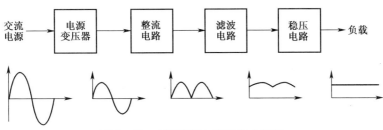

图 5-55 直流稳压电源的组成框图

5.9.2 单相整流电路

1. 电路组成及工作原理

整流电路是一种利用二极管的单向导电特性将交流电变换成直流电的电路,常见的整流电路有单相半波、全波、桥式整流电路等。

单相桥式整流电路如图 5-56 所示,它由单相电源变压器 T_R、4 个整流二极管 $VD_1 \sim VD_4$ 和负载 R_L 组成。讨论时假设电源变压器和整流二极管都是理想元件,即可以忽略变压器绕组上的阻抗电压降、二极管的正向管压降及反向电流。

u_2 正半周,二极管 VD_1、VD_2 经负载电阻 R_L 导通,VD_3、VD_4 反偏截止;u_2 负半周,二极管 VD_3、VD_4 经负载电阻 R_L 导通,VD_1、VD_2 反偏截止。以后重复上述过程,流过负载的电路方向不变,整流电压波形如图 5-57 所示。

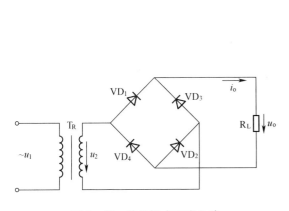

图 5-56 单相桥式整流电路

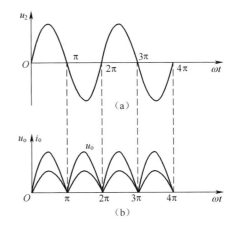

图 5-57 单相桥式整流电路的电压与电流的波形
(a) 变压器次级绕组交流电压波形;
(b) 负载上直流电压和直流电流的波形。

2. 数值关系

（1）负载上直流电压平均值：$U_o = 0.9U_2$。若已知负载直流电压平均值，则所需变压器副边电压有效值大小为：$U_2 = U_o/0.9 = 1.11U_o$。

（2）负载上直流电流的平均值：$I_o = \dfrac{U_o}{R_L} = 0.9\dfrac{U_2}{R_L}$。

（3）通过二极管的电流平均值：$I_D = \dfrac{1}{2}I_o = 0.45U_2/R_L$。

（4）二极管承受的最大反向电压：$U_{RM} = \sqrt{2}U_2$。

常识：目前，半导体器件厂已将整流二极管封装在一起，制成单相及三相整流桥模块，这些模块只有输入交流和输出直流引线。减少接线，提高了可靠性，使用起来非常方便。

例 5-3 在如图 5-56 所示电路中，已知变压器副边电压有效值 $U_2 = 30V$，负载电阻 $R_L = 100\Omega$，试问：

（1）负载电阻 R_L 上的电压平均值和电流平均值各为多少？

（2）电网电压波动范围是 ±10%，二极管承受的最大反向电压和流过的最大电流平均值各为多少？

解 （1）负载电阻 R_L 上的电压平均值为

$$U_o = 0.9U_2 = 0.9 \times 30 = 27V$$

流过负载电阻的电流平均值为 $I_o = \dfrac{U_o}{R_L} = \dfrac{27}{100} = 0.27A$

（2）二极管承受的最大反向电压为 $U_{RM} = 1.1\sqrt{2}U_2 = 1.1 \times \sqrt{2} \times 30 = 46.7V$

二极管流过的最大平均电流为 $I_{FM} > \dfrac{1.1I_2}{2} = \dfrac{1.1 \times 0.27}{2} = 0.15A$

5.9.3 三相桥式整流电路

单相桥式整流电路用于小功率场合，在某些要求整流输出功率大的场合，为避免三相电网负载的不平衡，影响供电质量，常采用三相桥式整流电路。如充电机、汽车硅整流发电机、汽车起动电源等。

1. 电路组成

三相桥式整流电路由三相电源变压器 T_R、6 个二极管 $VD_1 \sim VD_6$ 和负载电阻 R_L 组成，如图 5-58 所示。

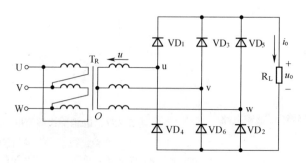

图 5-58 三相桥式整流电路

图 5-58 中，VD_1、VD_3、VD_5 组成共阴极组，VD_2、VD_4、VD_6 组成共阳极组；VD_1、VD_4 接 u 相，VD_3、VD_6 接 v 相，VD_5、VD_2 接 w 相。由于二极管的单向导电性，使得共阴极组中阳极电位最高的二极管导通、共阳极组中阴极电位最低的二极管导通，并且在同一时间内，分别有两个不同相和不同组别的二极管导通，每个二极管导通时间所对应的电角度为 120°。

2. 工作原理

如图 5-59 所示，根据二极管的单向导电特性，在 $0 \sim t_1$ 期间，w 相电压为正且最大，v 相电压为负，u 相电压为正但低于 w 相电压，因此在这段时间内，二极管 VD_5 和 VD_6 导通；如果忽略二极管的正向压降，则负载上产生的电压 u_o 就是线电压 u_{wv}，由于 VD_5 导通后，VD_1 和 VD_3 的阴极电位基本上等于 w 点的电位，于是 VD_1 和 VD_3 截止；而 VD_6 的导通，使得 VD_2 和 VD_4 的阳极电位接近于 v 点的电位，故 VD_2 和 VD_4 也截止，此时负载电流的路径为 w→VD_5→R_L→VD_6→v。同样，在 $t_1 \sim t_2$ 期间，u 点电压最高，v 点电压仍然最低，于是将使 VD_6、VD_1 导通，其余 4 个二极管截止，负载电流的路径为 u→VD_1→RL→VD_6→v，负载电压为线电压 u_{wv}。

依此类推，就可以列出图 5-59 中所示二极管的导通次序和负载电压波形。

发电机输出直流电压平均值为

$$U_L = 1.35 U_1 = 2.34 U_p$$

式中：U_1 为三相绕组的线电压有效值；U_p 为相电压有效值，$U_p = U_1/\sqrt{3}$。

由上分析可知，三相桥式整流电路中的每只二极管在交流电的一个周期内只有 1/3 时间处于导通状态，故二极管的平均电流 I_D 只有负载电流 I_L 的 1/3，即 $I_D = I_L/3$。

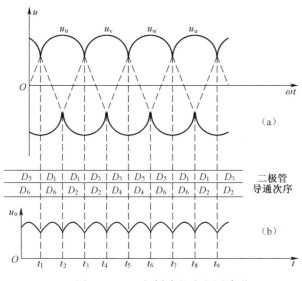

图 5-59 三相桥式整流电压波形

3. 整流电路在汽车交流发电机中的应用

汽车上采用的是硅整流交流发电机，采用三相桥式整流电路，即在图 5-60 中的三相变压器用三相定子绕组代替，其整流部分由 6 个硅二极管组成，整流电路如图 5-60(b) 所示，其原理与上述相同。

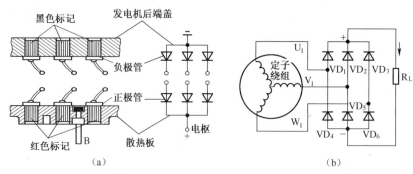

图 5-60 汽车硅整流发电机二极管的接线及整流电路示意图

以散热板内装式发电机为例,压装在后端盖上的 3 个硅二极管,其引线为负极,外壳为正极,俗称负极管,管壳底上有黑色标记;压装在散热板上的 3 个二极管,其引线为正极,外壳为负极,俗称正极管,管壳底上有红色标记。散热板上的 3 个正极管分别接在发电机三相绕组的首端,分别在三相交流电的正半周导通,哪相电压最高,该相绕组的正极管子导通;后端盖上的 3 个负极管分别接在发电机三相绕组的首端,分别在三相交流电的负半周导通,哪相电压最低,该相绕组的负极管子导通。因此,同时导通的管子有两个(正、负极管子各一个),它们将发电机的线电压加在负载两端,使负载得到如图 5-59 所示的直流电。

5.9.4 电容滤波电路

整流以后的脉动直流信号,除含有直流分量外,还含有丰富的谐波分量。要去除脉动信号中的谐波分量,保留直流分量,得到平滑的直流电压输出,必须利用储能元件的特性来实现,能完成这种滤波功能的装置称为滤波器。实用的滤波电路形式很多,有电容滤波、电感滤波和复式滤波等。下面以电容滤波电路为例说明滤波原理。

电容滤波的基本方法是在整流电路的输出端(即负载电阻 R_L 两端)并联一个容量足够大的电容 C(通常用电解电容),图 5-61(a)所示为单相桥式整流电容滤波电路的原理图。利用电容的充、放电特性,滤除整流输出脉动直流电压中的交流分量,使负载电压比较平滑。

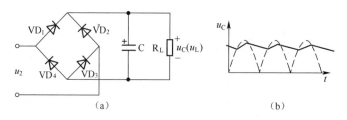

图 5-61 单相桥式整流电容滤波电路

当 u_2 为正半周且大于电容两端电压 U_C 时,VD_1、VD_3 导通,电容 C 被充电;当充电电压达到最大值 U_{2m} 后,u_2 开始下降,电容放电,经过一段时间后,$U_C > u_2$,VD_1、VD_3 截止,U_C 按指数规律下降。当 u_2 为负半周时,工作情况类似,只不过在 $|u_2| > U_C$ 时,导通的是 VD_2、VD_4。图 5-61(b)所示为经电容滤波后的负载电压 u_L 的波形。

由波形图可见:由于电容的充、放电,电容滤波使输出电压的直流平均值提高,脉动成分减少。电容滤波常用于负载电流变化不大的场合。

常识:单相桥式整流电容滤波输出电压平均值随负载电阻 R_L 变化较大,当 $R_L = \infty$ 时,输出电压平均值为 $\sqrt{2}U_2$(电容只充电不放电);而当不接滤波电容时的输出电压平均值为 $0.9U_2$。一般情况下单相桥式整流电容滤波电路的输出电压平均值可近似为,$U_o = 1.2U_2$。

5.9.5 稳压电路

当交流电网电压波动或负载电阻变化时,为了使交流电经过整流滤波电路得到的直流电压保持稳定,必须加入稳压电路。稳压电路的种类很多,有稳压管稳压电路、开关型稳压电路和串联反馈型稳压电路等。

串联反馈型稳压电路如图 5-62 所示,通常由以下 4 部分组成。

(1) 取样网络。由电阻分压器 R_1、R_P、R_2 组成,取出部分输出电压 U_P 送到放大器的反相输入端(N)。

(2) 基准电压 U_{REF}。取决于工作在反向击穿状态的稳压管 VD_Z 的稳定电压 U_Z,R 为其限流电阻。

(3) 比较放大电路,通常由集成运放构成,它将基准电压 U_{REF} 与采样电压 U_F 的差值进行放大,其输出电压加在调整管的基极。

(4) 调整管 VT。通常由功率三极管或复合管构成,在比较放大电路的输出电路的输出电压控制下,改变调整管的管压 U_{CE} 值,使输出电压稳定。

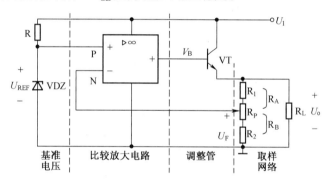

图 5-62 串联反馈型稳压电路

5.10 晶 闸 管

5.10.1 基本结构

晶闸管是硅晶体闸流管的简称,俗称可控硅,是实现大容量功率变换和控制的主要电力电子器件。晶闸管的种类有很多,有普通型、双向型、可关断型等,这里主要介绍目前广泛使用的普通型晶闸管。

晶闸管的内部有一个由硅半导体材料做成的管芯,为四层结构,形成 3 个 PN 结 J_1、J_2 和 J_3,可以等效为一个 PNP 晶体管和一个 NPN 晶体管串联而成,其结构示意图、图形符号和等效模型如图 5-63 所示。晶闸管是三端器件,有 3 个引出电极,分别为阳极 A、阴极 K

和控制极或门极 G。

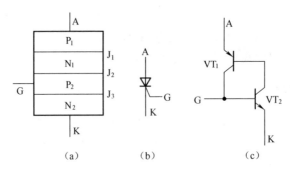

图 5-63 晶闸管结构示意和图形符号
(a)结构示意图;(b)图形符号;(c)等效模型。

从外形上来分,晶闸管有塑封式、螺栓式、平板式和模块式 4 种结构,如图 5-64 所示。

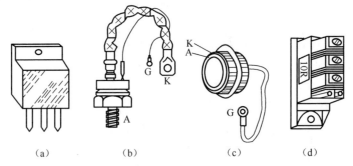

图 5-64 晶闸管的外形封装
(a)塑封式;(b)螺栓式;(c)平板式;(d)模块式。

塑料封装仅用于 40A/800V 以下小功率的晶闸管;20~200A 的晶闸管多采用螺栓式封装;平板式封装用于 200A 以上的管子;模块式封装多用于中小功率(400A 以下)的晶闸管,每个模块中集成了若干个晶闸管(构成半桥或全桥),或加有相应的二极管,这种结构有与内部电路绝缘的金属固定底座,利于安装散热器进行散热,使用十分方便。

5.10.2 工作原理

(1)晶闸管的工作特性,可用图 5-65 所示电路加以解释。

① 当晶闸管承受反向阳极电压时,不论门极电压如何,晶闸管都处于关断状态,灯不亮。

② 当晶闸管承受正向阳极电压时,开关 S 不闭合,晶闸管处于关断状态,灯不亮。

③ 在晶闸管承受正向阳极电压的同时,开关 S 闭合,给控制极与阴极间加上正向触发电压,晶闸管被触发导通,灯亮。

④ 在晶闸管导通后,将开关 S 打开,灯仍然发光,说明晶闸管仍然导通,控制极失去作用。

(2)由以上分析可得出晶闸管的工作特性。

① 导通条件。在晶闸管的阳极与阴极间加正向电压,同时在控制极与阴极间加正向电

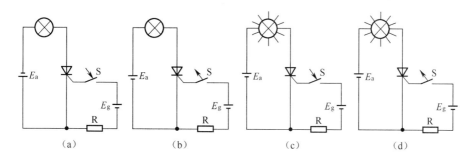

图 5-65 晶闸管的工作原理电路
(a)反向阻断;(b)正向阻断;(c)正向导通;(d)维持导通。

压,晶闸管就能导通。两者缺一不可。晶闸管一旦导通,门极就失去控制作用。只要阳极电压为正,晶闸管保持导通状态不变。因此,控制极只需要一个触发脉冲就可触发晶闸管导通。

② 关断条件。若要使晶闸管关断,只有在阳极与阴极间加反向电压,或去掉正向电压,使流过晶闸管的阳极电流小于某一数值,才能关断。

常识:晶闸管和二极管一样,也具有单向导电性,电流只能从阳极流向阴极,且导通时刻是由控制极控制,因而可以用作无触点功率开关,取代继电器、接触器构成控制电路。

5.10.3 主要参数

(1) 额定电压。为防止晶闸管因承受正向电压过大而引起误导通,或因承受反向电压过大被反向击穿而规定的允许加在晶闸管阳极与阴极间的最大电压,称为晶闸管的额定电压。在选择晶闸管时,额定电压应取元件在电路中可能承受的最大电压瞬时值的 2~3 倍。

(2) 额定电流。在规定的标准散热条件和室温下,晶闸管的阳极与阴极间允许通过的工频正弦半波电流的平均值,称为晶闸管的额定电流。由于晶闸管过流能力差,选用晶闸管时,额定电流至少应大于正常工作电流的 1.5~2 倍。

(3) 控制极触发电压和触发电流。在晶闸管阳极与阴极之间加 6V 的正向直流电压,使晶闸管由阻断变为导通所需要的最小控制极电压和电流。在实际使用时,应稍大于这一数值,以保证可靠触发。

(4) 维持电流。在室温下控制极开路时,维持晶闸管继续导通所必需的最小电流称为维持电流。当正向电流小于该值时,晶闸管就自行关断。维持电流值一般为几十至一百多毫安。

5.10.4 晶闸管的简易检测

对外形是螺栓式、平板式的晶闸管,其极性可从外形即可判断。但对一些小电流的塑封管,就需要掌握其极性的简单判别方法。

1) 极性判定

先找门极(控制极)G 和阴极 K。将晶闸管 3 根引线每两根为一组,可得 3 种组合。将万用表欧姆挡置于R×1k挡位,对每种组合的两根引线用万用表均进行两次测试(第二次测试时万用表表笔对调),观察两次测试的结果。若其中的一组在两次测试过程中,一次阻值大,另一次阻值小,则阻值小的那一次万用表黑表笔所接触的就是门极,红表笔接触的则为阴极,剩下的那根引线就是阳极A,在整个6次测试过程中,应有5次测试结果阻值均较大(在几百千欧以上),只有一次阻值较小,否则晶闸管可能就是坏的。

2)性能判定

在确定晶闸管的3根引线的极性后,将万用表置于欧姆挡R×1k挡位,黑表笔接阳极,红表笔接阴极,此时晶闸管阳极和阴极加上正向电压,但晶闸管并不导通,表指针指示在∞处。然后将门极和黑表笔接触,此时表指针摆动,晶闸管导通。之后再将门极和黑表笔脱开,表指针不返回∞处(即晶闸管维持导通),这说明晶闸管是好的。

5.10.5 晶闸管在汽车上的应用

晶闸管在汽车上主要用于永磁式无刷交流发电机。由于发电机的转子采用永磁结构,故不能用普通发电机通过调节转子的磁场磁通的方法来调节发电机输出电压,其定子绕组中产生的三相交流电动势随发电机的转速而变化。为了使该发电机在不同转速下输出稳定电压,可采用电压调节器和三相半控桥式整流电路,其电路原理如图5-66所示。

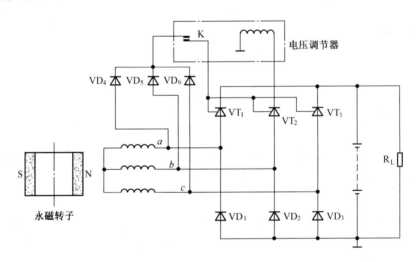

图5-66 可控硅整流电路及电压保护

三相半控桥式整流电路由3只共阳极连接的硅二极管VD_1、VD_2、VD_3和3只共阴极连接的晶闸管VT_1、VT_2、VT_3组成,另外由硅二极管$VD_1 \sim VD_6$组成三相全波整流电路,为可控硅控制极提供触发电压,与电压调节器的触点相接,触点的另一端接晶闸管的控制极,电压调节器触点的控制线圈并联在三相半控桥的输出端。

电压控制原理:当发电机转速低时,由于电压调节器的电磁线圈电压低,通过的电流小,产生的电磁吸力弱,触点K处于闭合状态,晶闸管的控制极获得正向触发电压而导通,当转速上升至某一值时,整流桥就向蓄电池和负载提供三相整流电压。整流输出电压随发电机转速的上升而增大到限额值时,电压调节器电磁吸力增大,使触点K张开,晶闸管失去正向触发电压而截止,整流输出电压下降;当下降到某一值时,电压调节器电磁线圈的电流减小,电磁吸力减小,使触点 K 有闭合,3 只晶闸管又重新触发导通,则发电机输出电压上升。如此反复,就可以调节发电机的输出电压稳定在规定范围内。

本 章 小 结

1. 半导体的导电能力介于导体和绝缘体之间,常用的半导体材料是硅和锗。在本征半导体中掺入 5 价元素形成 N 型半导体,在本征半导体中掺 3 价元素形成 P 型半导体。N 型半导体和 P 型半导体放在一起时,在交界区域形成 PN 结。PN 结具有单向导电性。

2. 二极管是利用 PN 结的单向导电性工作的半导体器件,用于控制电路的通断。二极管正向导通后,硅管的正向压降约为 0.7V,锗管的正向压降约为 0.3V。按用途可将二极管分为稳压二极管、发光二极管、光电二极管等类型。

3. 三极管有导通、截止和放大三种工作状态。它由三层半导体、两个 PN 结组成,共有三个接线端连接外电路,即基极 B、发射极 E、集电极 C。按用途可分为放大三极管、开关三极管、光敏三极管等多种类型。

4. 放大电路是一种最常用的模拟电子电路,利用三极管构成的放大电路能实现小能量对大能量的控制作用。通过静态分析可以计算放大电路的静态工作点,确定电路工作状态。通过动态分析可以估算放大电路的性能指标。放大电路中各电极的电压、电流都是直流量和交流量叠加而成的。

5. 射极输出器也称射极跟随器,它的主要特点是电压放大倍数接近 1,常用作多级放大器的第一级或最末级,也可用于中间隔离级。

6. 集成运算放大器由输入级、中间级、输出级和偏置电路组成。集成运算放大器工作在线形区时,输入电压相等,即 $u_P = u_N$,称为"虚短",输入电流为零,即 $i_P = i_N = 0$,称为"虚断"。

7. 常用的直流电源,一般由交流电经过变压器、整流电路、滤波电路和稳压电路转换成稳定的直流电压。整流电路将交流电变成脉动的直流电压,滤波电路可减小脉动使直流电压平滑,稳压电路的作用是在电网电压波动或负载电流变化时保持电压基本不变。

8. 汽车点火电路可分为触点式点火电路、电子点火电路(晶体管点火电路)微型计算机控制点火电路。晶体管点火电路是由点火开关、断电器触点、电子点火组件、点火线圈、火花塞等组成的。当断电器触点打开时,点火线圈一次绕组中电流迅速减小,使二次绕组感应出高电压。高压电施加在汽缸内的火花塞上时,产生电火花,点燃混合气,驱动发动机工作。

9. 晶闸管是最基础的电力电子器件,主要用于可控整流、逆变、调压、无触点开关及变频等电子电路。由四层半导体、三个 PN 结组成,引出三个电极分别为阳极 A、阴极 K、门极 G。

习 题

1. 本征半导体的导电能力为什么不如掺杂半导体?

2. 判断图 5-67 中的二极管是导通还是截止,并求出 AO 两端电压 U_{AO}。设二极管是理想的。

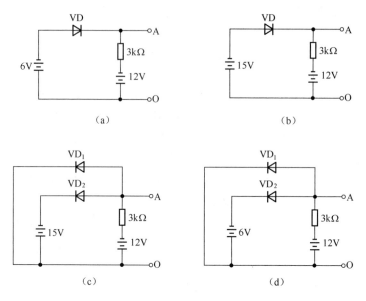

图 5-67 习题 2 的图

3. 在用万用表测二极管的正向电阻值时,用 R×1 挡测出的电阻值小,而用 R×100 挡测出的电阻值大,为什么?

4. 比较稳压管与普通二极管的异同点。

5. 特殊二极管在汽车上有哪些应用?

6. 怎样利用万用表判断出三极管的三个极和类型?

7. 在采用 NPN 型管组成放大电路时,如何判断输出波形的失真是饱和还是截止? 如果是 PNP 型管,结果如何?

8. 如图 5-68 所示,三极管放大电路,已知:$U_{CC}=9V$,$R_C=2k\Omega$,$R_B=300k\Omega$,$\beta=50$。问:

(1) 估算静态工作点。

(2) 若 $I_C=5mA$,则 R_B 应为多大?

(3) 若 $U_{CE}=0.3V$,则 R_B 又应为多少? 此时三极管处于何种状态?

(4) 若 $R_C=5.1k\Omega$,R_B 为多少时三极管处于饱和状态?

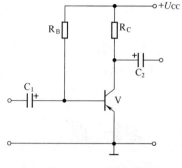

图 5-68 习题 8 的图

9. 如图 5-69 所示,放大电路,三极管的 $\beta=50$,求:
(1) 估算电路的静态工作点。
(2) 画出该电路的微变等效电路。
(3) 计算电压放大倍数 A_{uo} 及放大电路的输入电阻 r_i 和输出电阻 r_o。
(4) 若放大电路带有 4kΩ 的负载电阻,问此时 A_{uo} 又是多少?

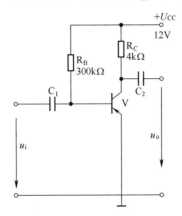

图 5-69 习题 9 的图

10. 当三极管起到开关作用时,其工作在哪个区域?
11. 如图 5-70 所示,求 u_o 和 u_i 之间的关系。

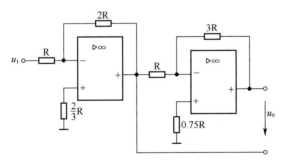

图 5-70 习题 11 的图

12. 如图 5-71 所示,求电路的闭环电压放大倍数 A_{uf}。

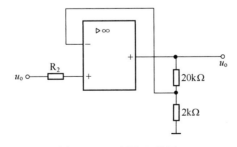

图 5-71 习题 12 的图

13. 图 5-72 为一由集成运算放大电路组成的汽车电压调节器,请结合第 5 章的相关知识对电路进行分析,写出简单的工作原理。

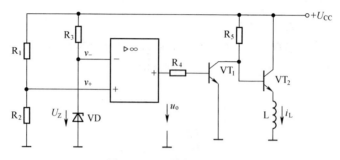

图 5-72 习题 13 的图

14. 单相桥式整流电路接成图 5-73 所示的形式,将会出现什么后果? 为什么? 试改正。

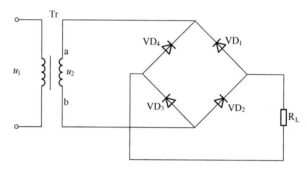

图 5-73 习题 14 的图

15. 如图 5-74 所示单相桥式整流电路中,若变压器副边电压有效值为 $U_2=20\text{V}$,问:
(1) 正常工作时,直流输出电压 U_o 是多少?
(2) 每个二极管的正向平均电流 I_D 及最大反向峰值电压 U_{RM} 是多少?
(3) 若二极管 VD_1 因虚焊断路,将会出现什么现象? 直流输出电压 U_o 是多少?
(4) 若 4 个二极管全部反接,则直流输出电压 U_o 是多少?

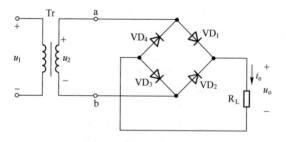

图 5-74 习题 15 的图

16. 晶闸管和二极管都具有单向导电性,两者有什么不同?

第6章 数字电路及其应用

学习目标：

了解数字电路与模拟电路的区别；掌握逻辑门电路的逻辑功能；了解编码器、译码器的基本原理；了解组合逻辑电路在汽车上的作用；了解触发器的基本作用和符号,掌握触发器的逻辑功能；了解时序逻辑电路在汽车上的作用；逻辑模拟量与数字量转换的基本原理,逻辑模拟量与数字量转换在汽车上的应用；了解汽车常用集成电路在汽车上的应用。

6.1 数制及其运算

6.1.1 常用数的表示方法

1. 十进制数

十进制数是日常生活中最常用的计数进制。在十进制数中有 0~9 十个数码,任何一个十进制数均可用这十个数码来表示。计数时,以十为基数,逢十进一。同一数码在不同位置所表示的数值是不同的,例如 555,虽然三个数码都是 5,但从右边数起,第一个"5"表示的是个位数（10^0位）,即 5×10^0；第二个"5"表示的是十位数（10^1位）,它代表 50,即 5×10^1；第三个"5"表示的是百位数（10^2位）,它代表 500,即 5×10^2。用数学式表达为 $555=5\times10^2+5\times10^1+5\times10^0$。式中：$10^0$、$10^1$、$10^2$ 称为十进制数各位的"权"。

2. 二进制数

二进制数只有"0"和"1"两个数码,计数时以二为基数,逢二进一,1+1 = 10。为了与十进制数相区别,二进制数通常在数码的末尾加字母 B(Binary)表示。和十进制数一样,二进制数中的同一数码因在数中的位置不同而表示不同的数值。例如 1111B,虽然四个数码都是"1",但右边起第一个"1"表示 2^0,第二个"1"表示 2^1,第三和第四个"1"分别表示 2^2 和 2^3,用数学式表示为 $1111B = 1\times2^3+1\times2^2+1\times2^1+1\times2^0$。其中,$2^0$、$2^1$、$2^2$ 等称为二进制数各位的"权"。

虽然十进制数及其运算是大家非常熟悉的,但在数字电路中采用十进制数却很不方便。因为在数字电路中,数码是通过电路或元件的不同状态来表示的,而要使电路或元件有 10 种不同的状态来表示 0~9 十个数码,这在技术上很困难。最容易实现的是使电路或元件具有两种工作状态,如电路的通与断、电位的高与低、晶体管的导通与截止等。在这种情况下,采用只有两个数码 0 与 1 的二进制是极其方便的。因此在数字电路中,二进制获得了极其广泛的应用。

6.1.2 不同数制之间的相互转换

1. 十进制数与二进制数之间的转换

例 6-1 试将十进制数 21 表示为二进制的形式。

设十进制数 10 的二进制形式为 K_0、K_1、K_2、$\cdots$、K_n。把 21 被 2 除,得商 10 和余数 1,这个余数 1,就是 K_0,然后将其商再连续地除以 2,每次所得余数 0、1、0 就依次是 K_1、K_2、K_3,直到最后的商等于零,即

$$
\begin{array}{rl}
2 \underline{)21} & \text{余 } 1 \to K_0 \\
2 \underline{)10} & \text{余 } 0 \to K_1 \\
2 \underline{)5} & \text{余 } 1 \to K_2 \\
2 \underline{)2} & \text{余 } 0 \to K_3 \\
2 \underline{)1} & \text{余 } 1 \to K_4 \\
0 &
\end{array}
$$

所以 21 = 10101B

把十进制的整数换算成二进制整数时,可将十进制数连续地除以"2",直到商等于零为止,每次所得余数(必为"0"或"1")就依次是二进制数由低位到高位的各位数字,这种方法通常称为"除 2 取余法"。

二进制的整数转换成十进制数比较方便。一个二进制整数 K_n、K_{n-1}、$\cdots$、K_2、K_1、K_0 根据公式可以写成

$$K_n K_{n-1} \cdots K_2 K_1 K_0 = K_n \times 2^n + K_{n-1} \times 2^{n-1} + \cdots + K_2 \times 2^2 + K_1 \times 2^1 + K_0 \times 2^0$$

例 6-2 将二进制数 101011B 换算成十进制数。

解 $101011B = 1 \times 2^5 + 0 \times 2^4 + 1 \times 2^3 + 0 \times 2^2 + 1 \times 2^1 + 1 \times 2^0 = 32 + 8 + 2 + 1 = 43$

2. 十进制、十六进制、八进制数与二进制数之间的转换

为了便于对照,将十进制、十六进制、八进制数与二进制数之间的转换关系如表 6-1 所列。

表 6-1 几种数制之间的关系对照表

十进制数	二进制数	八进制数	十六进制数
0	0000	0	0
1	0001	1	1
2	0010	2	2
3	0011	3	3
4	0100	4	4
5	0101	5	5
6	0110	6	6
7	0111	7	7
8	1000	10	8

(续)

十进制数	二进制数	八进制数	十六进制数
9	1001	11	9
10	1010	12	A
11	1011	13	B
12	1100	14	C
13	1101	15	D
14	1110	16	E
15	1111	17	F

6.2 逻辑代数基础

6.2.1 逻辑代数的基本概念

1. 逻辑代数、逻辑变量和逻辑运算

与普通代数相同,逻辑代数也是由逻辑变量(用字母表示)、逻辑常量("0"和"1")和逻辑运算符("与"、"或"、"非")组成的。逻辑电路的输入量和输出量之间的关系是一种因果关系,它可以用逻辑表达式来描述。

在逻辑电路中,逻辑变量和普通代数中的变量一样,可以用字母 A、B、C、…、X、Y、Z 等来表示。但逻辑变量只允许取两个不同的值"0"和"1"(没有中间值),它并不表示数量的大小(与普通代数不同),它表示两种对立的逻辑状态,分别是逻辑"0"和逻辑"1"。逻辑代数就是用以描述逻辑关系,反映逻辑变量运算规律的数学,它是按照一定的逻辑规律进行运算的。

所谓逻辑关系,是指一定的因果关系。基本的逻辑关系只有"与"、"或"、"非"三种。实现这三种逻辑关系的电路分别叫做"与"门(AND gate)、"或"门(OR gate)、"非"门(NOT gate))。因此,在逻辑代数中,只有三种基本的逻辑运算,即"与"运算、"或"运算、"非"运算。其他逻辑运算都是通过这三种基本运算的组合来实现的。

2. "与"逻辑和"与"运算

1) "与"逻辑

当决定某一事件的所有条件(前提)都具备时,该事件才会发生(结论),这种结论与前提的逻辑关系称为"与"逻辑关系。例如,两个串联开关共同控制一个指示灯,如图 6-1 所示,只有当开关 A 与 B 同时接通(即两个条件同时都具备)时,指示灯 F 才亮。

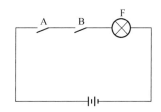

图 6-1 两个串联开关控制指示灯的电路

2)"与"运算

实现"与"逻辑关系的运算称为"与"运算。运算符号为"·",通常可以省略。"与"运算又称逻辑乘。引入"与"运算后,前面的电灯亮这一命题与两开关闭合之间的逻辑关系可表示为

$$F = A \cdot B \tag{6-1}$$

若开关闭合时变量取值为"1",反之为"0";灯亮为"1",灯不亮为"0",则显然下面的运算是成立的:

$$0 \cdot 0 = 0$$
$$0 \cdot 1 = 0$$
$$1 \cdot 0 = 0$$
$$1 \cdot 1 = 1$$

3. "或"逻辑和"或"运算

1)"或"逻辑

在决定某一事件的各个条件中,只要有一个或一个以上的条件具备,该事件就会发生,这种逻辑关系称为"或"逻辑关系。图6-2所示电路中,开关A和B并联,当开关A接通或B接通,或A和B都接通时,电灯就会亮。

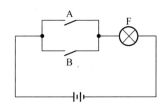

图6-2 两个并联开关控制指示灯的电路

2)"或"运算

实现"或"逻辑关系的运算称为"或"运算。运算符号为"+",因此,"或"运算又称逻辑加。这样,两个并联开关控制电灯的逻辑关系可用下式表示:

$$F = A + B \tag{6-2}$$

同样,对于"或"运算,下面等式是成立的:

$$0 + 0 = 0$$
$$0 + 1 = 1$$
$$1 + 0 = 1$$
$$1 + 1 = 1$$

4. "非"逻辑和"非"运算

1)"非"逻辑

在逻辑问题中,若条件具备时事件不发生,而当条件不具备时,该事件必然发生,这种结论与前提完全相反的逻辑关系称为"非"逻辑关系。图6-3所示电路中,开关A和灯泡并联,当开关接通时灯不亮;而当开关断开时灯反而亮。

2)"非"运算

实现"非"逻辑关系的运算称为"非"运算,"非"运算用"-"表示。这样,开关接通和电

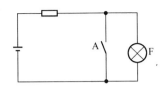

图 6-3 开关与灯泡并联电路

灯亮的逻辑关系可表示为

$$F = \bar{A} \tag{6-3}$$

同样,下面的等式是成立的:

$$\bar{0} = 1 \quad \bar{1} = 0$$

6.2.2 逻辑代数的基本运算规则及应用

1. 逻辑代数的基本运算规则

$$0 \cdot A = 0$$
$$1 \cdot A = A$$
$$A \cdot \bar{A} = 0$$
$$0 + A = A$$
$$1 + A = 1$$
$$A + A = A$$
$$A + \bar{A} = 1$$
$$\bar{\bar{A}} = A$$

2. 逻辑代数的基本定律

交换律　$A \cdot B = B \cdot A$
　　　　$A + B = B + A$

分配律　$A \cdot (B \cdot C) = (A \cdot B) \cdot C$
　　　　$A + (B + C) = A + B + C$

分配律　$A \cdot (B + C) = AB + AC$
　　　　$A + B \cdot C = (A + B)(A + C)$

反演律　$\overline{A \cdot B} = \bar{A} + \bar{B}$
　　　　$\overline{A + B} = \bar{A} \cdot \bar{B}$

3. 两个常用的公式

(1) $A + AB = A$

证明:$A + AB = A(1 + B) = A$

(2) $A + \bar{A}B = A + B$

证明:$A + \bar{A}B = A + AB + \bar{A}B = A + B(A + \bar{A}) = A + B$

上述公式表明,在一个逻辑表达式中,如果一个乘积项的反变量是另一乘积项的因子,则该反变量是多余的。例如 $AB + \overline{AB}CD$,乘积项 $\overline{AB}CD$ 可简化为 CD。

4. 逻辑代数的应用

例 6-3 化简下列逻辑函数

(1) $F = AB + AC + BC + \bar{A}C$

(2) $F = \bar{A}B\bar{C} + \bar{A}BC + \bar{B} + \bar{B}C$

解 (1) $F = AB + AC + BC + \bar{A}C$

$\quad\quad\quad = AB + BC + (A + \bar{A})C$

$\quad\quad\quad = AB + BC + C$

$\quad\quad\quad = AB + (B + 1)C$

$\quad\quad\quad = AB + C$

(2) $F = \bar{A}B\bar{C} + \bar{A}BC + \bar{B} + \bar{B}C$

$\quad\quad\quad = \bar{A}B(\bar{C} + C) + \bar{B}(1 + C)$

$\quad\quad\quad = \bar{A}B + \bar{B}$

$\quad\quad\quad = \bar{A} + \bar{B}$

6.3 基本逻辑门电路

6.3.1 二极管与门电路

二极管与门电路如图 6-4(a) 所示。由图可知,在输入 A、B 中有一个(或一个以上)为低电平,则与输入端相连的二极管必然获得正偏电压而导通,使输出端 Z 为低电平,只有输入 A、B 同时为高电平,输出 Z 才是高电平。由此可知输入对输出呈现与逻辑关系,即 Z = A·B,其逻辑符号,如图 6-4(b) 所示,其真值表如图 6-4(c) 所示。输入端的个数当然可以多于两个,有几个输入端用几个二极管即可。

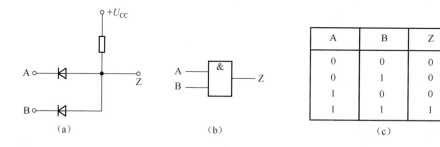

图 6-4 二极管与门电路及其逻辑图
(a) 电路图;(b) 逻辑图;(c) 真值表。

6.3.2 二极管或门

二极管或门电路如图 6-5(a) 所示。由图可知,输入 A、B 中有一个(或一个以上)为高电平,则与之相连的二极管必然获得正偏电压而导通,使输出 Z 为高电平,只有输入 A、B 同时为低电平时,输出 Z 才是低电平。由此可知输入对输出呈现或逻辑关系,即 Z = A+B,其逻辑符号如图 6-5(b)所示,其真值表如图 6-5(c)所示。

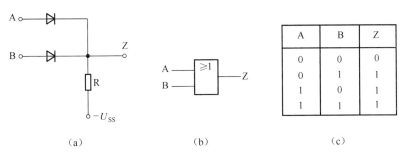

图 6-5 二极管或门电路及其逻辑图
(a)电路图;(b)逻辑图;(c)真值表。

6.3.3 三极管非门

非门又称为反相器,是实现逻辑翻转的门电路。它对输入的逻辑电平取反,实现相反的逻辑功能输出,其电路如图 6-6(a)所示。只要电阻 R_1、R_2 和负电源 U_{SS} 参数配合适当,则当输入低电平信号时,三极管的基极为负电位,发射结反偏,三极管可靠截止,输出为高电平,而当输入为高电平时,三极管基极为正电位而饱和导通,输出为低电平,从而实现非运算。非运算的逻辑符号和真值表分别如图 6-6(b)和图 6-6(c)所示。其逻辑表达式为 $Z = \bar{A}$。

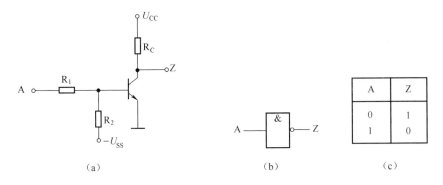

图 6-6 三极管非门电路及其逻辑图
(a)电路图;(b)逻辑图;(c)真值表。

6.3.4 复合逻辑门电路

1. 与非门

"与"和"非"的复合运算(先求"与",再求"非")称为"与非"运算。实现与非复合运算的电路称为与非门,与非门逻辑符号如图 6-7 所示。

与非门的逻辑表达式为

$$F = \overline{A \cdot B} \tag{6-4}$$

与非门逻辑状态为"有 0 则 1,全 1 则 0"。

2. 或非门

实现"或非"复合运算的电路称或非门,或非门逻辑符号如图 6-8 所示。

或非门的逻辑表达式为

$$F = \overline{A + B} \qquad (6-5)$$

或非门的逻辑状态为"有 1 则 0,全 0 则 1"。

3. 异或门

式 $F = A\overline{B} + \overline{A}B$ 的逻辑运算称为异或运算,逻辑符号如图 6-9 所示,记作

$$F = A \oplus B = A\overline{B} + \overline{A}B \qquad (6-6)$$

异或门的逻辑状态为"同则为 0,不同为 1",即异或门的逻辑功能为:两个输入相同时,输出为 0;两个输入不同时,输出为 1。

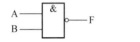 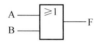

图 6-7 与非门逻辑符号　　　　图 6-8 或非门逻辑符号 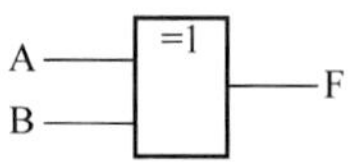　　　　图 6-9 异或门逻辑符号

6.4　组合逻辑电路

6.4.1　设计方法

组合逻辑电路设计是指按已知逻辑要求画出逻辑图,其设计步骤大致如下。

(1) 分析实际问题,找出条件(输入变量)和结果(输出函数),用字母表示它们,然后进行逻辑赋值,即分别用逻辑"1"和逻辑"0"表达其中的一种状态。

(2) 根据实际问题和逻辑赋值规定列真值表。

(3) 根据真值表写出逻辑函数并化简。

(4) 根据最简的逻辑函数式,画出相应的逻辑图。

例 6-4　设计交叉路口的交通指示灯,红灯 A、绿灯 B、黄灯 C 的故障报警电路。

解　(1) 分析实际问题,确定逻辑变量,进行逻辑赋值。

由题可知,A、B、C 为输入变量,灯亮状态为"1",灯熄状态为"0",实际情况仅反映交通灯只能有一盏灯亮,否则为故障状态(输出),即报警为"1",正常状态为"0"。

(2) 列出状态表(表 6-2)。

根据逻辑状态表写出逻辑表达式

$$F = \overline{A}\,\overline{B}\,\overline{C} + \overline{A}BC + A\overline{B}C + AB\overline{C} + ABC$$

将上式进行变换和化简,得

$$F = \overline{A}\,\overline{B}\,\overline{C} + AB + AC + BC$$

根据上面的逻辑表达式可画出逻辑电路图,如图 6-10 所示。

表 6-2 交通指示灯状态表

A	B	C	F
0	0	0	1
0	0	1	0
0	1	0	0
0	1	1	1
1	0	0	0
1	0	1	1
1	1	0	1
1	1	1	1

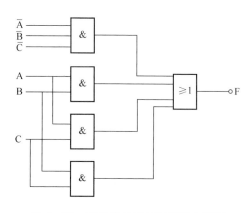

图 6-10 交通路口指示灯逻辑电路图

6.4.2 编码器

所谓编码,就是用二进制码来表示给定的数字、字符或信息。一位二进制码有 0、1 两种状态,n 位二进制码有 2^n 种不同的组合。用不同的组合来表示不同的信息,就是二进制码。

所谓二—十进制编码器,就是输入一个十进制数码 0~9,通过编码器,在输出端相应得到二进制代码,则该编码器就称为二—十进制编码器。

图 6-11 为 8421 BCD 码编码器的逻辑图,图中,1~9 为对应于数字 1~9 的按键输入端。A、B、C、D 是编码器输出端,D 是最高位,当按下数字 6 的键时,DCBA=0110,这可以通过分析电路得到。

6.4.3 译码器

译码是编码的逆过程。译码器将输入的二进制代码转换成与代码对应的信号。若译码器输入的是 n 位二进制代码,则其输出端子数 $N \leqslant 2^n$。$N = 2^n$ 称为完全译码,$N < 2^n$ 称为部分译码。

1. 3 线-8 线译码器

以 3 位二进制译码为例介绍二进制译码器的功能,当输出端为 3 位,则输出端 $N = 2^3 = 8$ 位,故称 3 线-8 线译码器,其逻辑图如图 6-12 所示,$A_0 \sim A_2$ 为输入端,$Y_0 \sim Y_7$ 为输出端。

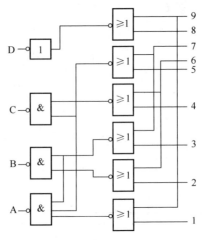

图 6-11　8421 BCD 码编码器逻辑图

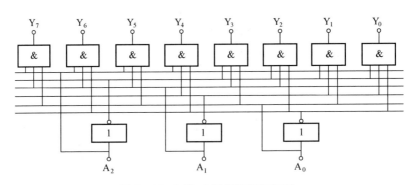

图 6-12　3 线-8 线译码器逻辑图

当 3 个输入端为某一二进制码时,输出端对应的某一端子为高电平,其余为低电平。例如当 $Y_3 = \bar{A_2}A_1A_0 = 011$ 时,从图 6-12 可以看出,Y_3 与门的 3 个输入端均为 1,Y_3 输出高电平,即为 1;其余各与门输入端均不全为 1,故输出为 0。其真值表见表 6-3。

表 6-3　3 线-8 线译码器真值表

A_2	A_1	A_0	Y_0	Y_1	Y_2	Y_3	Y_4	Y_5	Y_6	Y_7
0	0	0	1	0	0	0	0	0	0	0
0	0	1	0	1	0	0	0	0	0	0
0	1	0	0	0	1	0	0	0	0	0
0	1	1	0	0	0	1	0	0	0	0
1	0	0	0	0	0	0	1	0	0	0
1	0	1	0	0	0	0	0	1	0	0
1	1	0	0	0	0	0	0	0	1	0
1	1	1	0	0	0	0	0	0	0	1

集成 3 线-8 线译码器 74LS138,如图 6-13 所示,它有 3 个输入端 $A_0 \sim A_2$,8 个输出端 $\bar{Y_0} \sim \bar{Y_7}$。与图 6-12 的逻辑输出不同的是,它的输出是低电平有效,其输出真值与表 6-9

中输出真值各位相反。E_1、$\overline{E_2}$、$\overline{E_3}$ 为使能端(选通端),只有当 E_1、$\overline{E_2}$、$\overline{E_3}$ 分别为 "1"、"0"、"0" 时,译码功能才有效,否则输出全为 "1"。

2. 二-十进制译码器

这种译码器的输入端子有 4 个,分别输入四位 8421 BCD 二进制代码的各位,输出端子有 10 个。每当输入一组 8421 BCD 码时,输出端的 10 个端子中对应于该二进制数所表示的十进制数的端子就输出高/低电平,而其他端子保持原来的低/高电平。

74LS42 是 8421 BCD 码译码器,其逻辑符号,如图 6-14 所示。其中,A、B、C、D 为高位到低位的 8421 BCD 码输入端,$\overline{Y_0} \sim \overline{Y_9}$ 为输出端。例如,当 ABCD 为 0110 时,$\overline{Y_6}$ 输出低电平,表明输入的二进制代码所表示的是十进制数字 6,而当 ABCD 为 1010~1111 这 6 种数码时,10 个输出端都是高电平,表示输入的代码是伪码,不能表示数字。

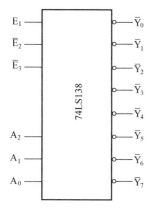 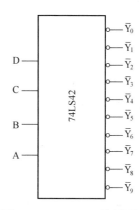

图 6-13　74LS138 逻辑符号　　　图 6-14　74LS42 逻辑符号

3. 显示译码器

如果 BCD 译码器的输出能驱动显示器件发光,将译码器中十进制数显示出来,这种译码器就是显示译码器。在显示器件中,应用较广泛的是七段数码显示器,相应的就需要用七段显示译码器。

(1) 七段数码显示器。图 6-15 所示为由发光二极管组成的七段显示器字形图及其接法。a~g 七段是七个发光二极管,有共阴极和共阳极两种接法。共阴极接法时,哪个管子的阳极接收到高电平,哪个管子发光;共阳极接法时,哪个管子阴极接收到低电平,哪个管子发光。例如,对共阴极接法,当 a~g 为 1011011 时,显示数字 "5"。

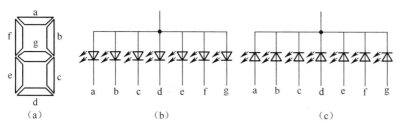

图 6-15　发光二极管组成的七段显示器字形图及其接法
(a)外形;(b)共阳极接法;(c)共阴极接法。

（2）七段显示译码器。七段显示译码器的作用是将四位二进制代码（8421 BCD 码）代表的十进制数字，翻译成显示器输入所需的七位二进制代码（abcdefg），以驱动显示器显示相应的数字。因此，常把这种译码器称为"代码译码器"。

七段显示译码器常采用集成电路，常见的有 T337 型（共阴极）、T338 型（共阳极）等。图 6-16 是七段显示译码器的外引线排列图。A_3、A_2、A_1、A_0 为四位二进制数码输入端，a~g 为输出端，分别接到七段液晶显示器的 a~g 端，均为高电平有效。

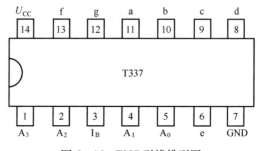

图 6-16　T337 引线排列图

表 6-4 为它的逻辑功能表，表中，0 指低电平，1 指高电平，×指任意电平。I_B 为消隐输入端，高电平有效，即 $I_B = 1$，译码器可以正常工作；$I_B = 0$，显示器熄灭，不工作。U_{CC} 通常取 +5V。

表 6-4　七段显示译码器 T337 逻辑功能表

输入					输出							数字
I_B	A_3	A_2	A_1	A_0	a	b	c	d	e	f	g	
0	×	×	×	×	0	0	0	0	0	0	0	
1	0	0	0	0	1	1	1	1	1	1	0	0
1	0	0	0	1	0	1	1	0	0	0	0	1
1	0	0	1	0	1	1	0	1	1	0	1	2
1	0	0	1	1	1	1	1	1	0	0	1	3
1	0	1	0	0	0	1	1	0	0	1	1	4
1	0	1	0	1	1	0	1	1	0	1	1	5
1	0	1	1	0	0	1	1	1	1	1	1	6
1	0	1	1	1	1	1	1	0	0	0	0	7
1	1	0	0	0	1	1	1	1	1	1	1	8
1	1	0	0	1	1	1	1	1	0	1	1	9

6.4.4　组合逻辑电路在汽车上的应用

组合逻辑电路在汽车上得到了广泛的应用，例如制动灯故障检测器等。

1. 制动灯故障检测器的电路构成

图 6-17 所示为制动灯故障监测器的电路图，该电路由一块 CMOS 和非门数字集成电路 CD4011 接成非门的形式，用来自动监测汽车制动灯泡的工作状况，在图中 S 为制动灯开关，HL_1、HL_2 为汽车尾部制动信号灯，LED_1 和 LED_2 为驾驶室内制动信号灯的工作指示灯，

其工作状况与尾部制动信号灯相对应,即 LED_1 和 HL_1 相对应,LED_2 和 HL_2 相对应。

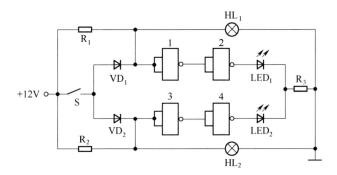

图 6-17 制动灯故障监测器

2. 制动灯故障检测器的工作原理

当信号灯 HL_1、HL_2 完好时,由于灯丝阻值较小,故二极管和与非门 1、与非门 3 的输入端全为低电平,与非门 2、与非门 4 的输出端也为低电平,发光二极管 LED_1、LED_2 均不亮。当 HL_1 或 HL_2 断路时,与非门 1 或与非门 3 的输入端由于 R_1、R_2 的接入变高电平,故与非门 2 或与非门 4 的输出端为高电平,相应的发光二极管亮,提示制动灯有断路故障。

6.5 触 发 器

利用集成门电路可以组成具有记忆功能的触发器。触发器是一种具有两种稳定状态的电路,可以分别代表二进制数码 1 和 0。当外加触发信号时,触发器能从一种状态翻转到另一种状态,即它能按逻辑功能在 1、0 两数码之间变化,因此,触发器是储存数字信号的基本单元电路,是各种时序电路的基础。目前,触发器大多数采用集成电路产品。按逻辑功能的不同,触发器有 RS 触发器、JK 触发器和 D 触发器等。

6.5.1 基本 RS 触发器

基本 RS 触发器由两个与非门交叉连接而成,图 6-18(a)、(b)所示分别为基本 RS 触发器的逻辑图和逻辑符号。

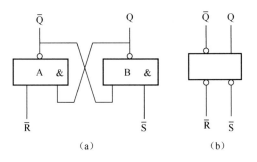

图 6-18 基本 RS 触发器逻辑电路及符号
(a)逻辑图;(b)逻辑符号。

在这里我们定义触发器在输入信号变化前的状态为现态(Q^n),触发器在输入信号变化后的状态为次态(Q^{n+1}),用以描述触发器次态与输入信号和电路原有状态(现态)之间关系的真值表称为特性表。

6.5.2 同步 RS 触发器

图 6-19(a)是同步 RS 触发器的逻辑电路图,图 6-19(b)是其逻辑符号图。其中,与非门 A 和 B 构成基本 RS 触发器,与非门 C、D 构成导引电路,通过它把输入信号引导到基本触发器上。$\overline{R_D}$、$\overline{S_D}$是直接复位、直接置位端。只要在$\overline{R_D}$或$\overline{S_D}$上直接加上一个低电平信号,就可以使触发器处于预先规定的"0"状态或"1"状态。另外,$\overline{R_D}$、$\overline{S_D}$在不使用时应置高电平。CP 是时钟脉冲输入端,时钟脉冲来到之前,即$CP=0$时,无论 R 和 S 端的电平如何变化,C 门、D 门的输出均为 1,基本触发器保持原状态不变。在时钟脉冲来到之后,即$CP=1$时,触发器才按 R、S 端的输入状态决定其输出状态。时钟脉冲过去之后,输出状态维持时钟脉冲为高电平时的状态不变。

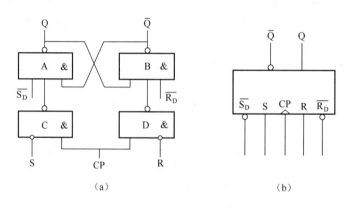

图 6-19 同步 RS 触发器逻辑电路及符号
(a)逻辑图;(b)逻辑符号。

在时钟脉冲来到之后,CP 变为 1,R 和 S 的状态开始起作用,其工作状态如下所述。

(1) $S=1,R=0$。由于 $S=1$,当时钟脉冲来到时,$CP=1$,C 门输出为 0。若触发器原来处于"0"态,即 $Q=0$,$\overline{Q}=1$,则 A 门输出转变为 $Q=1$。因为 $R=0$,D 门输出为 1,B 门输入全为 1,则输出变为 $\overline{Q}=0$。若触发器原来处于"1"状态,即 $Q=1$,$\overline{Q}=0$,则 A 门输出为 $Q=1$。结论:当 $S=1$、$R=0$ 时,不管触发器原来处于何种状态,在 CP 到来后触发器处于"1"状态。

(2) $S=0,R=1$。由于 $R=1$,时钟脉冲来到之后,$CP=1$,D 门输出为 0,不管触发器原来处于何种状态,$\overline{Q}=1$;由于 A 门输入全为 1,所以 $Q=0$,即 CP 到来后触发器处于"0"状态。

(3) $R=0,S=0$。由于 $R=0$、$S=0$,则 C 门、D 门均输出为 1,所以触发器的状态不会改变。

(4) $S=1,R=1$。由于 $R=1$、$S=1$,当时钟脉冲到来之后,$CP=1$,则 C 门与 D 门输出都为 0,A 门与 B 门输出为 1,即 $Q=\overline{Q}=0$,破坏了 Q 与 $\overline{Q}$ 的逻辑关系。当输入信号消失后,触发器的状态不能确定,因而实际使用中应避免出现此情况。表 6-5 是其逻辑状态表。表中,Q_{n+1} 表示脉冲到来之后的状态;Q_n 表示现态。

表 6-5　同步 RS 触发器的逻辑状态表

S	R	Q_{n+1}	S	R	Q_{n+1}
0	0	$Q_{n+1}=Q_n$	1	0	1
0	1	0	1	1	不定

同步触发器的空翻现象：在时钟脉冲 CP 为高电平 1 期间，如果触发器的输入信号发生多次变化时，其输出状态也会相应发生多次变化，这种现象称为"空翻现象"。由于空翻现象的存在，使得同步 RS 触发器只能用于数据锁存，而不能用于计数器、移位寄存器和储存器当中。

6.5.3　JK 触发器

JK 触发器结构有多种。图 6-20 为主从型 JK 触发器的逻辑图和逻辑符号。由图可知，它是由两个可控 RS 触发器组成的。两个可控 RS 触发器分别称为主触发器和从触发器。

当 $CP=1$ 时，非门输出 $\overline{CP}=0$，从触发器被封锁，状态保持不变，主触发器接受 R、S 端输入信号。

当 CP 从 1 跳变为 0 时，主触发器状态保持不变，从触发器输入端接受主触发器的输出信号，因其对输入状态反相，故从触发器输出与主触发器输出一致，即状态一致。

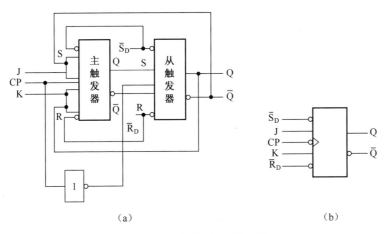

图 6-20　主从型 JK 触发器

1. $J=0,K=0$

设触发器初态为 0，即 $Q=0$，$\overline{Q}=1$。当 $CP=1$ 时，由于主触发器 $S=\overline{Q} \cdot J=0$，$R=Q \cdot K=0$，所以状态不变，$Q_主=0$，$\overline{Q}_主=1$。当 CP 下跳为 0 时，从触发器 $S_从=Q_主=0$，$R_从=\overline{Q}_主=1$，$Q=0$，$\overline{Q}=1$，亦即状态不变。若初态为 1，情况类似，触发器状态不变。

2. $J=0,K=1$

设触发器初态为 0，当 $CP=1$ 时，由于主触发器 $S=\overline{Q} \cdot J=0$，$R=Q \cdot K=0$，状态不变。当 CP 跳为 0 时，从触发器状态与主触发器状态一致，$Q=Q_主=0$。若初态为 1，当 $CP=1$ 时，主触发器 $S=\overline{Q} \cdot J=0$，$R=Q \cdot K=1$，状态翻转为 0。当 CP 跳为 0 时，触发器状态与主触发器

状态一致，$Q=0$。即不论触发器原来处于何种状态，下一个状态都是 0。

3. $J=1, K=0$

通过类似于 2)的过程分析可知，不论触发器原来处于何种状态，下一个状态总是 1。

4. $J=1, K=1$

设触发器初态为 0，主触发器 $S=\overline{Q} \cdot J=1, R=Q \cdot K=0$，当 $CP=1$ 时，主触发器输出 $Q_主=1$，$\overline{Q}_主=0$。当 CP 从 1 跳为 0 时，从触发器状态与主触发器变为一致 $Q=1$，$\overline{Q}=0$。若触发器初态为 1，则主触发器 $S=\overline{Q} \cdot J=0, R=Q \cdot K=1$。当 $CP=1$ 时，主触发器输出 $Q_主=0$，$\overline{Q}_主=1$。当 CP 下跳为 0 时，触发器输出 $Q=Q_主=0$，$\overline{Q}=1$。即当 $J=1, K=1$ 的情况下，每一时钟脉冲到来时，触发器的状态发生翻转，与原状态相反，此时 JK 触发器具有计数功能。

JK 触发器工作状态如表 6-6 所列。

表 6-6　JK 触发器状态表

J	K	Q_{n+1}
0	0	Q_n
0	1	0
1	0	1
1	1	$\overline{Q}_n$

由上可知，主从型 JK 触发器是在 CP 从 1 跳变为 0 时翻转的，称时钟脉冲下降沿触发。这种在时钟脉冲边沿触发的触发器称为边沿触发器，而由时钟脉冲的高电平或低电平触发的触发器(如 RS 触发器)称为电平触发器。在逻辑符号中输入端处由">"标记时表示边沿触发，下降沿触发以再加小圆圈表示，如图 6-20(b)的 CP 端所示。电平触发器在计数时可能会发生"空翻"现象，边沿触发器能够避免计数时"空翻"。

6.5.4　D 触发器

D 触发器又称数据锁存器，在时钟脉冲到来之前，即 $CP=0$ 时，触发器状态维持不变；当时钟脉冲到来后，即 $CP=1$ 时，输出等于时钟脉冲到来之前的输入信号，即

$$Q_{n+1} = D$$

D 触发器逻辑符号及工作波形图如图 6-21(a)、(b)所示，状态如表 6-7 所列。

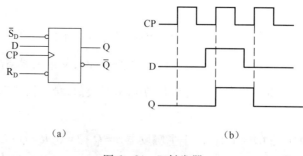

(a)　　　　　　　　　　(b)

图 6-21　D 触发器
(a)逻辑符号；(b)工作波形图。

表 6-7　JK 触发器状态表

D	Q_n
0	0
1	0

例 6-5　在数字设备的测量和调试中，经常需要一个宽度固定的单脉冲发生器作为信号源使用。图 6-22 所示为由 D 触发器构成的单脉冲发生器，试分析其工作原理，并画出 A 端的输出波形。

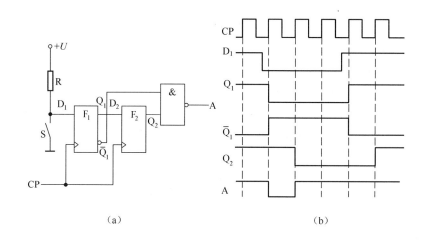

图 6-22　例 6-5 图
(a)电路图；(b)波形图。

解　开关 S 未按下时，触发器 F_1 输入 $D_1=1$，一个时钟 CP 脉冲上升沿后，F_1 输出 $Q_1=1$；再一个时钟 CP 脉冲上升沿后，触发器 F_2 输出 $Q_2=Q_1=1$。与非门输出 $A=\overline{Q_1 \cdot Q_2}=1$。当按下开关 S 后，$D_1=0$，随后到来的第一个时钟 CP 脉冲上升沿后，$F_1$ 输出 $Q_1=0$，与非门输出 $A=\overline{Q_1 \cdot Q_2}=0$；再一个时钟 CP 脉冲上升沿后，触发器 F_2 输出 $Q_2=Q_1=0$，与非门输出 $A=\overline{Q_1 \cdot Q_2}=1$。这样就在 A 端得到一个宽度与 CP 周期相等的负脉冲。波形图如图 6-22(b) 所示。

6.6　时序逻辑电路

6.6.1　寄存器

1. 数码寄存器

1）电路组成

图 6-23 所示为由 4 个 D 触发器构成的四位数码寄存器。其中，4 个 D 触发器的触发输入端 $D_0 \sim D_3$ 作为数码寄存器的并行数码输入端，$Q_0 \sim Q_3$ 为数据输出端。4 个时钟脉冲端 CP 连接在一起作为送数脉冲端。RD 端为复位清零端(在图 6-23 中未画出)。

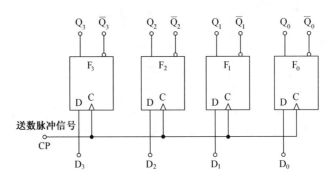

图 6-23 数码寄存器逻辑图

2）工作原理

根据 D 触发器的工作原理：在触发脉冲到来后，触发器的状态为 D 端的状态。寄存器在送数脉冲 CP 的上升沿作用下，将 4 位数码（$D_0 \sim D_3$）寄存到 4 个 D 触发器（$Q_0 \sim Q_3$）中，即触发器 Q 端的状态与 D 端相同。送数时，特别要注意的是：由于 CP 脉冲触发是边沿触发，故在送数脉冲信号 CP 到来之前，必须要准备好输入的数码，以保证寄存器的正常工作。

3）集成数码寄存器

将构成寄存器的多个触发器电路和控制逻辑门电路集成在一个芯片上，就可以得到集成数码寄存器。集成数码寄存器种类较多，常见的有四位寄存器 74HC175、六位寄存器 74HC174 和八位寄存器 74HC374 等。

2. 移位寄存器

1）电路组成

图 6-24 所示为用 4 个 D 触发器组成的单向移位寄存器。其中，每个触发器的输出端 Q 依次接到高一位触发器的 D 端，只有第一个触发器 F_0 的 D 端接收数据。4 个触发器的复位端 $\overline{R_D}$（低电平有效）并联在一起作为清零复位端，时钟端 CP 并联在一起作为移位脉冲输入端 CP。因此，它是一个同步时序电路，属于串行输入、并行输出的单向移位型寄存器。

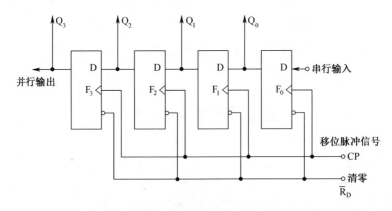

图 6-24 单向移位数码寄存器逻辑图

2）工作原理

在移位脉冲 CP（上升沿有效）到来时，串行输入数据便依次地移入一位。因为每个触发器的 Q 端接到上一位的 D 端,所以它的状态也同时依次移给高一位触发器,这种输入方式称为串行输入。

假设输入的数码为"1011",寄存器的初始状态为"0000",先把最高位的"1"送至 F_0 的 D_0 端,当第一个移位脉冲信号到来时,Q_0 与 D_0 的状态一致为"1",Q_0 与 D_1 相连,故 D_1 = "1";再把第二位的"0"送至 F_0 的 D_0 端,当第二个移位脉冲信号到来时,Q_1 与 D_1 的状态一致为"1",Q_0 与 D_0 的状态一致为"0",此时 Q_1 = "1",Q_0 = "0"。依此类推,经过四个移位脉冲信号,把数码"1011"全部移入到 Q_3、Q_2、Q_1、Q_0 中,即 $Q_3Q_2Q_1Q_0$ = "1011"。此时,可以同时从 4 个触发器的 Q 端输出数据"1011",这种输出方式称为并行输出。寄存器中的数码的移动情况如表 6-8 所列。

表 6-8 移位寄存器的数码移动表

CP 脉冲信号时序	Q_3	Q_2	Q_1	Q_0	输入数据
0	0	0	0	0	1
1	0	0	0	1	0
2	0	0	1	0	1
3	0	1	0	1	1
4	1	0	1	1	(平行输出)

常用的八位串行输入并行输出的集成移位寄存器有 74HC164、74HC194 等。当需要更多位数的移位寄存器时,可以采用多片集成电路连接的方法。图 6-25 所示为用两片 74HC164 集成移位寄存器组成的 16 位移位寄存器。

第一块集成电路(IC_1)的 A、B 端连在一起作为串行数据输入端,其 Q_7 与第二块集成电路(IC_2)的 A、B 连在一起。两块集成电路的 C 端连在一起作为移位脉冲信号的输入端信号的输入端,其 R_D 端连在一起作为清零复位端。串行输入的数码在移位脉冲的作用下,依次向 IC_1 移入数据,又通过 Q_7 移入 IC_2,完成 16 位数据的移位。

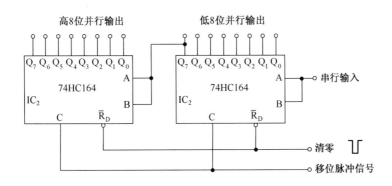

图 6-25 级联 16 位移位寄存器逻辑图

6.6.2 计数器

1. 二进制异步加法计数器

1) 电路构成

异步计数器的计数触发脉冲没有加到所有触发器的 CP 端,而只作用于第一个触发器的 CP 端。当计数脉冲 CP 触发计数时,各触发器翻转的时刻不同,因此称为异步计数器。异步二进制计数器是最基本的计数单元电路。二进制计数器又可分为二进制异步加法计数器和二进制异步减法计数器。异步计数器的各个触发器是由相邻低位触发器的输出状态变化来进行触发的。

图 6-26 所示的二进制异步加法计数器是用 4 个 JK 触发器构成的。根据 JK 触发器的特点,$J=K=$"1"时,每到来一个脉冲触发器就翻转一次,称为计数态。因此 4 个触发器的 J、K 输入端都接高电平"1"(由 TTL"与非"门组成的电路,其输入端悬空,相当于接高电平"1"一样),计数脉冲 CP 加至最低触发器 F_0 的时钟 CP 端,低位触发器的 Q 端依次接到高一位触发器的时钟端。4 个 JK 触发器的 $\overline{R_D}$ 连在一起作为复位(清零)端,复位后的初态为"0000"。

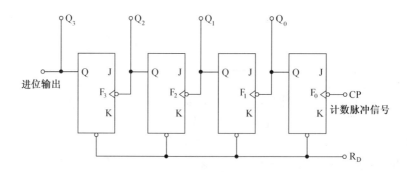

图 6-26 二进制异步加法计数器逻辑图

2) 工作原理

计数器工作时(设初始态为"0000"),当第一个计数脉冲的下降沿到来时,第一个 JK 触发器 F_0 的状态翻转一次,其输出 Q_0 端从"0"态变为"1"态,这一正跳变不会影响它的高一位 JK 触发器 F_1 的状态(上升沿不能触发)。此时,计数器的状态为"0001"。

当第二个计数脉冲的下降沿到来时,F_0 的状态又翻转一次,从"1"态变为"0"态,这一负跳变使 F_1 的状态从"0"态变为"1"态(下降沿触发),此时,计数器的状态为"0010"。

如此继续下去,直至计数器的状态为"1111",再到来一个计数脉冲,计数器的状态又为"0000",Q_3 产生一个进位脉冲,实现了二进制加法计数。综上所述,F_0 由计数脉冲触发翻转,F_1 在 Q_0 由"1"态变为"0"态时翻转,F_2 是在 Q_1 由"1"态变为"0"态时翻转,F_3 是在 Q_2 由"1"态变为"0"态时翻转,其他时刻,F_1、F_2、F_3 都保持原来的状态。它是一个 4 位二进制异步加法计数器,共有 16 个状态。

二进制异步加法计数器的状态转换如表 6-9 所列,时序图如图 6-27 所示,其中画出了前 8 个计数脉冲的波形。通过时序图可知,Q_0 端输出脉冲的周期是计数脉冲 CP 的两倍,频率只有脉冲 CP 的 1/2,Q_1 端输出脉冲的频率只有脉冲 CP 的 1/4,其他情况依次类推,因此计数器具有分频器的功能。

表 6-9 二进制异步加法计数器的状态

脉冲序号	Q_3	Q_2	Q_1	Q_0	脉冲序号	Q_3	Q_2	Q_1	Q_0
0	0	0	0	0	8	1	0	0	0
1	0	0	0	1	9	1	0	0	1
2	0	0	1	0	10	1	0	1	0
3	0	0	1	1	11	1	0	1	1
4	0	1	0	0	12	1	1	0	0
5	0	1	0	1	13	1	1	0	1
6	0	1	1	0	14	1	1	1	0
7	0	1	1	1	15	1	1	1	1

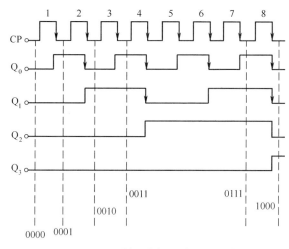

图 6-27 二进制异步加法计数器时序图

2. 二进制同步加法计数器

在异步加法计数器中，计数的触发脉冲是加在最低位触发器的时钟 CP 端的，故各触发器状态的翻转不是同步进行的。而在同步计数器中，触发脉冲同时加到各触发器的 CP 端，故各个触发器状态的翻转是在 CP 脉冲的控制下同步进行的。图 6-28 所示为由 4 个 JK 触发器构成的 4 位二进制同步加法计数器。

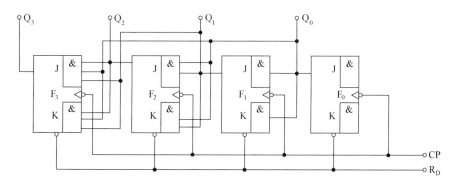

图 6-28 二进制同步加法计数器逻辑图

最低位触发器 F_0 的 J=K="0"，因此，每输入一个触发脉冲，F_0 的状态就要翻转一次。第二位触发器 F_1 的 J=K=Q_0，因此，只有当 F_0 的状态为"1"态时，在下一个脉冲的下降沿到来时，其状态才能翻转。第三位触发器的 J=K=Q_0Q_1，因此，只有当 F_0、F_1 的状态都为"1"态时，在下一个脉冲的下降沿到来时，其状态才能翻转。第四位触发器的 J=K=$Q_0Q_1Q_2$，因此，只有当 F_0、F_1、F_2 的状态都为"1"态时，在下一个脉冲的下降沿到来时，其状态才能翻转。

上述的二进制加法计数器是一个4位二进制同步加法计数器，可作为一位十六进制加法计数器。从"0000"状态开始，输入15个计数脉冲后，$Q_3Q_2Q_1Q_0$="1111"，若再来一个计数脉冲，各触发器将回到"0000"的初始状态。这个"1111"就是四位二进制加法计数器能计数的最大值，对应于十六进制数为F，对应于十进制数为 $2^4-1=15$。一个 n 位二进制加法计数器的最大计数值为 $2n-1$，超过这个数，数据将丢失，称为计数器溢出。

6.6.3 时序逻辑电路在汽车上的应用

时序逻辑电路在汽车上的应用很多，如多普勒雷达防抱制动控制电路、数字转速表等。

1. 多普勒雷达防抱制动控制电路

图 6-29 所示为多普勒雷达防抱制动控制电路的方框图。多普勒雷达用于测定车身速度，汽车制动时将多普勒雷达测得的车身速度信号和车轮速度传感器测得的车轮速度信号同时输入电子电路，即采用双信息输入，形成差动控制，控制制动机构的动作。

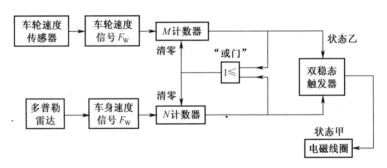

图 6-29 多普勒雷达防抱制动控制电路的方框图

车轮速度信号(脉冲频率为 F_W)和车身速度信号(多普勒频率为 F_D)分别输入 M 计数器和 N 计数器。当车轮速度信号使计数器达到 M 个计数时，M 计数器有输出；同样当车身速度信号使计数器达到 N 个计数时，N 计数器也有输出。

汽车正常行驶时，计数器 M 始终比计数器 N 提前发出清零信号，此时双稳态触发器被置于状态乙，两个计数器不断地"清零"并重新计数。

当汽车因制动而产生滑移时，N 计数器较 M 计数器先输出。N 计数器先输出时，触发器被置于状态甲，使电磁线圈"接通"，以降低制动油压(或气压)，制动力减小，使车轮转升高，滑移率下降。反之，当车轮加速时，M 计数器先输出，触发器翻转后处于状态乙，使电磁圈"切断"，以增大制动油压(或气压)，制动力又开始增加，使车轮转速下降。如此反复直至汽车处于最佳制动状态下停车。

2. 数字钟

数字钟的原理方框图如图 6-30 所示。它由分频电路、计时电路、校准电路几部分组分组成。

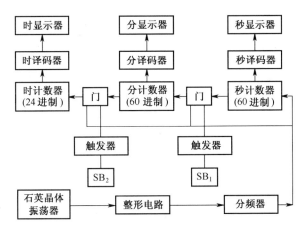

图 6-30 数字钟的原理方框图

1）分频电路

分频电路由石英晶体振荡器、整形电路和分频器组成。

石英晶体振荡器是利用石英晶体作为选频电路的振荡电路，用来产生频率稳定度极高的一定频率的信号，经整形电路（例如单稳态触发器）将其转变为同一频率的方波。分频器实际上就是计数器。由前面讨论的二制计数器的波形图中可以看到，每经过一个触发器，信号的周期增加了一倍，频率减了一半。n 个触发器便可将频率降至原频率的 $1/2n$。分频器的作用就是根据石英晶体振荡器的频率，适当选择 n 数，将频率降为 1Hz，以产生 1Hz 的标准秒脉冲。

2）计时电路

计时电路包括秒计时、分计时和时计时电路三部分。每部分都由计数器、译码器和显示器组成。秒计数器和分计数器为 60 进制计数器，时计数器为 24 进制计数器。由分频电路输出的秒脉冲先进入秒计数器计数，并经秒译码器译码后令秒显示器（由 2 个七段数码显示器）显示出"秒"数。当秒计数器计数到 60 时，秒计数器恢复到零，同时向分计数器输出一个进位分脉冲。分计数器计数分脉冲数，并经分译码器译码后令分显示器显示出"分"数。当分计数器计数到 60 时，恢复到零，同时向时计数器发出一个进位时脉冲。时计数器计数时脉冲数，并经时译码器后由时显示器显示出"时"数。当时计数器计数到 24 时恢复到零。

3）校准电路

校准电路由双稳态触发器和门电路组成。在按键 SB_1 和 SB_2 未按下时，计数程序如前所述，数字钟正常工作。在需要校准时，按下 SB_1，则秒计数器和分计数器之间通路被封锁，秒脉冲直接进入分计数器进行校准。按下 SB_2 时，分计数器与时计数器间的通路被封锁，秒脉冲直接进入时计数器进行校准。

3. 数字转速表

1）数字转速表的组成

图 6-31 是一种转速测量系统的示意图。测量装置为数字转速表，它由光电脉冲转换电路、放大器、整形电路、与门、基准时间脉冲发生器、计数器以及译码器和数字显示器等组

成,整个表组装在一起,体积很小。

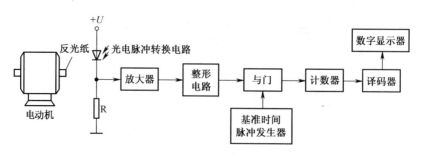

图 6-31 转速测量系统示意图

2) 数字转速表的工作原理

在电动机轴的外侧贴一块反光纸,当数字转速表的发光管照射反光纸后,反射光使发光管或光敏二极管导通,在电阻 R 上产生一个电压降,形成一个脉冲信号。电动机每旋转一周,光电转换装置就产生一个脉冲。这些脉冲信号经过放大整形以后,送到与门电路。

测量转速需要的基准时间是由石英晶体振荡器和分频电路产生的。基准时间产生标准秒脉冲。将秒脉冲和被测的光电脉冲信号同时送到与门电路,这样就能测量出在每秒钟内送到计数器的脉冲数,当然就可以得出每分钟的脉冲数,然后再经译码器使数码显示管显示出转速来。

6.7 模拟量与数字量的转换

6.7.1 模拟量与数字量的转换

随着数字电子技术的迅猛发展,尤其是计算机的普遍使用,用数字系统处理模拟信号的情况越来越多。例如,在用计算机及其接口电路对某生产过程进行实时控制时,首先要将被控制的模拟量转换为数字量,才能送到计算机中进行运算和处理;而计算机运算和处理后的(数字量),也要转换为模拟量后去驱动执行机构,实现对被控量的实时控制。

能将数字量转换为模拟量的装置,称为数-模转换器或 DAC(Digital - Analog Converter);能将模拟量转换为数字量的装置,称为模-数转换器或 ADC(Analog - Digital Converter)。

1. 数-模(D/A)转换器

数-模转换器的种类很多,下面只介绍目前应用较广的 T 型电阻数-模转换器。4 位数-模转换器的电路结构如图 6-32 所示,图中,由 R 和 2R 两种阻值的电阻组成 T 型电阻网络,其输出接到运放的反相输入端;运放构成反相比例运算电路,其输出是模拟电压;U_R 是参考电压或称基准电压;S_3、S_2、S_1、S_0 是数字量各位对应的电子模拟开关;d_3、d_2、d_1、d_0 是输入数字量,是数码寄存器存放的 4 位二进制数,各位的数码分别控制相应位的模拟开关,当二进制数码为 1 时,开关与电源 U_R 相接,为 0 时接地。

经推导得到输出的模拟电压为 $U_O = -\dfrac{R_F U_R}{3R \cdot 2^4}(d_3 \cdot 2^3 + d_2 \cdot 2^2 + d_1 \cdot 2^1 + d_0 \cdot 2^0)$

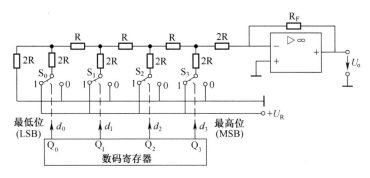

图 6-32 T 型电阻数—模转换器

当取 $R_F = 3R$ 时,上式变为 $U_O = -\dfrac{U_R}{2^4}(d_3 \cdot 2^3 + d_2 \cdot 2^2 + d_1 \cdot 2^1 + d_0 \cdot 2^0)$,表明输出模拟电压与输入的数字量成正比,从而实现了数字量到模拟量的转换。对于 4 位数-模转换器而言,当 $d_3d_2d_1d_0 = 1111$(称为全码)时,$U_O = -\dfrac{15}{16}U_R$;$d_3d_2d_1d_0 = 0111$ 时,$U_O = -\dfrac{7}{16}U_R$;$d_3d_2d_1d_0 = 0001$(称为单位数字量)时,$U_O = -\dfrac{1}{16}U_R$。

T 型电阻网络数-模转换器只需 R 和 $2R$ 两种阻值的电阻,有利于提高转换精度。

2. 模-数(A/D)转换器

模-数转换器(A/D)常见的有逐次逼近型、积分型等。逐次逼近型特点是工作速度高,转换精度容易保证;而积分型特点是工作速度较低,但转换精度可以做得较高,且抗干扰能力强。

逐次逼近型 A/D 的原理框图如图 6-33 所示。它由 D/A 转换器、电压比较器、逐次逼近寄存器、节拍脉冲发生器、输出寄存器、参考电压和时钟信号等部分组成。

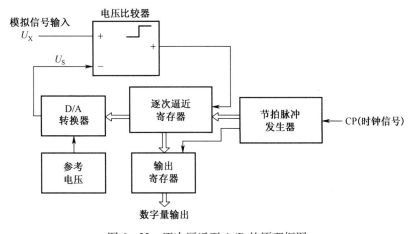

图 6-33 逐次逼近型 A/D 的原理框图

转换开始前,A/D 输出的各位数字量全为 0。转换开始,节拍脉冲发生器输出的节拍脉冲,首先将逐次逼近寄存器的最高位置 1,使输出数字量为 100…0,这组数码经 D/A 转换器转换成相应的模拟电压 U_S,送到比较器与输入模拟电压比较,若 $U_X > U_S$,说明数字量不够大。应将最高位的 1 保留;若 $U_X<U_S$,表明数字量过大,应将最高位的 1 清除。然后再按上述方法把逐次逼近寄存器的次高位置1,并经过比较以确定这个 1 是否保留。如此逐位比较下去,一直进行到最低位为止。比较完毕后,逐次逼近寄存器中的状态就是与模拟电压 U_X 对应的数字量。

模-数转换器的种类很多,常用的模-数转换器还有双积分型模-数转换器等。

6.7.2 模拟量与数字量的转换在汽车上的应用举例

数-模和模-数转换器在汽车上的应用很多,如汽车各个微型计算机控制系统及汽车电子仪表及显示等。

典型的汽车电子仪表及显示系统如图 6-34 所示。其终端显示包括仪表显示、模拟显示、警告灯亮灭显示及七段显示。

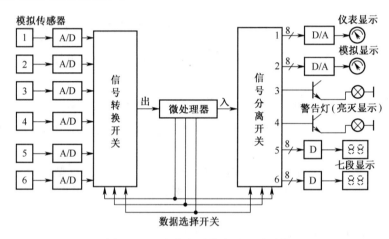

图 6-34 汽车电子仪表及显示系统

该系统具有 6 个模拟传感器,其输出信号经 A/D(模-数)转换器转换成 8 位数码后,由信号转换开关输送给微处理器,经微型计算机处理后,再以 8 位数码或开关信号形式,由信号分离开关输出,如需要模拟量显示时还需将数字信号经 D/A(数-模)转换器转换,以驱动相应的显示装置。它有 6 个显示装置,有仪表、灯光、数字 3 种显示方式。基本显示有电压、速度、燃油、里程以及水温、油压等各种报警装置等,整个系统由微型计算机控制。

6.8 集成数字电路在汽车上的应用

6.8.1 汽车前照灯电子变光器

图 6-35 是由一块 CMOS 双 D 触发器 CD4013 构成的汽车大灯变光电子开关。

在图 6-35 中,触发器 D_1 构成单稳态电路,用来消除开关抖动,保证开关动作时,只输出一个等宽的高电平。输出脉冲宽度由时间常数 R_2、C_1 的数值决定。开关 S 为不带锁按键开关,当开关 S 按动一下时,触发器 D_1 的 S_1 为高电位,使 D_1 的 Q 输出高电位,经 R_2 对 C_1 充电,触发器 D_1 的 R 端电位慢慢升高,当 R 端电位升高达到阀值电平时,D_1 触发器复位,使 D_1 的 Q 变为低电平"0",这样开关按下一次,保证输出只有一个等宽的脉冲去触发 D_2。

第6章 数字电路及其应用

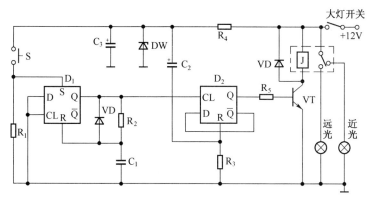

图6-35 汽车大灯变光电子开关

D_2构成T触发器,C_2、R_3为上电复位电路,使开机时触发器D输出端Q为低电平,三极管VT截止,继电器J不吸合,处在近光位置。每按一次开关,触发器D_2在脉冲作用下翻转一次,继电器J改变一次状态,由吸合变为放开或由释放变为吸合,起到了远光、近光切换的作用。

图中R_4、DW、G是稳压电路,为CD4013提供一个稳定的电压。

6.8.2 发动机超温报警电路

图6-36所示的电路只用一块CMOS门电路CC4011,用普通的热敏电阻作测温元件,具有声、光报警的功能。图中左侧的两个门组成可控的2Hz左右的振荡器,而右侧两个门组成400Hz左右的可控振荡器。当温度正常时,热敏电阻R_T与电阻R的分压低于与非门的阀值电压,因此二组振荡器均不工作,并且绿色发光二极管发光,扬声器无声。一旦超温,热敏电阻R_T的阻值足够小,第一级与非门打开,振荡器工作,使红绿二个发光二极管交替发光。另外,第二个振荡器受2Hz信号控制,发生间歇振荡,扬声器发出断续的响声。

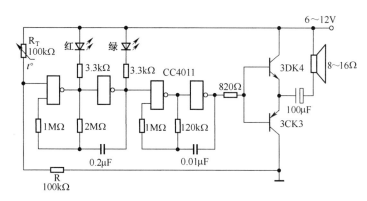

图6-36 发动机超温报警电路

6.8.3 夏利轿车空调系统电路

夏利轿车的空调系统电路主要由空调放大器、电磁离合器电路、鼓风机及其控制电路、冷凝器冷却风扇电机及其控制电路、怠速提升电磁真空转换阀电路、电源电路等组成。

空调放大器是夏利轿车空调系统电路的中心部件,它以日本电装(DENSO)公司的一片汽车空调专用集成电路 SE078 为核心,配以简单的外围电路组成,具有蒸发器出口侧冷气温度控制、发动机转速控制、怠速提升电磁真空转换阀控制等多重调节和控制功能,使得整个空调系统电路简单,控制精度高。空调放大器的内部电路原理框图如图 6-37 所示。

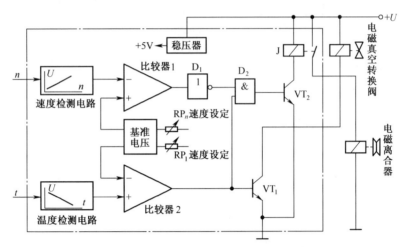

图 6-37 夏利轿车空调放大器的内部电路原理框图

(1) 发动机转速、蒸发器温度均高于设定值时,比较器 1 输出低电平,反相器 D_1 输出高电平;比较器 2 输出高电平,则三极管 VT_1 饱和导通,电磁真空转换阀通电,怠速提升装置工作,使发动机怠速转速升高。同时,与门 D_2 因输入端均为高电平,因此也输出高电平,故三极管 VT_2 饱和导通,继电器 J 通电,触点吸合,使电磁离合器电路接通,压缩机运转制冷。

(2) 蒸发器温度低于设定值,而发动机转速高于设定值时,比较器 2 输出低电平,三极管 VT_1 截止,电磁真空转换阀断电,使怠速提升装置停止工作。同时,也给与门 D_2 输入低电平而使与门 D_2 输出低电平,三极管 VT_2 也截止,继电器 J 断电,触点断开,电磁离合器断电使压缩机停止运转。尽管发动机转速高于设定值,比较器 1 输出低电平,反相器 D_1 也输出高电平,但压缩机不会工作。

(3) 蒸发器温度高于设定值,而发动机转速低于设定值时,比较器 2 输出高电平,使三极管 VT_1 导通,怠速提升装置工作,同时给与门 D_2 输入一高电平。而比较器 1 因发动机转速低于设定值而输出高电平,经 D_1 反相后变为低电平输入到与门 D_2,而使与门输出低电平,三极管 VT_2 截止,电磁离合器断电,压缩机不运转。

(4) 发动机转速和蒸发器温度均低于设定值时,比较器 2 输出低电平,VT_1 截止,怠速提升装置不工作,同时,给与门 D_2 输入低电平。而比较器 1 因发动机转速低于设定值而输出高电平,经 D_1 相后变为低电平输入到与门 D_2,故与门 D_2 输出低电平,使三极管 VT_2 截止,电磁离合器断电,压缩机不运转。

综上所述,压缩机电磁离合器的工作受发动机转速和蒸发器温度的双重控制,只有当两个条件同时满足时,压缩机才能运转制冷,否则压缩机无法运转制冷;而怠速提升装置则仅由蒸发器温度控制,只要蒸发器温度高于设定值,怠速提升装置便始终工作,以便为压缩机的接通提供足够的发动机转速。

6.8.4　数字集成电路的使用常识

(1) 必须在规定的电源电压范围内工作。TTL 类:5V[1±(5~10)%];CMOS 类:3~18V。

(2) 必须注意数字集成电路的工作温度。数字集成电路瞬时耐高温范围一般为 100~260℃,因此在数字集成电路焊接过程中,焊接时间应尽量短暂。

(3) 工作频率应选择适当。实际工作时信号频率的最高值应选取为数字集成电路最高工作频率的 1/2,才能保证数字集成电路可靠工作。

(4) 输入信号的电压幅度不可超过数字集成电路的工作电压范围。

(5) 输入信号的上升沿或下降沿的延迟时间不可太长。

(6) 用高速数字集成电路时,极易产生干扰而破坏电路正常的逻辑功能。因此,电路间连线不宜太长,元器件排列要合理,不允许有交叉的长引线和并行引线。

(7) 数字集成电路驱动负载的能力应大于总负载。在高频运用及其他高要求的场合还须考虑数字集成电路的抗干扰能力,即噪声容限。

(8) 同序号的 TTL 电路,虽品种不同,即速度和功耗有差别,但其逻辑功能相同。

(9) 一个 TTL 系统,完全可以用相应的 HCMOS 电路来代替,但若是其中部分电路用 HCMOS 电路来代替,则必须考虑电平配合问题。

(10) CMOS 电路的输入端就是 MOS 管的栅极,具有很高的输入阻抗(10^7~$10^8 \Omega$)和极小的输入电容(约 5pF),易因静电感应而造成栅极击穿。

因此使用时必须做到以下几方面。

① 设法降低其输入阻抗,屏蔽输入端,远距离信号线,不宜直接连到 CMOS 集成电路的输入端。

② 不要带电焊接、插入或取出集成电路,焊接工具的外壳应接地或断电操作。

③ 空闲的输入端切不可悬空,应接相应的逻辑电平,以不改变电路的逻辑功能和稳定可靠性为原则。

本 章 小 结

1. 数字电路是工作在数字信号下的电路,也称为逻辑电路。数字电路中输入信号是用高电平 1 和低电平 0 来表示。

2. 逻辑代数是研究数字电路的一种数学工具,要掌握其基本运算法则和常用公式。门电路是构成各种复杂电路的基本逻辑单元,掌握各种门电路的逻辑功能对于正确使用数字集成电路十分必要。本章主要介绍了与门、或门和非门三种基本电路以及复合逻辑门和目前应用最广泛的 TTL 集成门电路。对于由若干基本逻辑门组成的组合逻辑电路,可以根据逻辑图写出逻辑函数表达式并化简,列出逻辑状态表,分析逻辑功能。逻辑图、逻辑函数表达式、逻辑状态表三者之间可以相互转换。

3. 编码器和译码器是两种典型的组合逻辑电路,编码器将某种信号转换为二进制代码;译码器则将二进制代码的特定含义翻译出来,是编码器的逆过程。

4. 触发器是一种具有存储功能的逻辑单元,是时序逻辑电路的基本组成单元。所以时序逻辑电路的输出状态不仅取决于当时的输入状态,而且还和电路原来的状态有关,也就是时序逻辑电路具有记忆功能。在选择触发器电路时,不仅要知道它的逻辑功能,还必须知道它的电路结构类型,只有这样,才能把握其动作特点,作出正确的设计。

5. 寄存器分为数码寄存器和移位寄存器两类,数码寄存器速度快但必须有较多的输入、输出端,而移位寄存器速度慢但仅需要很少的输入、输出端。

6. 计数器分为加法和减法计数器,二进制和 n 进制计数器,同步与异步计数器。

7. 数/模转换器和模/数转换器往往是数字系统中不可缺少的组成部分,因此了解其原理和用途是很有意义的。

习　　题

1. 将下列十进制数转换成二进制:
　　(1) 7　　(2) 17　　(3) 21　　(4) 196　　(5) 235
2. 将下列十六进制数转换为二进制数和十进制数。
　　(1) 07H　　(2) 24H　　(3) 78H　　(4) 69H　　(5)85H
3. 化简下列函数
$$F=AB+BCD+AC+BC$$
4. 写出图 6-38 所示电路的逻辑表达式。

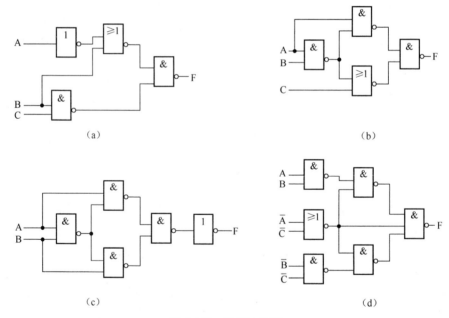

图 6-38　习题 4 的图

5. 试分析图 6-39 所示电路的逻辑功能。
6. 图 6-40 所示为由 JK 触发器构成的双相时钟电路,试画出输出端 A、B 的波形
7. 已知下降沿触发的主从型 JK 触发器,其输入端 J、K 的波形如图 6-41 所示,试画出触发器输入端 Q 的波形图。(设初态为 0)
8. 图 6-42 是由中规模集成电路构成的加法计数器,它们分别是几进制? 试分析其工

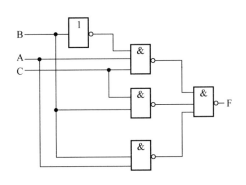

图 6-39 题 5 的图

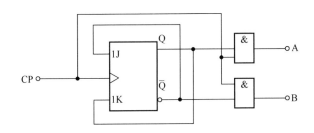

图 6-40 题 6 的图

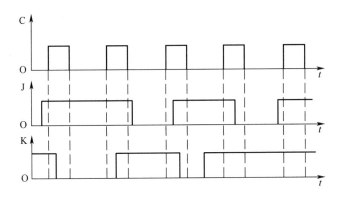

图 6-41 题 7 的图

作原理。

9. 试分析图 6-43 所示的数码寄存器电路的工作原理。

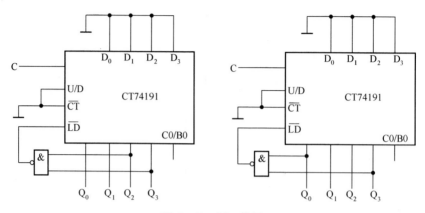

图 6-42 题 8 的图

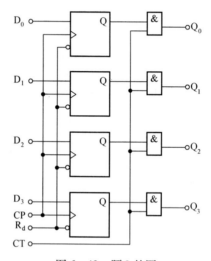

图 6-43 题 9 的图

第 7 章 汽车电子技术应用

学习目标:

了解汽车传感器的种类和功用;熟悉汽车传感器的原理;掌握汽车传感器的检测方法;了解汽车微型计算机控制系统的组成;熟悉汽车微型计算机控制系统各部分的功用;了解汽车微型计算机控制系统的基本原理。

7.1 汽车常用传感器介绍

汽车传感器是汽车电子控制系统的重要部件,广泛应用在汽车发动机、底盘和车身各个控制系统中。在这些系统中汽车传感器担负着信息的采集和传输功用。电子控制单元(ECU)对采集的信息进行处理后,向执行器发出指令,实现自动控制。

汽车传感器的分类:按工作原理可分为,电阻式、电容式、应变式、电感式、光电式、光敏式、压电式、热电式传感器等;按输出信号可分为,模拟式和数字式传感器;按其使用功能可分为,使驾驶员了解汽车各部分状态的传感器和用于控制汽车运行状态的传感器。汽车常用传感器的种类如表 7-1 所列;按输出信号的类型划分汽车常用传感器如表 7-2 所列。传感器输出的模拟信号先要通过 A/D 转换器转换成数字信号后再输入电子控制单元,而有的传感器输出的数字信号可直接输入电子控制单元。电子控制单元不断地检测各个传感器的信号,并根据传感器的信号对汽车进行控制。一旦检测出某个输入信号不正常,就可将错误的信号存入存储器内,需要时可以通过专用诊断仪或采取人工方法读取故障信息,然后根据故障信息内容进行维修。

表 7-1 汽车常用传感器的种类

类 型	检测量或检测对象
温度传感器	吸入空气、冷却液、发动机机油、自动变速器油、车内空气、车外空气等
压力传感器	大气压力、进气支管压力、机油压力、制动压力、变速器油压、轮胎压力等
转速传感器	曲轴转角、转向盘转角、发动机转速、车轮转速等
流量传感器	吸入空气量、燃料流量、废气再循环量等
位移方位传感器	节气门开度、废气再循环阀开度、车辆高度、行驶方位、GPS 定位等

(续)

类　　型	检测量或检测对象
液量传感器	燃油、冷却液、制动液、机油、蓄电池电解液等
气体浓度传感器	氧气浓度、柴油烟度、二氧化碳等
其他传感器	爆燃、湿度、日照、蓄电池电压、荷重、冲击等

表7-2　按输出信号的类型划分汽车常用传感器

输出模拟信号的传感器	输出数字信号的传感器
叶片式空气流量传感器	卡门涡旋式空气流量传感器
热丝式空气流量传感器	曲轴位置传感器
水温传感器	霍尔式传感器
压力传感器	光电式传感器
节气门位置传感器	笛簧开关式传感器
浮子可变电阻式液位传感器	报警电路的传感器

7.1.1　流量传感器

空气流量传感器（又称空气流量计），其作用是检测进入发动机气缸的空气量，并将检测结果转变成电信号输入到电子控制单元ECU，以供ECU计算喷油量和点火时间。

空气流量传感器可分为翼片式、卡门涡旋式、热线式和热膜式等几种。其中翼片式和卡门涡旋式测得的是吸入空气的体积。翼片式传感器仅在早期产品上应用，卡门涡旋式传感器在少数车型上应用。热线式和热膜式空气流量传感器直接测量吸入空气的质量，其精度高，应用方便。

1. 热线式空气流量传感器的结构、原理

热式空气流量传感器可分为热线式和热膜式，其结构和工作原理基本相同。安装在主进气道中的称为主流测量方式，若安装在旁通气道中则称为旁通测量方式的空气流量传感器。

热线式空气流量传感器的工作原理如图7-1所示。由安装在控制电路板上的精密电阻 R_A 和 R_B 与热线电阻 R_H 和温度补偿电阻 R_K 组成惠斯登电桥电路。

当没有空气流动时，电桥处于平衡状态，控制电路输出某一定值的加热电流给热线电阻 R_H。

当有空气流经热线电阻 R_H 时，热线的温度降低，电阻减小，使电桥失去平衡。要保持电桥平衡，就必须增加流经热线电阻 R_H 的电流（以恢复其温度和电阻值），则精密电阻 R_A 两端的电压也相应增加。控制电路将电阻两端的电压送给ECU，即可确定进气量。

控制电路的作用是保持电桥平衡，即保持热线电阻 R_H 与感应进气温度的温度补偿电阻 R_K 之间的温差不变。热线式空气流量传感器直接测量的是进入发动机的空气质量流量，不需进气传感器对测量值进行修正。

热线式空气流量传感器具有自洁功能，即发动机转速超过1500r/min、关闭点火开关使发动机熄火后，控制系统能自动将热线加热到1000℃以上并保持约1s，以便将附在热线上

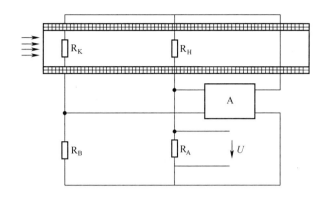

图 7-1 热线式空气流量传感器的工作原理

A—控制电路；R_H—热线电阻；R_K—温度补偿电阻；R_A—精密电阻；R_B—电桥电阻。

的灰尘烧掉，保证传感器的准确性。

2. 热膜式空气流量传感器的结构、原理

热膜式空气流量传感器和热线式空气流量传感器都属于质量流量型，其结构和原理与热线式空气流量传感器基本相同，如图 7-2 所示。不同之处在于热线式空气流量传感器采用铂丝制成的热线电阻，而热膜式空气流量传感器是用热膜代替热线，并将热膜镀在陶瓷片上，使用寿命长，成本低。

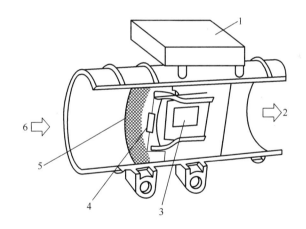

图 7-2 热膜式空气流量传感器

1—控制电路；2—至发动机；3—热膜；4—温度传感器；5—防护网；6—来自空气滤清器。

热线式和热膜式空气流量传感器的响应速度快，能在几毫秒内反映出空气流量的变化，所以它的测量精度不会受进气气流脉动的影响，发动机的起动性能和加速性能好。采用热线式空气流量传感器的汽车，如通用别克、日本日产千里马、瑞典沃尔沃等；而采用热膜式空气流量传感器的汽车，如桑塔纳 2000GSi、3000 型和帕萨特、马自达 626、捷达 GTX 型以及红旗 CA7220E 型等。

热线式空气流量传感器连接器有 5 端子和 6 端子两种。图 7-3 为日产千里马轿车 VGSOE 型发动机热线式空气流量传感器连接电路。

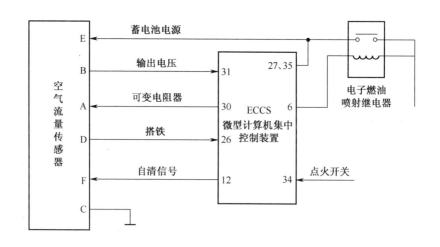

图7-3 热线式空气流量传感器连接电路

图7-3中热线式空气流量传感器各端子字母的含义如下。

E端子:蓄电池供电电压输入端,12V;

B端子:信号输出端,输出的信号提供给微电脑集中控制装置作为控制检测信号;

A端子:调整CO(一氧化碳)的可变电阻输出端子;

D端子:接地(即搭铁)端;

F端子:自清信号输入端。每当点火开关关闭后,控制电路通过F端子向传感器输入一个自清信号,使传感器内的热线电阻丝在5s内升温至1000℃左右并保持1s时间后停止,以便将残留在热线上的污垢烧掉,以保证传感器的准确性。

7.1.2 温度传感器

温度传感器广泛用于汽车发动机、自动变速器和空调等系统中。其功用是将被测对象的温度信号转变为电信号输入电控单元(ECU),以便ECU修正控制参数或判断检测对象的热负荷状态。例如,发动机冷却液温度传感器的功用是将发动机冷却液温度信号变换为电信号输入发动机ECU,以便ECU修正喷油时间和点火时间,使发动机处于最佳工作状态。

汽车上的温度传感器主要有绕线电阻式、热敏电阻式和热电偶3种。其中应用较多的是热敏电阻式。热敏电阻式传感器是利用半导体的电阻值随温度的变化而改变的特性制成的,灵敏度高、响应特性好。根据热敏电阻的特性不同,可分为负温度系数(NTC)热敏电阻、正温度系数(PTC)热敏电阻和临界温度热敏电阻(CTR)。电阻值随温度升高而减小的称为负温度系数热敏电阻;电阻值随温度升高而增大的称为正温度系数热敏电阻;有一类热敏电阻的电阻值以某一温度为界(称为临界温度),高于此温度时电阻值为某一数值,低于此温度时电阻值为另一数值,这类热敏电阻称为临界温度热敏电阻。

1. 冷却液温度传感器的结构和原理

热敏电阻式冷却液温度传感器一般安装在发动机缸体、缸盖的水套或节温器壳内,伸入水套中。与冷却液接触,用来检测发动机的冷却水温度。冷却液温度传感器内部是一个半导体热敏电阻,其外形和结构如图7-4(a)所示,主要由热敏电阻、金属引线、接线插座和壳体等组成。

热敏电阻是温度传感器的主要部件,其外形制成珍珠形、圆盘形(药片形)、垫圈形、梳状芯片形、厚膜形等,置于传感器的金属管壳内。在热敏电阻的两个端面各引出一个电极并连接到传感器插座上。

传感器壳体上制有螺纹,以便安装与拆卸接线。插座分为单端子式和两端子式两种。如传感器插座上只有一个接线端子,则壳体为传感器的一个电极。目前电控系统使用的温度传感器插座大多有两个接线端子,分别与 ECU 插座上的相应端子连接,以便可靠传递信号。汽车仪表一般采用单端子式温度传感器。

热敏电阻式冷却液温度传感器由 NTC(负温度系数)热敏电阻构成,NTC 热敏电阻具有与常规导体电阻截然相反的特性,这种传感器是利用热敏电阻的电阻值随温度的变化而变化这一特性来检测温度的。传感器的温度特性如图 7-4(b)所示。当温度较低时,传感器的电阻值很大;反之当温度升高时,其电阻值减小。在汽车上装有很多热敏电阻式温度传感器,常用于检测冷却液、机油的温度,其中用得最多的是水温表以及电喷发动机的水温传感器。

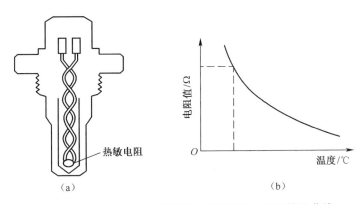

图 7-4 热敏电阻式冷却液温度传感器的外形和特性曲线

热敏电阻传感器与控制单元 ECU 的连接,如图 7-5 所示。热敏电阻值变化时,所得的分压值 THW 随之改变,冷却液温度越低,电阻值越大,THW 信号电压越高。根据该信号 ECU 对燃油喷射量进行修正,即增加燃油喷射量,以满足当冷却液温度低时需要较浓的可燃混合气的要求,改善发动机的冷机运转性能。

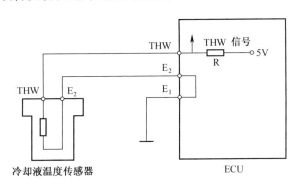

图 7-5 冷却液温度传感器与 ECU 的连接

表7-3为桑塔纳2000轿车冷却液温度传感器电阻值与温度间的关系。

表7-3 桑塔纳2000轿车冷却液温度传感器电阻值与温度关系

温度/℃	电阻值/Ω	温度/℃	电阻值/Ω
-20	14000~20000	50	720~1000
0	5000~6500	60	530~650
10	3300~4200	70	380~480
20	2200~2700	80	280~350
30	1400~1900	90	210~280
40	1000~1400	100	170~200

2. 进气温度传感器

进气温度传感器的作用是检测吸入发动机气缸空气的温度。进气温度传感器以及油温传感器的原理与冷却液温度传感器类似,检测元件也是采用的负温度系数热敏电阻。在L型电子控制燃油喷射装置上,该传感器安装在空气流量传感器内,而在D型电子控制燃油喷射装置上,安装于空气滤清器外壳上。

在电子控制燃油喷射装置上,进气温度传感器感受进气温度的变化,将进气温度信号输入到电子控制器ECU中,根据温度的变化状况,由ECU控制喷油量。当进气温度低时,热敏电阻阻值增大,传感器输入ECU的信号电压升高,ECU控制发动机增加喷油量,反之减小喷油量。进气温度传感器的检测方法与冷却液温度传感器类似。表7-4为两种常见品牌汽车进气温度传感器电阻值与温度之间的对应关系。

表7-4 汽车进气温度传感器电阻值与温度间的对应关系

车型	温度/℃	电阻值/Ω	车型	温度/℃	电阻值/Ω
丰田凌志LS400	-20	10000~20000	马自达929	-20	13600~18400
	20	2000~3000		20	2210~2690
	60	400~700		60	493~667

7.1.3 压力传感器

在汽车运行中,发动机的进气压力、燃油压力、润滑油压力、制动油液压力、变速器油液压力等都需要进行监测,以保证汽车正常行驶。

压力传感器的作用是检测对象(气体或液体)的压力变化情况并把检测结果转换成电信号输入给电控单元。大多数压力传感器检测压力的方法都是测定压差,检测原理都是将压力的变化转换为电阻值的变化。

根据压力传感器的作用可分为进气支管压力传感器、大气压力传感器、制动主缸压力传感器、空气滤清器真空开关和机油压力开关。

在汽车电控系统中,检测压力较低的进气支管压力和大气压力时,一般采用半导体压阻效应式传感器;检测压力较高的制动油液或变速传动油液时,一般采用电阻应变计式传感器。例如桑塔纳2000GLi、夏利2000、丰田佳美、本田雅阁轿车以及切诺基汽车等燃油喷射系统都采用了压阻效应式支管压力传感器。

单晶硅材料受到压应力作用后,其电阻率发生明显变化的现象,称为压阻效应。利用硅材料的压阻效应和微电子技术制成的压阻效应式传感器,由于灵敏度高、动态响应好、精度高等特点,在汽车发动机电子控制系统中应用广泛。

1. 进气支管压力传感器的功用

进气支管压力传感器的全称是进气支管绝对力传感器。它是一种间接测量发动机进气量的传感器,其功用是通过检测节气门至进气支管之间进气压力来检测发动机的负荷状况,并将压力信号转变为电信号输入发动机 ECU,以供 ECU 计算确定喷油时间(即喷油量)和点火时间。

2. 进气支管压力传感器的结构

压阻效应式进气支管压力传感器的内部结构如图 7-6 所示,主要由硅膜片(压力转换元件)、混合集成电路、真空管等组成。

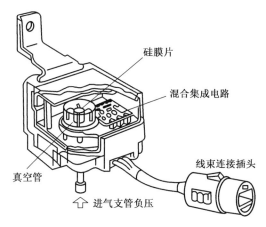

图 7-6 进气支管压力传感器的结构

在薄的单晶硅膜片表面上,制作 4 只梳状电阻值相等的半导体压敏电阻,通常称为固态压阻器件或固态电阻,如图 7-7(b)所示,并将 4 只电阻连接成惠斯顿电桥电路,然后再与传感器内部的信号放大电路和温度补偿电路等混合集成电路连接。

3. 压力传感器的工作原理

压阻效应式压力传感器的工作原理如图 7-8 所示,硅膜片一面通真空室,另一面导入进气支管压力。在支管压力作用下,硅膜片产生压应力,引起半导体压敏电阻的电阻值变化,惠斯顿电桥上电阻值的平衡就被打破。当电桥输入端输入一定的电压或电流时,在电桥的输出端就可得到变化的信号电压或电流,即可检测出进气支管压力的高低。

当发动机工作时,进气支管压力随进气流量的变化而变化。当节气门开度增大(即进气流量增大)时,空气流通截面增大,气流速度降低,进气支管压力升高,膜片压应力增大,压敏电阻的电阻值变化量增大,电桥输出的电压升高,经混合集成电路放大和处理后,传感器输入 ECU 的信号电压升高。反之,当节气门开度由大变小(即进气流量减小)时,进气流通截面减小,气流速度升高,进气支管压力降低,膜片应力减小,压敏电阻的电阻值变化量减小,电桥输出电压降低,则输入 ECU 的信号电压降低。实测进气支管压力传感器信号电压与支管压力的关系如表 7-5 所示。

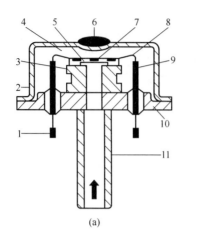 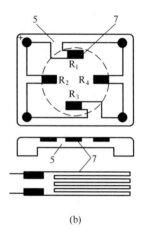

图7-7 进气支管压力传感器内部结构

(a)剖面图;(b)硅膜片结构。

1—引线端子;2—壳体;3—硅杯;4—真空室;5—硅膜片;6—锡焊封口;7—压敏电阻;8—电极;
9—电极引线;10—底座;11—真空管。

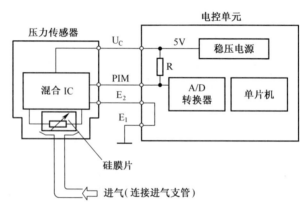

图7-8 进气支管压力传感器电路原理

表7-5 进气支管压力传感器信号电压与支管压力的关系

进气管压力 P/kPa	13	27	40	54	67
传感器信号电压 U_o/V	0.3~0.5	0.7~0.9	1.1~1.3	1.5~1.7	1.9~2.1

7.1.4 位置及速度传感器

汽车上使用的位置传感器有节气门位置传感器、凸轮轴位置传感器、曲轴位置传感器、液位传感器和车辆高度传感器等。速度传感器有发动机转速传感器和车速传感器等。

节气门位置传感器的作用是将节气门打开的角度转换成电压信号送到ECU,以便在节气门不同开度状态时控制喷油量。

曲轴位置传感器是发动机集中控制系统中最主要的传感器,其功用是采集发动机曲轴转速与转角信号并输入ECU,以便计算确定并控制喷油提前角与点火提前角。它是控制发动机点火正时、确认曲轴位置、测量发动机转速的信号源。

凸轮轴位置传感器的功用是采集配气凸轮轴的位置信号并输入 ECU,以便确定活塞处于压缩(或排气)行程上止点的位置。

液位传感器的作用是检测燃油箱油量和制动液、冷却液液位等。

车辆高度传感器用来将车身高度的变化转变成电信号输入电子控制单元,ECU 根据高度变化信号控制执行元件,调节车身高度。

车速传感器用来测量汽车的行驶速度。

1. 节气门位置传感器

1) 作用

发动机工况(如起动、怠速、加速、减速、小负荷和大负荷等)不同,对可燃混合气浓度的要求也不一样。节气门位置传感器的作用是将节气门开度(即发动机负荷)大小转变为电信号输入给发动机 ECU,以确定空燃比的大小。在装备电子控制自动变速器的汽车上,节气门位置传感器信号还要输入给变速器电控单元,作为确定变速器换挡时机和变矩器锁止时机的主要信号。

2) 分类

节气门位置传感器安装在节气门体上节气门轴的一端。按结构不同,可分为触点式、可变电阻式、触点与可变电阻组合式等;按输出信号的类型不同,可分为线性(量)输出型和开关(量)输出型两种。

3) 组合式节气门位置传感器的结构与特性

(1) 组合式节气门位置传感器的结构。丰田轿车用组合式节气门位置传感器的基本结构与电路原理,如图 7-9 所示,主要由可变电阻滑动触点、节气门轴、怠速触点和壳体组成。可变电阻为镀膜电阻,制作在传感器底板上,可变电阻的滑臂随节气门轴一同转动,滑臂与输出端子 VTA 连接。

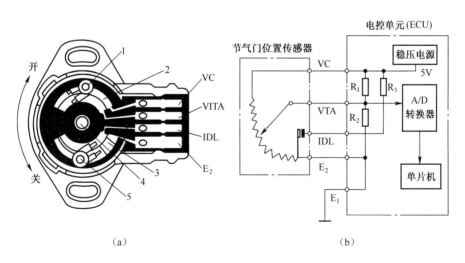

图 7-9 组合式节气门位置传感器的结构原理
(a)内部结构;(b)节气门位置传感器与 ECU 的连接。
1—可变电阻滑动触点;2—电源触点;3—绝缘部件;4—节气门轴;5—怠速触点。

(2) 组合式节气门位置传感器的输出特性。组合式节气门位置传感器的输出特性如图 7-10 所示。当节气门关闭或开度小于 1.2℃;急速触点闭合,其输出端 IDL 输出低电平(0V),如图 7-10(a)所示;当节气门开度大于 1.2℃;急速触点断开,输出端 IDL 输出高电平(5V)。当节气门开度变化时,可变电阻的滑臂便随节气门轴转动,滑臂上的触点便在镀膜电阻上滑动,传感器的输出端子 VTA 与 E_2 之间的电压随之发生变化,如图 7-10(b)所示,节气门开度越大,输出电压越高。传感器输出的线性信号经过 A/D 转换器转换成数字信号再输入 ECU。

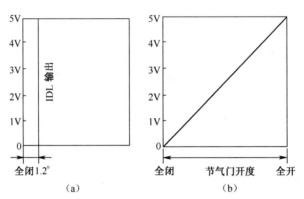

图 7-10 组合式节气门位置传感器输出特性
(a)急速触点输出信号;(b)滑动触点输出信号。

2. 曲轴与凸轮轴位置传感器

按曲轴位置传感器产生信号的原理可分为磁感应式、光电式和霍耳式 3 类。按安装部位不同有曲轴前端、凸轮轴前端、飞轮上或分电器内等。

1) 磁感应式曲轴与凸轮轴位置传感器的结构、原理

磁感应式传感器主要由信号转子、传感线圈、永久磁铁和磁轭组成,工作原理如图 7-11 所示。

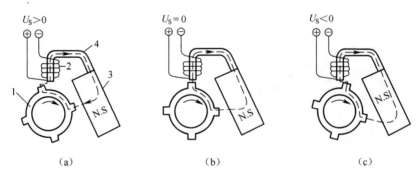

图 7-11 磁感应式传感器工作原理
(a)接近;(b)对正;(c)离开。
1—信号转子;2—传感线圈;3—永久磁铁;4—磁轭。

磁感线穿过的路径为:永久磁铁 N 极→定子与转子间的气隙→转子凸齿→信号转子→转子凸齿与定子磁头间的气隙→磁头→磁轭→永久磁铁 S 极。当信号转子旋转时,磁路中的气隙就会周期性地发生变化,磁路的磁阻和穿过信号线圈磁头的磁通量随之发生周期性

的变化。根据电磁感应原理,传感线圈中就会产生感应交变电动势。

信号转子每转过一个凸齿,传感线圈中产生一个周期的交变电动势,即电动势出现一次最大值和一次最小值,传感线圈也就相应地输出一个交变电压信号。

当发动机转速变化时,转子凸齿转动的速度将发生变化,铁心中的磁通变化率也将随之发生变化。转速越高,磁通变化率就越大,传感线圈中的感应电动势也就越高。

转子凸齿与磁头间的气隙直接影响磁路的磁阻和传感线圈输出电压的高低。因此在使用中,转子凸齿与磁头间的气隙不能随意变动。气隙如有变化,必须按规定进行调整,气隙大小一般为 0.2~0.4mm。

2) 光电式曲轴位置传感器的结构、原理

光电式曲轴位置传感器由信号发生器和带光孔的信号盘组成。信号发生器固定安装在固定底座板上,由两只发光二极管、两只光敏晶体管和整形(控制)电路组成,如图 7-12 所示。两只发光二极管分别对着相应的两只光敏晶体管,发光二极管以光敏晶体管为照射目标。信号盘固定在凸轮轴(或分电器轴)上,与凸轮轴(分电器轴)一起转动。信号盘边缘分别刻有 360 条缝隙(光孔),用来产生 1°的转角信号,在遮光盘边缘稍靠内侧分布着 6 个间隔 60°的光孔(六缸发动机),用来产生曲轴位置信号,其中较宽的光孔用作判断第一缸活塞上止点的位置,信号盘位于发光二极管与光敏晶体管之间。当信号盘随凸轮轴(或分电器轴)转动时,信号盘上的光孔发生透光与遮光的交替变化,使两只光敏晶体管交替产生与消除电动势,从而产生脉冲电压信号。凸轮轴每转一周(分电器轴转半周),由 360 个光孔所控制的电路将输出 360 个脉冲信号。每个脉冲信号对应于凸轮轴 1°的转角(曲轴 2°转角),此信号即为向 ECU 输入的转速和转角信号。

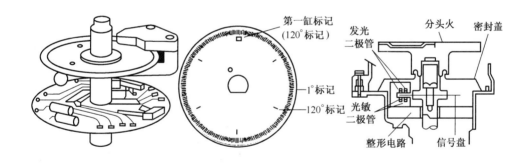

图 7-12 光电式曲轴位置传感器

3) 霍耳效应式曲轴位置传感器的结构、原理

霍耳效应式曲轴位置传感器一般安装在分电器内,它有 4 个电接头,2 个电源输入端,2 个霍耳电压输出端,霍耳元件的对面装有一个永久磁体,它和霍耳元件之间留有一定的气隙。转子上有和汽缸数目相同的叶片,叶轮以其缺口对着霍耳元件时,磁场通过霍耳元件,这时传感器输出霍耳电压,当叶片转入磁极和霍耳元件之间的气隙时,磁感线被隔断,使霍耳电压下降为 0。霍耳电压变化的时刻反映了曲轴的位置,单位时间内霍耳电压变化的次数可反映发动机的转速,为 ECU 提供计算曲轴转角和发动机转速所需的信息,如图 7-13 所示。

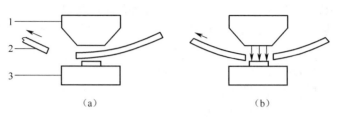

图 7-13 霍耳效应式曲轴位置传感器的结构
1—永久磁铁；2—叶轮的叶片；3—霍耳元件。

7.1.5 氧传感器

1. 氧传感器的功用

氧传感器又称为氧量传感器，是排气氧传感器的简称，其功用是通过监测排气中氧离子的含量来获得可燃混合气的空燃比信号，并将空燃比信号转变为电信号输入发动机 ECU。ECU 根据氧传感器信号对喷油时间进行修正，实现空燃比反馈控制（闭环控制），从而将过量空气系数 a 控制在 0.98~1.02 之间（空燃比 A/F 约为 14.7），使发动机得到最佳浓度的可燃混合气，以达到降低有害气体的排放量和节约燃油的目的。

汽车发动机燃油喷射系统采用的氧传感器分为氧化锆（ZrO_2）式和氧化钛（TiO_2）式两种类型，在这里只介绍氧化锆式氧传感器。

2. 氧化锆式氧传感器的结构和原理

氧化锆式氧传感器主要由壳体、陶瓷电解质和弹簧等组成，如图 7-14 所示。电解质由二氧化锆制成，在一定温度范围内对氧气非常敏感（二氧化锆：500~600℃）。在电解质的两面上分别涂有白金（铂）从而形成两电极，整个传感器处在排气管废气流中，电解质外表面与排放废气接触，而内部则通入大气。保护壳的作用是防止电解质受到机械损伤。

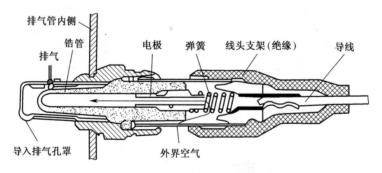

图 7-14 氧化锆式氧传感器的结构

当温度较高时，氧气发生电离，若在陶瓷体内（大气）外（废气）侧的氧气浓度不同，就会在两个铂电极表面产生电压。含氧量高的一侧为高电位。当可燃混合气稀时，排气中含氧量多，两侧的浓度小，只产生较小的电压；则当可燃混合气浓时，产生的电压高，根据所测得的电压值就可测量氧传感器外表面的氧气含量，ECU 根据氧传感器输入的电压信号分析燃烧状况，及时修正喷油量，以便使空燃比处于理想状态。氧传感器的电压输出特性，如图 7-15 所示。

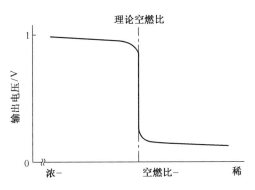

图 7－15 氧传感器的电压输出特性

7.1.6 爆燃传感器

爆燃传感器是汽车发动机点火提前角闭环控制（防爆燃控制）系统必不可少的传感器。ECU 根据爆燃传感器输出的信号来判断发动机是否发生爆燃，从而对点火提前角进行修正。

发动机爆燃是指汽缸内的可燃混合气异常燃烧导致压力急剧上升，而引起汽缸体振动的现象。爆燃不仅会导致发动机输出功率降低，还可能导致发动机损坏。

目前汽车广泛采用检测发动机汽缸体振动频率来检测爆燃。发动机爆燃产生的压力冲击波频率一般为 6~9kHz。因此，通常是将爆燃传感器安装在发动机汽缸体侧面来检测汽缸体的振动频率。

1. 爆燃传感器的分类

爆燃传感器按检测方式的不同，可分为共振型与非共振型两种；按结构不同，可分为压电式和磁致伸缩式两种。

2. 压电式爆燃传感器结构和原理

1）非共振型压电式爆燃传感器的结构

如图 7－16 所示，由套筒底座、压电元件、惯性配重、塑料壳体和接线插座等组成。

压电元件是爆燃传感器的主要部件，制成垫圈形状，在其两个侧面上安放有金属垫圈作为电极，用导线引到接线插座上。惯性配重与压电元件以及压电元件与传感器套筒之间安放有绝缘垫圈，套筒中心有螺孔，传感器用螺栓固定在发动机汽缸体上，传感器输出的信号电压通立调整螺栓的拧紧力矩进行调整。传感器的输出特性出厂时已经调好，使用中不得随意调整，传感器插座上有 3 根引线，1 根为屏蔽线，2 根为信号线。

2）非共振型压电式爆燃传感器的工作原理

压电效应是指某些物质的晶体（如石英、食盐、糖等）薄片受到压力或机械振动而产生电荷的现象。当晶体受到外力作用时，在晶体的某两个表面上就会产生电荷（输出电压）；当外力去掉后，晶体又恢复到不带电状态。晶体受力产生的电荷量与外力大小成正比。

当发动机汽缸体产生振动时，传感器套筒底座及惯性配重随之产生振动，套筒底座和配重的振动作用在压电元件上，则在压电元件的信号输出端就会输出与振动频率和振动强度有关的交变电压信号，如图 7－17 所示。试验证明发动机爆燃频率在 6~9kHz 之间时振动强度较大，信号电压较高。发动机转速越高，信号电压幅值就越大。发动机爆燃是在活塞运行到压缩上止点前后产生的,此时汽缸体振动强度最大,所以爆燃传感器在活塞运行到压缩上止点前后产生的输出电压较高。

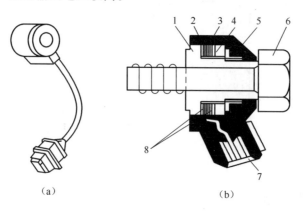

图7-16 压电式爆燃传感器的结构
(a)传感器外形;(b)内部结构。
1—套筒底座;2—绝缘垫圈;3—压电元件;4—惯性配重;5—塑料壳体;6—固定螺栓;7—接线插座;8—电极。

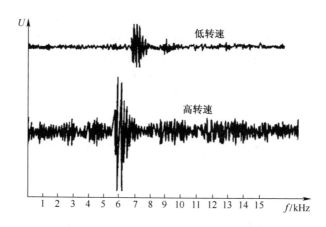

图7-17 不同转速时压电式非共振型爆燃传感器的输出波形

3)共振型压电式爆燃传感器

共振型压电式爆燃传感器的结构,如图7-18所示。传感器的压电元件紧密地贴合在振荡片上,振荡片固定在传感器的基座上。振荡片及压电元件随发动机的振动而振荡,使其变形产生电压信号。当发动机爆燃时的振动频率与振荡片的固有频率相同时,振荡片就会产生共振。此时,压电元件将产生的电压信号最大,如图7-19所示。该爆燃传感器在发动机爆燃时输出的电压比较高,因此不需使用滤波器即可判别有无爆燃产生。

3. 磁致伸缩式爆燃传感器

1)磁致伸缩式爆燃传感器的结构

磁致伸缩式爆燃传感器为共振型爆燃传感器,其结构如图7-20所示,主要由感应线圈、伸缩杆、永久磁铁和壳体组成。伸缩杆一端置有永久磁铁,另一端安放在弹性元件上。感应线圈绕在伸缩杆的周围,线圈的两端引出电极与控制线路连接。

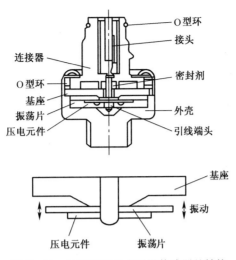

图 7-18 共振型压电式爆燃传感器的结构

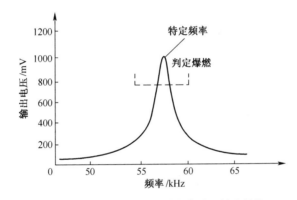

图 7-19 共振型压电式爆燃传感器输出特性

2) 磁致伸缩式爆燃传感器的工作原理

当发动机汽缸体产生振动时,传感器的伸缩杆将随之产生振动,引起磁感线圈中的磁通量发生变化。根据电磁感应原理,线圈中就会产生感应交变电动势,即传感器就有信号电压输出,输出电压的高低取决于发动机的振动强度和振动频率。当发动机汽缸体振动频率达到 6~9kHz 时,传感器产生共振,振动强度最大,线圈中产生的电压最高,如图 7-21 所示。

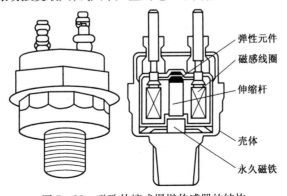

图 7-20 磁致伸缩式爆燃传感器的结构

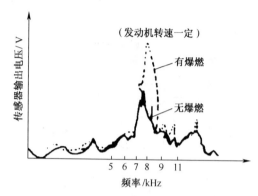

图 7-21 共振型爆燃传感器信号波形

7.1.7 碰撞传感器

在汽车安全气囊系统中的传感器分为两种:碰撞传感器(碰撞信号传感器)和安全传感器(碰撞防护传感器)。

碰撞传感器是安全气囊系统中重要的信号输入装置,其作用是在汽车发生碰撞时,检测汽车碰撞强度的信号,并将信号输入给安全气囊 ECU,安全气囊 ECU 根据碰撞传感器传送的信号来判断是否引爆气体发生器使气囊充气。安装在汽车前部(左前、右前翼子板内侧,两侧前照灯支架下面,发动机散热器支架左、右两侧等)的碰撞传感器,其作用是控制气囊点火器搭铁回路,安装在安全气囊 ECU 内部的碰撞传感器(防护传感器)也称中央传感器,其作用是控制气囊点火器电源电路。

碰撞传感器相当于一个控制开关,其工作状态取决于汽车碰撞时减速度的大小。碰撞传感器按结构可分为机电结合式、电子式和水银开关式三种。

机电结合式碰撞传感器是利用机械运动来控制传感器中常开触点的动作,通过触点的开闭来控制气体发生器电路的通断。常用的有滚球式、偏心锤式和滚轴式三种,其基本原理相似,都是利用惯性力来控制输出信号的。

1. 滚球式碰撞传感器

滚球式传感器工作原理,如图 7-22 所示,当传感器处于静止状态时,在永久磁铁磁吸力的作用下,导缸内的滚球被吸向磁铁,两个触点与滚球分离,使传感器电路处于断开状态,如图 7-22(a)所示。当汽车发生碰撞且减速度达到设定的值时,滚球所产生的惯性力大于永久磁铁的吸引力,滚球在惯性力的作用下克服磁力沿导缸向两个固定触点移动,将两个固定触点接通,即传感器电路接通,如图 7-22(b)所示。碰撞信号传送给安全气囊 ECU。安全气囊 ECU 收到碰撞传感器输入的导通信号,引爆气体发生器,使安全气囊充气。

安装传感器时,箭头方向要符合该车型使用说明书的规定。

2. 电子式碰撞传感器

位于安全气囊 ECU 内的碰撞传感器通常采用电子式传感器(压电效应式传感器)。该传感器是利用压电效应制成的,所用的压电晶体通常用石英或陶瓷制成。当汽车发生碰撞时,传感器内的压电晶体在碰撞产生的压力作用下发生变形,引起输出电压的变化。当汽车的速度越大,碰撞后产生的减速度越大,传感器输出的电压就越大。安全气囊 ECU 根据

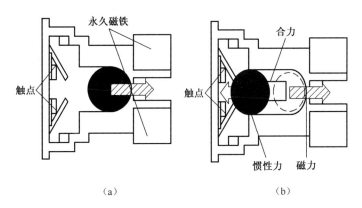

图 7-22 滚球式碰撞传感器
(a)静止状态；(b)工作状态

碰撞信号的强弱判断碰撞的强度,如果电压信号超过设定值,安全气囊 ECU 便会立即发出点火指令,接通点火电路(碰撞传感器的触点也同时闭合),气体发生器电路接通,安全气囊引爆,达到保护驾驶人和乘员的目的。

3. 水银开关式碰撞传感器

水银开关式碰撞传感器利用水银导电良好的特性制成,一般用作防护传感器(安全传感器)。常用的水银开关式安全传感器,如图 7-23 所示。

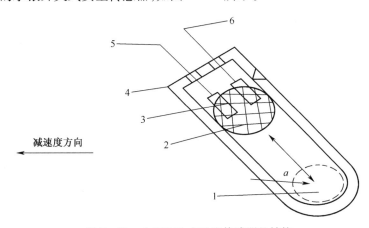

图 7-23 水银开关式碰撞传感器的结构
1—水银(正常位置);2—水银(碰撞时位置);3—触点;4—外壳;5—接电源;6—接点火器。

水银开关式碰撞传感器的原理是,当传感器处于非碰撞状态时,水银在其重力作用下,传感器的两个电极处于断开状态,点火电路断开。当汽车发生碰撞且减速度达到设定值时,水银的惯性力在其运动方向上的分方向将水银抛向传感器电极,使两个电极接通,即接通了安全气囊点火器电路的电源。

7.2 汽车微型计算机控制系统组成和原理

汽车微型计算机控制系统一般由感测控制信号的传感器、以计算机为核心的电控单元和实现控制意图的执行器三部分组成。图7-24所示是发动机微型计算机控制系统框图。

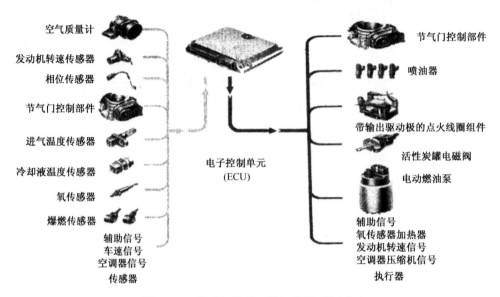

图7-24　发动机微型计算机控制系统框图

汽车在运行时,各传感器不断检测汽车运行的工况信息,并将这些信息实时地通过输入接口传送到ECU,ECU接收到这些信息后,根据内部预先存储的数据和编写好的控制程序,通过数学计算和逻辑判断,进行相应的决策和处理。例如发动机ECU就可确定出适应发动机工况的点火提前角、喷油时间等参数,并将这些数据转变为电信号,通过输出接口输出控制信号给相应的执行器,执行器接收到控制信号后执行相应的动作,实现某种预定的功能。

7.2.1　传感器

传感器是一种信号转换装置,它可以将非电信号转换成电信号。汽车传感器布置在汽车的不同位置,主要作用是向微型计算机控制系统提供汽车运行的各种工况信息。如发动机转速信息、节气门开度信息、冷却液温度信息等。为完成不同的功能,汽车上设置有不同功能的传感器即使相同功能的传感器在不同车上也有不同的结构形式。每个传感器一般分属于某个控制系统,如分属于发动机控制系统或底盘控制系统,但有的传感器可能被两个或多个系统共用。虽然汽车传感器的种类和结构形式很多,但传感器向汽车微电子控制单元(ECU)提供的电信号主要有两种:模拟信号和数字信号。

7.2.2　汽车电子控制单元(ECU)

电子控制单元是微型计算机控制系统的中枢,是微型计算机控制系统中的信息处理部分,它通过处理、分析和计算输入信息形成控制指令,并将控制指令传给执行器。

汽车电控系统的控制装置称为电子控制单元(Electronic Control Unit,ECU),是一种电子综合控制装置。在汽车电控系统中,由于使用了ECU,信号处理的速度和存储信息的容量都大大提高,可以实现多功能的高精度集中控制。比如发动机ECU不仅用来进行燃油喷射控制,同时还用来进行点火控制、怠速控制、排放控制、进气控制、增压控制、故障自诊断、失效保护及备用系统启用等;而自动变速器 ECU 不仅用来进行变速器换挡控制,还可用来进行主油路油压控制、自动模式控制、锁止离合器控制、发动机制动控制、改善换挡质量的控制、输入轴转速传感器的控制、故障自诊断及失效保护等。

1. ECU 的作用

(1) 接收传感器或其他装置的输入信号,并将输入信号处理成电脑能够处理的信号,如模拟信号转换成数字信号。

(2) 给传感器提供参考电压:如 5V 或 12V。

(3) 存储、计算、分析处理信息:存储运行信息和故障信息,分析输入信息并进行相应的计算处理。

(4) 输出执行命令,把弱信号变为强信号的执行命令。

(5) 输出故障信息。

(6) 完成多种控制功能。如在发动机控制系统中,ECU 可完成点火控制、燃油喷射控制、怠速控制、排放控制、进气控制,增压控制等多种功能。

ECU 可分为硬件和软件两部分,硬件部分是构成 ECU 的物理器件,而软件部分是实现 ECU 控制功能的指令和数据系统。

2. ECU 的组成

ECU 主要由输入电路、A/D(模/数)转换器、微型计算机和输出电路 4 部分组成,如图 7-25 所示。

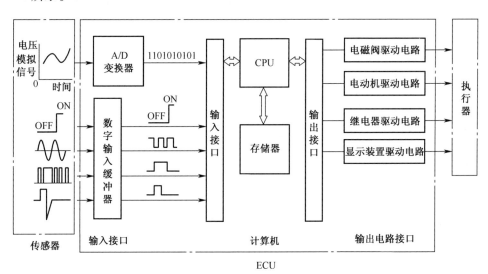

图 7-25 ECU 组成框图

1) 输入电路

输入电路的主要功能是对传感器输入信号进行预处理,使输入信号变成微处理器可以接受的信号。因为输入信号有两类,模拟信号和数字信号,所以分别由相应的输入电路对之进行处理。

2) A/D 转换器

A/D 转换器的功用是将模拟信号转变为数字信号,如空气流量传感器、水温传感器、进气温度传感器、线性输出式节气门位置传感器等向 ECU 输出的是模拟信号(即连续变化的信号)。它们经输入电路处理后,都已变成具有一定幅值的模拟电压信号,但微型计算机不能直接处理它,还须用 A/D 转换器转换成数字信号。

3) 微型计算机

微型计算机包括 CPU、存储器、输入输出接口(I/O 接口)、总线等。信号通过输入接口进入 CPU,经过数据处理后,把运算结果送至输出接口,使执行器工作。

(1) CPU。CPU 是电控单元的控制核心,是运算器与控制器的总称。将运算器和控制器集成在一块芯片上,称为中央处理单元(Central Processing Unit,CPU)。

CPU 的功用是读出命令并执行数据处理任务,通过接口向系统的各个受控部分发出指令,同时又可对整个控制系统所需的参数进行检测、运算与逻辑判断、数据处理。

(2) 存储器。存储器是记忆元件。微型计算机要根据已编写的指令程序,对数据和信息自动快速地进行运算和处理,就必须把指令、数据以及计算的中间结果存放在计算机的内部,存储器就是微型计算机中存储计算程序、原始数据以及中间结果的设备。

存储器一般由只读存储器(ROM)和随机存储器(RAM)组成。

ROM 是只能读出的专用存储器,它用来存储由制造厂家编写的 CPU 的运行程序。ROM 存储的内容是永久性的,即使切断电源,其存储的内容也不会丢失,因此 ROM 适用于存储固定程序和数据,如电控燃油喷射系统中的一系列控制程序等。

RAM 的主要功能是存储微型计算机操作时的数据,如微型计算机的输入、输出数据和计算机中产生的中间数据等,并可根据需要随时能调出或改写其中的数据。因此当电源切断时,所有存入 RAM 的数据会完全消失。为了能较长期地保存某些数据,如故障码等,以防止点火开关关断时因电源被切断而造成数据的丢失,RAM 一般都通过专用的电源后备电路与蓄电池直接连接。这样可以使它不受点火开关的控制,只有当专用电源后备电路断开或蓄电池的电源线被拔掉时,存入 RAM 的数据才会消失。

(3) 输入输出(I/O)接口。为使输入与输出设备同计算机相连接起来,通常每个设备都需要有一个专门的硬件电路,即 I/O 接口电路。输入/输出(I/O)接口是 CPU 与输入装置(传感器)、输出装置(执行器)之间进行信息交换的控制电路。

I/O 接口的主要作用如下。

① 地址译码:为外部设备号译码,按计算机送出的地址找到指定的外部设备。

② 数据缓冲与锁止:使 I/O 设备与 CPU 在数据传送速度上相匹配。由于计算机外部设备处理数据的速度不同,为使计算机与外部设备之间的数据交换相同步,就必须先把数据送入缓冲寄存器锁存起来,然后外部设备再从缓冲器中取出数据。

(4) 总线。总线就是一束传递信息的内部连线。在微型计算机中,中央处理器、存储器与 I/O 接口是由总线连接起来的,它们之间的信息交换均要通过总线进行。总线按传递信息的类别分为数据总线、控制总线和地址总线 3 种,如图 7-26 所示。

总线利用数据、地址与控制信号对计算机系统中的各部分进行控制与操作。

(5) 时钟脉冲发生器。计算机的工作过程就是执行程序的过程,而程序由若干指令组成,每条指令的执行都要经过取出指令、指令译码和执行指令 3 个阶段。所以 CPU 在执行指令时,各种操作要在时钟的控制下,按顺序、按时进行。

CPU 一切操作所需的定时信号,都是由时钟脉冲发生器提供的。时钟脉冲发生器有一

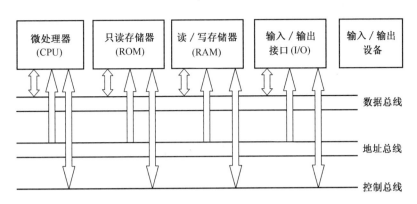

图 7-26 微机系统结构

个频率稳定的晶体振荡电路。一旦计算机系统通电,时钟脉冲发生器就立即产生具有一定频率与宽度的脉冲,送给 CPU,以便对计算机的工作过程进行随时控制。由时钟脉冲发生器产生固定频率的节拍脉冲,就是计算机各操作的最小时间单位。系统中各部分元件都按照统一的节拍操作,以保证在同一时间内完成各个相应的操作。

4)输出电路

输出电路是微型计算机与执行器之间建立联系的一个装置。它的功能是将微型计算机发出的指令信号转变成控制信号,以驱动执行器工作。

微型计算机输出的指令信号是低电压、小电流的数字信号,不能直接驱动执行器工作,所以需要输出电路将该信号转换成可以驱动执行器工作的控制信号(如喷油控制信号、电动汽油泵控制信号、点火控制信号等)。在输出电路中,一般采用大功率三极管控制执行器的动作,三极管的导通和截止由微型计算机输出的信号控制。

汽车上使用的微型计算机为单片计算机(简称单片机)。常用的单片机有 51 系列和摩托罗拉公司 MC68 系列产品等。

5)汽车微型计算机电源电路

汽车微型计算机的电源电路通常有两路,一路来自由点火开关控制的微型计算机主继电器,它是微型计算机的主电路。打开点火开关后,微型计算机主继电器触点闭合,电源进入微型计算机,使微型计算机进入工作状态;关闭点火开关后,微型计算机主继电器触点断开,微型计算机的工作电源被切断,微型计算机停止工作。另一路直接来自蓄电池(称为微型计算机备用电源电路),它是微型计算机记忆部分的电源。在点火开关关闭、发动机熄火后,该电路仍保持蓄电池电压,使微型计算机的故障自诊断电路所测得的故障码及其他有关数据长期保存在微型计算机的存储器内,为故障检修提供依据。

3. 执行器

执行器是控制系统的输出部分,是一些能实现电控单元的控制指令所要求动作的装置,如电磁阀、继电器和电动机等。

在汽车计算机控制系统中,执行器按照 ECU 的指令,通过改变位置或状态,使被控制对象发生预期的变化。

1)电磁阀

电磁阀是一种由电磁铁控制的液压阀,根据电磁阀的工作特性可以将其分为通断型和连续型两类。

(1) 通断型电磁阀。通断型电磁阀在电磁线圈通过的电流发生通断变化时,液压阀的通断状态将会改变,通断型电磁阀在汽车计算机控制系统中的应用非常广泛,如发动机控制系统中的喷油器和防抱死制动控制系统中的调压电磁阀等。

(2) 连续型电磁阀。连续型电磁阀又称脉冲线性式电磁阀。脉冲线性式电磁阀的结构由磁化线圈、衔铁、阀心或滑阀等组成。它通常用来控制油路中的油压。

2) 回转电磁阀

回转电磁阀(转矩马达)可以产生回转运动。它有两个电磁线圈,当两个电磁线圈交替通电时,转子受到方向交替变化的电磁力作用,使转子能够在一定角度范围内进行回转运动。这种电磁铁具有转矩小、响应速度快的特点,非常适合作为汽车计算机控制系统的执行器使用。

3) 继电器

继电器是汽车微型计算机控制系统的重要组成部分,是非常适合于进行远程控制和以小电流的控制信号对大电流进行控制的装置。

4) 电动机

电动机是利用电磁作用原理进行工作的,与电磁阀不同的是:在电磁阀中衔铁进行的是直线运动,在电动机中电枢进行的是旋转运动。在汽车微型计算机控制系统中,直流电动机和步进电动机是使用最为普遍的执行器。

步进电动机是一种将电脉冲信号转换成相应的角位移或线位移的执行器,可以直接实现数字控制,并且不需要反馈就能对位置或速度进行控制,因此在汽车微型计算机控制系统中被广泛地作为执行器使用。

在步进电动机中,永磁转子周围有多个磁场绕组,各磁场绕组中的电流可以进行通断控制,使转子能够以很小的步距转动。步进电动机的工作原理可以看作是多个直流电磁铁的组合,当不同的磁场绕组通电时,转子将处于相应的不同位置,如果使各磁场绕组以一定顺序交替通电,转子就会连续转动。

本 章 小 结

1. 传感器是能感受被测物理量,并按照一定的规律将其转换成可用输出信号的器件或装置。传感器通常由敏感元件、转换元件和转换电路三部分组成。传感器一般采用两种方法分类,分别为按传感器的工作原理分类和按被测物理量分类。

2. 进气压力传感器的作用是将进气管道中的气体压力转换成电信号,并送给电子控制装置,再由电子控制装置控制电动喷油器喷油时间的长短。常用的进气压力传感器有电感式、差动变压器式和电容式。

3. 温度传感器将温度变化转换成其他物理量的变化后进行测量。现代汽车发动机、自动变速器和空调等系统均使用温度传感器,它们用于测量发动机的冷却液温度、进气温度、自动变速器油温度和空调系统环境温度等。汽车上常用的温度传感器主要有绕组式、热敏电阻式和热电偶。

4. 空气流量传感器是用来直接或间接检测进入发动机气缸空气量大小,并将检测结果转变为电信号输入 ECU,目前常见的空气流量传感器有翼片式、卡曼漩涡式和热膜式。

5. 压电式爆燃传感器是利用压电元件的压电效应进行工作的,在每缸火花塞的垫圈部位各装上一个压电元件,根据燃烧压力直接检测爆燃信息,并将压力转换为电信号输入 ECU,进行计算后控制点火时刻。

6. 计算机控制系统有两类:一类是通用计算机控制系统,适用于高速、大量的数值计算,系统配置多,体积大;一类是以微型计算机为主的嵌入式计算机控制系统,具有微型、嵌入和专用的特点,现代汽车控制系统均采用该控制系统。

习　　题

1. 什么是传感器？传感器的分类方法有哪些？
2. 简述电感式进气压力传感器的工作原理。
3. 热敏电阻与金属膜电阻相比有什么特点？
4. 传感器输出信号的特点有哪些？

附录 技能训练

技能训练一　汽车专用万用表的使用

一、实训目的

(1) 了解汽车专用万用表的作用及测量原理。

(2) 学会使用汽车专用万用表。

二、实训器材

(1) 汽车专用万用表。

(2) 直流稳压电源。

三、实训原理

在发动机电控系统故障的检测与诊断中,除经常需要检测电压、电阻和电流等参数外,还需要检测转速、闭合角、频宽比(占空比)、频率、压力、时间、电容、电感、温度、半导体元件等。这些参数对于发动机电控系统的故障检测与诊断具有重要意义。但是这些参数用一般数字式万用表无法检测,需用专用仪表,即汽车万用表。

1. 汽车万用表的基本结构

如图1所示,汽车万用表主要由数字及模拟量显示屏、功能按钮、测试项目选择开关、温度测量座孔、公用座孔(用于测量电压、电阻、频率、闭合角、频宽比和转速等)、搭铁座孔、电流测量座孔等构成。

2. 汽车万用表使用方法

(1) 信号频率测试。测试项目选择开关置于频率(Freq)挡,黑线(自汽车万用表搭铁座孔引出)搭铁,红线(自汽车万用表公用座孔引出)接被测信号线,显示屏即显示被测频率。

(2) 温度检测。测试项目选择开关置于温度(Temp)挡,按下功能按钮(℃/℉),将黑线搭铁,探针线插头端插入汽车万用表温度测量座孔,探针端接触被测物体,显示屏即显示被测温度。

(3) 点火线圈一次侧电路闭合角检测。测试项目选择开关置于闭合角(Dwell)挡,黑线搭铁,红线接点火线圈负接线柱,发动机运转,显示屏即显示点火线圈一次侧电路闭合角。

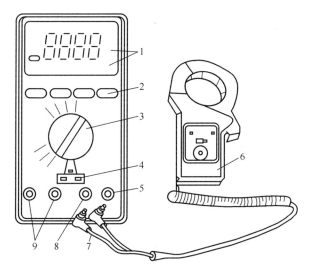

图 1 汽车万用表及电流传感器

1—数字及模拟量显示屏;2—功能按钮;3—测试项目选择开关;4—温度测量座孔;5—公用座孔;
6—霍耳式电流传感夹;7—霍耳式电流传感夹引线插头;8—搭铁座孔;9—电流测量座孔。

(4) 频宽比测量。测试项目选择开关置于频宽比(Duty Cycle)挡,红线接电路信号,黑线搭铁,发动机运转,显示屏即显示脉冲信号的频宽比。

(5) 转速测量。测试项目选择开关置于转速(RPM)挡,转速测量专用插头插入搭铁座孔与公用座孔中,感应式转速传感器(汽车万用表附件)夹在某一缸高压点火线上,在发动机工作时,显示屏即显示发动机转速。

(6) 起动机起动电流测量。测试项目选择开关置于400mV挡(1mV相当于1A的电流,即用测量电流传感器电压的方法来测量起动机起动电流),把霍耳式电流传感夹夹到蓄电池电源线上,其引线插头插入电流测量座孔,按下最小/最大功能按钮,然后拆下点火高压线,用起动机转动曲轴2~3s,显示屏即显示起动电流。

(7) 氧传感器测试。拆下氧传感器线束连接器,将测试项目选择开关置于"4V"挡,按下DC功能按钮,使显示屏显示"DC",再按下最小/最大功能按钮,将黑线搭铁,红线与氧传感器相连;然后以快怠速(2000r/min)运转发动机,使氧传感器工作温度达360℃以上。此时,如可燃混合气浓,氧传感器输出电压约为0.8V;如可燃混合气稀,氧传感器输出电压为0.1~0.2V。当氧传感器工作温度低于360℃时(发动机处于开环工作状态),氧传感器无电压输出。

(8) 喷油器喷油脉冲宽度测量。测试项目选择开关置于频宽比挡,测出喷油器工作脉冲频率的频宽比后,再把测试项目选择开关置于频率(Freq)挡,测出喷油器工作脉冲频率(Hz),然后按下式计算喷油器喷油脉冲宽度:

$$S_P = \eta / f_P$$

式中:S_P 为喷油脉冲宽度(s);η 为频宽比(%);f_P 为喷油频率(Hz)。

3. 汽车万用表检测电控系统的操作方法

(1) 电阻测量的方法。将万用表开关转到电阻(Ω)挡的适当位置后,即可测量电阻值。汽车上很多电气设备的技术状态可用检测其电阻值的方法来判断,如检查电气元件和线路的断路、短路等故障。

(2) 直流电压测量的方法。将开关转到直流电压(V)挡(选择合适的量程),将测试表笔接至被测两端。用测电压的方法可以检查电路上各点的电压(信号电压或电源电压)以及电气部件上的电压降。

(3) 断路(开路)的检测方法。

① "检查导通"法。脱开连接器,测量它们之间的电阻值。若连接器端子之间的电阻值为∞,则它们之间不导通(断路);若连接器端子之间的电阻值为0Ω,则它们之间导通(无断路)。

② "检查电压"法。在ECU连接器端子加有电压的电路中,可以用"检查电压"的方法来检查断路故障。

(4) 短路的检查方法。如果配线短路搭铁,可通过检查配线与车身(或搭铁线)是否导通来判断短路的部位。

4. 汽车万用表检查电控系统的注意事项

(1) 除在测试过程中特殊指明外,不能用指针式万用表测试ECU和传感器,应使用高阻抗数字式万用表,万用表内阻应不低于10MΩ。

(2) 首先检查熔丝、易熔线和接线端子的状况,在排除这些地方的故障后再用万用表进行检查。

(3) 在测量电压时,点火开关应接通(ON),蓄电池电压应不低于11V。

(4) 测量电阻时要在垂直和水平方向轻轻摇动导线,以提高准确性。

(5) 检查线路断路故障时,应先脱开ECU和相应传感器的连接器,然后测量连接器相应端子间的电阻,以确定是否有断路或接触不良故障。

(6) 检查线路搭铁短路故障时,应拆开线路两端的连接器,然后测量连接器被测端子与车身(搭铁)之间的电阻值。电阻值大于1MΩ为无故障。

(7) 在拆卸发动机电子控制系统线路之前,应首先切断电源,即将点火开关断开(OFF),拆下蓄电池极柱上的接线。

(8) 测量两个端子间或两条线路间的电压时,应将万用表(电压挡)的两个表笔与被测量的两个端子或两根导线接触,如图2所示。

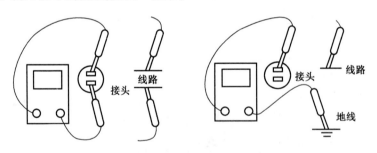

图2 测量电压

(9) 测量某个端子或某条线路的电压时,应将万用表的正表笔与被测的端子或线路接触,负极表笔与地线接触,如图2所示。

(10) 在测量电阻或电压时,一般要将连接器拆开,这样就将连接器分成了两部分,其中一部分称为某传感器(或执行部件)连接器;另一部分称为某传感器(或执行部件)导线束连接器。例如,拆下喷油器上的连接器后,其中一部分称为喷油器连接器,另一部分则称为喷油器导线束连接器。在测量时,应弄清楚是哪一部分连接器。

技能训练二　三相四线制供电及负载的连接

一、实训目的
(1) 学会单相负载和三相负载的基本连接方法,加深理解中线的作用。
(2) 加深理解线电压与相电压、线电流与相电流之间的关系。

二、实训器材
万用表 1 块,交流毫安表 1 块,三相闸刀开关 1 只,单刀单掷开关 4 只,白炽灯泡 (220V/100W 3 只,220V/60W 1 只,220V/25W 1 只,均附灯座),三相隔离变压器 1 台 (380V/36V,星形接法)。

三、实训电路
低压 36V/21V 三相四线供电电源,如图 3 所示,中线上的开关 S_N 是为实验而设的,实际三相四线制供电电源的中线是不允许接开关的,三相三角形接法,如图 4 所示。

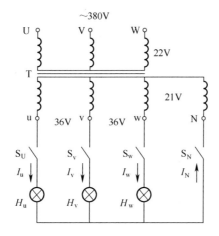

图 3　三相负载作星形三相四线制接法

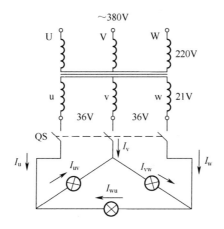

图 4　三相负载作三角形接法

四、实训原理

用三相降压隔离变压器 T 将 380V 的三相交流电降低为 36V 的三相低压交流电,低压 36/21V 三相四线供电电源模拟实际社区的 380/220V 三相四线供电电源,可以获得两种数值的电压,即 36V 的线电压和 21V 的相电压(标称值)。可以接单相负载,也可接三相负载,三相负载可以是对称的,也可以是不对称的。

三相负载作星形三相四线制接法时,不论负载对称与否,其线电压都是相电压的 $\sqrt{3}$ 倍,线电流等于相电流。三相负载对称时,中线上无电流,三相负载不对称时,中线上有电流。

对称三相负载作三角形接法时,线电压等于相电压,线电流等于相电流的 $\sqrt{3}$ 倍。

五、实训内容及步骤

1. 单相负载的连接

按实训图 3,将白炽灯 H_u(25W)、H_v(60W)、H_w(100W)分别接入电路。先闭合开关 S_N,再分别通断 S_u、S_v 和 S_w,相当各单相用电器独立控制用电;将交流毫安表分别串入被测电路中,观测电流 I_u、I_v、I_w、I_N,并用万用表交流电压挡分别测量白炽灯两端的电压 U_{uN}、U_{vN}、U_{wN} 和线电压,将测量结果填入实训表 1 中。

表 1 单相负载测量结果

测量项目	相电压	相电流	中线电流
H_u(220V/100W)	$U_{uN}=$	$I_u=$	$I_N=$
H_v(220V/60W)	$U_{vN}=$	$I_v=$	$I_N=$
H_w(220V/25W)	$U_{wN}=$	$I_w=$	$I_N=$
线电压			

2. 三相负载的星形接法

(1)将以上实验步骤 1 中的开关全部闭合,即为三相不对称负载的星形连接,将有关电流和电压的测量结果填入实训表 2 中"负载不对称、有中线"一栏里。

(2)将实验 1 中的中线开关 S_N 断开,其他开关仍闭合,观察各白炽灯的亮度、电流以及电压有什么变化,将测量结果填入表 2 中"负载不对称、无中线"一栏里。

表 2 三相负载星形接法测量结果

测量项目		U_{uN}	U_{vN}	U_{wN}	I_u	I_v	I_w	I_N
负载不对称	有中线							
	无中线							
负载对称 线电压	有中线							
	无中线							

(3)将实训步骤 1 中的 H_u、H_v、H_w 均换为同功率的白炽灯(100W),即为三相对称负载的星形连接。通断中线开关 S_N,观察白炽灯的亮度、电流和电压有没有变化,将有关电流和电压的测量结果填入实训表 2 中"负载对称"一栏里。

在实际电工操作中,对三相负载通电的控制,要用三相闸刀同步控制,不能一相一相地去通断,以免造成短时间内负载各相电压不平衡。

3. 三相负载三角形接法

（1）对称性负载。可用三个功率相同的白炽灯 H_w（100W）连接成三角形接法，电路连接如图4所示，检查无误后，接通三相闸刀开关。用万用表交流电压挡测线电压，用交流毫安表测相电流和线电流，测量结果填入实训表3中。

（2）不对称性负载用实验步骤1中的三个单相负载，构成不对称三角形接法，再测各线电流和相电流，测得结果填入实训表3中。

表3　三相负载三角形接法测量结果

测量项目	I_u	I_v	I_w	I_{uv}	I_{vw}	I_{wu}
负载对称						
负载不对称						
线电压						

六、思考与讨论

（1）在星形接法中，相电压与线电压之间有何关系？线电流与相电流之间又有何关系？

（2）三相负载不对称时，三相四线制接法中的中线若断开会有什么结果？

（3）在三相负载对称时，三角形接法中的相电流和线电流之间有何关系？

技能训练三　汽车点火线圈和电容器的检测与实验

一、实训内容及目的
（1）掌握点火线圈和电容器的基本结构、基本原理。
（2）掌握点火线圈和电容器的检查与性能测试。

二、实训器材
汽车点火线圈、汽车点火系统用电容器（分电器外壳上的）、万用表、交流电试灯、拆装工具。

三、实训步骤

1. 点火线圈的检查与性能测试

（1）外观检查。如图5所示，检查点火线圈的外表，是否有绝缘盖破裂、接线柱松动、外壳变形等不良现象，视情更换。

图5　点火线圈外观的检查

（2）就车检查点火线圈初级电压。测量点火线圈"+"与"-"极接线柱与搭铁之间的电压。接通点火开关,用万用表直流电压挡分别测量点火线圈"+"极接柱与搭铁之间,和"-"极接线柱与搭铁之间的电压,测量值应等于蓄电池电压,否则说明断路或短路故障,应予以排除。

（3）就车测量点火线圈初级电路中的电流。拆下分电器接线柱(来自点火线圈"-"接线柱),将万用表置于直流电流挡,并将其串接在点火系统的初级电路中,接通点火开关,同时使断电器触点闭合,此时从万用表上读取的数字,即为点火线圈初级电流。

（4）点火线圈电阻的测量。将点火线圈从车上拆下,测量其初级绕组、次级绕组及附加电阻的电阻值,将结果填入表 4 中。如图 6 所示,用万用表测量点火线圈初级绕组、次级绕组及附加电阻的电阻值。以东风 EQ1090 型汽车装用的 DQ125 型点火线圈为例,三者的电阻值应分别为 1.8Ω、$5k\Omega$ 和 $1.4\sim1.5\Omega$。若相差较大,说明绕组有短路或断路故障,应予以更换。

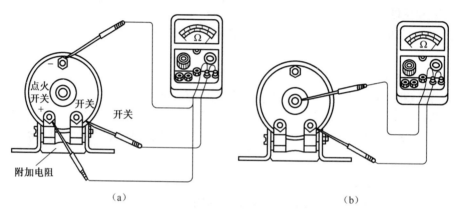

图 6 用万用表检查点火线圈的电阻
(a)初级绕组和附加电阻的检查;(b)次级绕组的检查。

表 4 点火线圈检测记录表

点火线圈型号	初级线圈电阻/Ω		次级线圈电阻/Ω		附加电阻/Ω	
	标准值	实测值	标准值	实测值	标准值	实测值
结果分析						

（5）用交流试灯检查点火线圈的绝缘性能,如图 7 所示。若试灯不亮,表明点火线圈绝缘良好。否则说明点火线圈绝缘破坏,有搭铁故障。

2. 电容器的检查

（1）用蓄电池检查。将蓄电池的任一接线柱(如正极)用导线与电容器的引出线相连,用电容器的外壳触碰蓄电池的另一接线柱。若有火花,说明电容器内部短路。

（2）用万用表检查。如图 8 所示,将万用表置于 R×1k 挡,用两表笔同时接触电容器的外壳和引线。

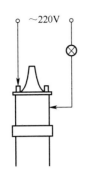
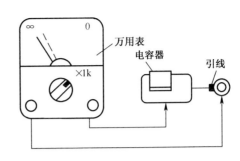

图7　交流试灯检查点火线圈的绝缘性能　　　　图8　用万用表检查电容器

① 若万用表指针缓慢地从∞位置向零位置摆动,然后迅速返回∞位置,说明电容器工作正常。

② 若指针始终不动,说明电容器断路。应进行检查,并视情更换。

③ 若指针指示电阻值较小且不回摆,说明电容器漏电,应予以更换。

④ 若指针指示电阻值为零,则说明电容器短路(击穿),应予以更换。

四、思考与讨论

(1) 一般点火线圈初级线圈、次级线圈和附加电阻的阻值在什么范围?若阻值不正常说明存在什么故障?

(2) 点火线圈发火强度的强弱对发动机工作性能有何影响?

(3) 一般分电器断电器触点并联的电容器的容量是多少?若容量过大或过小,对汽车点火有何影响?对断电器触点有何影响?

技能训练四　电磁式电压调节器的检测与实验

一、实训内容及目的

(1) 掌握电磁式电压调节器的基本结构、基本原理。

(2) 掌握电磁式电压调节器的检查与性能测试。

二、实训器材

电磁式电压调节器、万用表、拆装工具。

三、实训步骤

1. 电磁式电压调节器触点、电阻和线圈状况的检查

检查触点是否氧化、烧蚀。若触点有轻微烧蚀,可用00号砂纸打磨;若触点严重烧蚀或厚度小于0.4mm,则应更换触点。检查电阻是否烧断以及线圈有无断路、短路等故障。

调节器线圈和电阻的电阻值应符合规定。

2. 各部件间隙的检查与调整

检查调节器各触点的间隙,其值应符合规定。

以FT-61型调节器为例,衔铁与铁心间隙为1.05~1.15mm。如不符合规定,可将固定触点K_1支架1上的螺钉松开,然后按需要移动支架1向上或向下调整即可。高速触点K_2

的间隙为 0.2~0.3mm,若不符合规定,可移动触点 K_2 的固定触点支架进行调整。

发电机转速为 3000r/min,输出电流 4A,调节器电压调整值为 13.2~14.2V。若不符合规定,可通过改变弹簧的张力进行调整。

发电机转速为 3500r/min,输出电流 23A,高速与低速时电压调整值之差不大于 0.5V。

技能训练五　汽车电喇叭的检测

一、实训内容及目的
(1) 掌握汽车电喇叭的基本结构、基本原理。
(2) 掌握汽车电喇叭的检测方法。

二、实训器材
汽车电喇叭、万用表、拆装工具。

三、实训步骤
螺旋形、盆形电喇叭的调整一般有两项内容,即铁心气隙的调整和触点预压力的调整,前者调整喇叭的声调,后者调整喇叭的声量。

1. 铁心气隙(即衔铁与铁心间的气隙)调整

电喇叭声调的高低与铁心气隙的大小有关。当铁心气隙小时,膜片的振动频率高(即声调高);而当铁心气隙大时,膜片的振动频率低(即声调低)。铁心气隙的值一般为 0.7~1.5mm。视喇叭的高、低声及规格型号而定,如 DL34G 型铁心气隙为 0.7~0.9mm,DL34D 型铁心气隙为 0.9~1.05mm。

筒形、螺旋型电喇叭铁心气隙的调整部位如图 9 所示,对于如图 9(a)所示的电喇叭,其调整方法是先松开锁紧螺母,然后转动衔铁,即改变衔铁与铁心间的气隙;对于如图 9(b)所示的电喇叭,其调整方法是松开上、下调节螺母,使铁心上升或下降,改变铁心的气隙;对于如图 9(c)所示的电喇叭,其调整方法是先松开锁紧螺母,转动衔铁加以调整,然后松开调节螺母,使弹簧片与衔铁平行后紧固。调整时,应使衔铁与铁心间的气隙均匀,否则会产生杂声。

盆形电喇叭铁心气隙的调整部位,如图 10 所示,其调整方法是先松开锁紧螺母,然后旋转声调调整螺栓(铁心)进行调整。

2. 触点预压力调整

电喇叭声音的大小与通过喇叭线圈的电流大小有关。当触点预压力增大,流过喇叭线圈的电流增大,则使喇叭产生的声量增大,反之则声量减小。

触点压力是否正常,可通过检查喇叭工作电流与额定电流是否相符来判断。如果工作电流等于额定电流,则说明触点压力正常;若工作电流大于或小于额定电流时,则说明触点压力过大或过小,应予以调整。

如图 9 所示的筒形、螺旋形电喇叭,应先松开锁紧螺母,然后转动调节螺母进行调整(逆时针方向转动,触点压力增大,声量增大)。

如图 10 所示的盆形电喇叭,可旋转声量调节螺钉进行调整(逆时针方向转动,声量增大)。

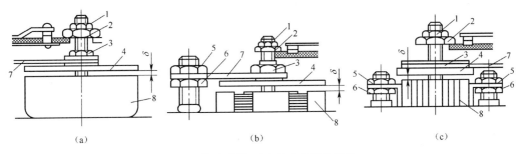

图 9 筒形、螺旋型电喇叭的调整部位
1、3—锁紧螺母；2、5、6—调节螺母；4—衔铁；7—弹簧片；8—铁心。

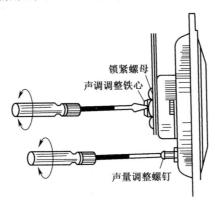

图 10 盆形电喇叭的调整

技能训练六　变压器的简单测试

一、实训目的
（1）学会判别变压器绕组同极性端的方法。
（2）验证变压器的电压变换作用。

二、实训器材
电源变压器 1 台、自耦调压器 1 台、可拆变压器 1 台、万用表 1 块、1 号电池 1 节（或稳压电源 1 台）、按键开关 1 只。

三、实训原理
实训电路如图 11 所示。

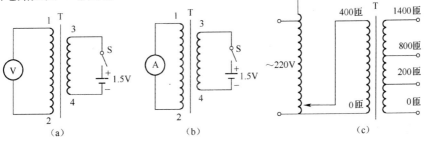

图 11 实训电路

（1）同极性端的判别。由于变压器在制作过程中经过浸漆等工艺处理，从外观上已无法辨认其绕组的具体绕向，同极性端也就无法直接确认，需要通过实验的方法来判别。常用的方法有交流法和直流法。本实验采用直流法，具体电路如图11（a）所示。当开关S闭合的瞬间，如表针正向偏转一下，表明接电池正极的一端和万用表红表笔所接的一端为同极性端。反之，如表针反向偏转一下，则表明接电池正极的一端和万用表黑表笔所接的一端为同极性端。

也可以采用图11（b）的电路，用电流表代替电压表测量同极性端。当开关S闭合的瞬间，如表针正向偏转一下，则表明接电池正极的一端与接电流表正极的一端是同极性端。反之，如表针反向偏转一下，则表明接电池正极的一端与接电流表负极的一端是同极性端。

（2）电压变换作用。原、副绕组的电压之比等于它们的匝数之比，即

$$\frac{U_1}{U_2} = \frac{N_2}{N_1} = \frac{1}{K}$$

四、实训内容及步骤

（1）观察电源变压器、自耦调压器和可拆变压器的结构特点并识别各绕组。

（2）用直流法判断电源变压器绕组的同极性端。按图11接好电路，判定端子"3"的同极性端，将结果填入表6中。

（3）验证变压器的电压变换作用。按实训图11（c）接好电路。连接自耦调压器时，先将调压器调至0V，再用试电笔测出电源的零线，使其与原、副绕组的共用端子相接，这样当副绕组输出较低电压时，其对地电位就不会太高，从而比较安全。

电路接好经老师检查后，调节调压器，使其输出电压为3V，用万用表交流电压25V挡，分别测量0～200匝、0～800匝和0～1400匝三个绕组的电压值，并将结果填入表5中。将调压器的输出电压调为6V后，按上述步骤再做一次。根据实验数据，计算出变比K值，填入表6中。

表5　变压器测试表

主绕组	副绕组	200匝电压/V		800匝电压/V		1400匝电压/V	
		理论值	实际值	理论值	实际值	理论值	实际值
400匝	3V						
	6V						
K							
端子"3"的同极性端				端子"3"的异极性端			

五、注意事项

用直流法测试绕组的同极性端时，应注意在开关S闭合的瞬间观察电压表或电流表的指针偏转方向，然后立即将开关断开，不可长时间使开关处于闭合状态。因为变压器是一个低电阻大电感元件，在直流电路中感抗为零，阻值很小，长时间通电会出现较大电流，从而损坏电源。

六、思考与讨论

说明直流法判断同极性端的原理。

技能训练七　汽车交流发电机的拆装与检测

一、实训目的
(1) 学习拆解及装配汽车交流发电机的基本方法。
(2) 熟悉汽车交流发电机的构造,掌握检测方法。

二、实训器材
汽车交流发电机,万用表及拆装、维修工具。

三、实训步骤

1. 分解前的检测

在发电机不从车上拆下和从车上拆下后还未分解的情况下,用万用表检测发电机各接线柱之间的电阻值,可以初步判定此发电机有无故障。其方法是:万用表选择 R×1 挡检测发电机"+"与"-"、"F"与"-"以及"F"与"+"之间的正、反向电阻值。在正常情况下,发电机各接线柱之间的电阻值如表6所列。

表6　交流发电机各接线柱之间的电阻值

发电机型号	"+"与"-"之间的电阻值/Ω		"F"与"-"之间的电阻值/Ω	"F"与"+"之间的电阻值/Ω	
	正向	反向		正向	反向
JF11	40~50	>1000	5~6	50~60	>1000
JF13					
JF15					
JF21					
JF12	40~50	>1000	19.5~21	50~70	>1000
JF22					
JF23					
JF25					
JFZ1913	65~80	>1000	2.8~3.0	70~90	>1000

注:二极管为非线性元件,由于使用的万用表的内电阻不同,测得的电阻值就会不同。表内数据为用MF10型万用表测得的结果。

若交流发电机有中性点接线柱"N",也要对"N"接线柱进行检测。表7所列即为对"N"接线柱进行检测的情况。

表7　交流发电机中性点接线柱"N"与"+"(或"-")接线柱间的电阻值

测试部位	正向电阻值/Ω	反向电阻值/Ω	诊　　断
"N"与"+"接柱间	10	1000	正整流板上的二极管良好
	0	0	正整流板上的二极管有短路
"N"与"-"接柱间	10	1000	负整流板或端盖上的二极管良好
	0	0	负整流板或端盖上的二极管有的短路或定子绕组搭铁

2. 交流发电机的分解

分解交流发电机应注意正确使用工具,并选择合理的分解步骤,各型交流发电机的分解方法基本相同,其步骤如下。

(1) 分解前,首先在前端盖与定子间、后端盖与定子间的连接处,用划针做好标记,以便安装时能正确快速地复位。

(2) 拆下电刷架紧固螺钉,取下电刷架组件。

(3) 拆下整流器的塑料防护罩,并将定子绕组的端头从二极管引线接线柱上拆下,将定子绕组中性点的引线从交流发电机的中性接线柱("N"接柱)上拆下。

(4) 拆下整流器总成。

(5) 拆下后端盖轴承盖。若发电机的转子轴上有紧固螺母,需一并拆下。

(6) 拆除前、后端盖间的紧固螺栓,使装有转子的前端盖与后端盖及定子相互脱节。

(7) 用垫以铜钳口的台虎钳夹住V带轮,旋下V带轮固定螺母,再用拉拔器拉下V带轮,同时取下半圆键。

(8) 用拉拔器取下前端盖。

(9) 拆下前轴承盖,取下前轴承。

发电机各部件检修完毕装复时,可按以上分解顺序的逆序进行,最后装复电刷架组件。有些老式交流发电机的电刷架组件是安装在后端盖内侧的,装复时需先压下电刷,然后在电刷架上的预制小孔中插入一根细的钢丝,使两电刷在电刷架中"预藏"起来,待前、后端盖安装成一体,拔下钢丝,电刷就会弹出来与滑环接触。

3. 交流发电机的故障检修

(1) 磁场绕组的检修。检查前必须先清除两个滑环之间的炭粉,观察有无明显的断头或烧焦现象。检修方法如下。

① 用试灯法检查励磁绕组绝缘性能,如图12所示。灯亮,则说明磁场绕组或滑环有搭铁故障;反之则说明绝缘良好。

② 用万用表测量磁场(转子)绕组的电阻值,如图13所示。若电阻值为4~6Ω,则说明绕组良好;若电阻值小于规定值,则说明磁场绕组匝间有短路故障;若电阻值为无穷大,则说明磁场绕组有断路故障。常用发电机磁场绕组技术参数,如表8所列。

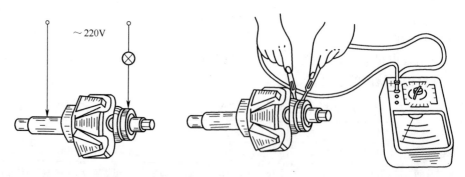

图12 磁场绕组及滑环绝缘性能的检查　　图13 磁场绕组电阻值的测量

(2) 转子轴和滑环的检修。交流发电机中,对转子轴的垂直度要求较高,用百分表检查其摆差的方法如图14所示,如果跳动超过0.1mm,则应校正。

表8 JF系列交流发电机定子绕组和磁场绕组的各项数据

发电机型号	定子绕组						磁场绕组		
	铁心槽数	每个线圈匝数	绕组导线直径/mm	每相串联的线圈数	线圈节距	三相绕组接法	匝数	导线直径/mm	电阻/(Ω,20℃)
JF11	36	13	1.08	6		星形	520	0.62	5.3
JF13	36	13	1.04	6		星形	530	0.62	5.3
JF12	36	25	0.83	6		星形	1060	0.44	19.3
JF23	36	25	0.83	6	3	星形	1100	0.47	0
JF21	36	11	1.08×2	6		星形	575	0.64	5
JF152	36	11	1.35	6	3	星形	600	0.67	5.5
JF22	36	21	1.08	6		星形	1000	0.47	18
JF25	36	21	1	6		星形	1100	0.47	20

发电机工作时,滑环与电刷始终接触,很容易磨擦损坏。发电机检修时应测量滑环厚度。当滑环的厚度小于1.5mm时,应予以更换。滑环若有轻微烧蚀可用00号砂纸打磨;若表面有严重烧蚀现象,应在车床上精车加工。若电刷的高度低于7mm时应换用新品。

桑塔纳系列轿车JFZ1913Z型交流发电机新毛刷应为13mm,极限值为5mm。当电刷外露长度低于5mm时,必须换用新电刷,以免影响发电机的输出功率。

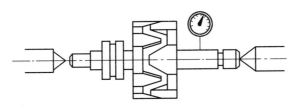

图14 转子轴的检查

(3) 硅二极管的检查。将万用表选择在R×1k挡检查二极管的好坏。两表笔分别接二极管的两个电极,测出一个结果后,对调两表笔,再测出一个结果。两次测量的结果中,有一次测量出的阻值较大(为反向电阻),一次测量出的阻值较小(为正向电阻)。在阻值较小的一次测量中,黑表笔接的是二极管的正极,红表笔接的是二极管的负极。硅材料二极管的电阻值为8~10Ω,反向电阻值为∞(无穷大)。

检查中若发现有二极管损坏,则应换用新品。

在无万用表时,可用1只12V的蓄电池和一个汽车灯泡来检查。检测方法,如图15所示。若两次都微亮,说明二极管已击穿短路;若两次都不亮,说明二极管已断路,都应换用新品。应特别注意的是:在检查二极管好坏时,不能用兆欧表,因该表电压高,易导致二极管被击穿。

桑塔纳系列轿车JFZ1913Z型交流发电机整流二极管的检测可参考图16进行,检测正极管和正极型中性点二极管时,先将万用表(R×1挡)红表笔接正元件板12,黑表笔分别接二极管电极引线P_1、P_2、P_3、P_4端,万用表均应导通,如不导通,说明该正极管断路,应予更换整流器总成;再调换两表笔检测部位进行检测,此时万用表应不导通,如导通,说明该正极管短路,亦应更换整流器总成。

检测负极管和负极型中性点二极管时,先将万用表黑表笔接负元件板2,红表笔分别接

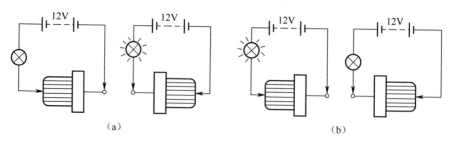

图 15 利用蓄电池和小试灯检查二极管
(a) 正极管的检查；(b) 负极管的检查。

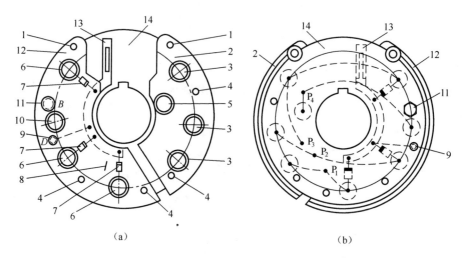

图 16 JFZ1913Z 型发电机整流元件的安装位置
(a) 从后端盖一侧视图；(b) 从前端盖一侧视图。
1—IC 调节器安装孔；2—负元件板；3—负极管(3 只)；4—整流器总成安装孔(4 个)；5—中性点二极管(负极管)；
6—正极管(3 只)；7—磁场二极管(3 只)；8—防干扰电容器连接插片；9—"D+"端子；10—中性点二极管(正极管)；
11—"B+"端子；12—正元件板；13—电刷架压紧弹片；14—硬树脂绝缘胶板。

负极管引线 P_1、P_2、P_3、P_4 端，万用表均应导通，如不导通，说明该负极管断路，应予更换整流器总成；再调换两表笔检测部位进行检测，此时万用表应不导通，如导通，说明该负极管短路，亦应更换整流器总成。

检测磁场二极管时，万用表红表笔接电刷架压紧弹片 13，黑表笔分别接整流二极管引线 P_1、P_2、P_3、端，万用表均应导通，如不导通，说明该二极管断路，应更换整流器总成；再调换两表笔检测部位进行检测，此时万用表应不导通，如导通，说明该二极管短路，亦应更换整流器总成。

(4) 定子绕组的检查。

① 搭铁故障检查，将定子放置在胶板的工作台面上，使三相绕组接线端(首端)朝上并保持其与铁心不接触，如图 17 所示。用万用表 R×10k 挡将两表笔分别触试铁心和接线端，表针应不动并指示无穷大，否则说明有搭铁故障，若发现搭铁故障可将三相绕组末端(中性抽头)解焊分开，重复上述实验，以确定在哪一相绕组有搭铁故障。

② 短、断路故障，用万用表 R×1 挡测量定子绕组 3 个端头，两两相测，电阻值为 1Ω 以

下为正常;指针不动,说明断路;电阻值特别小为短路,如图18所示。

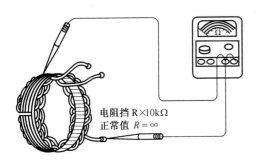 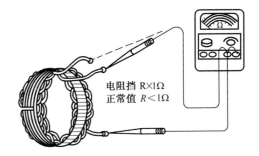

图17 定子绕组绝缘电阻的检查　　　图18 定子绕组电阻值的检查

（5）前、后端盖的检修。

① 前、后端盖都应做到无裂损和不变形。

② 滚动轴承与端盖轴承孔间的配合,一般为-0.01~0.03mm。

③ 对轴承的要求应该是不松旷,无响声。

④ 轴承油封如果损坏,应予以更换。

4. 交流发电机的装复与调试

交流发电机的装复按分解逆顺序进行即可。装复好后,应对交流发电机进行简单手动试验。

简单手动实验方法是用12V直流电压或是12V蓄电池给发电机励磁,将万用表置于直流2.5V挡,且红表笔接"电枢",黑表笔接搭铁,然后用力转动V带轮,万用表指针应快速摆动。将红表笔移到发电机"N"接线柱实验,指示值应为前者的1/2左右。这种方法可用在无检测设备的场合。

技能训练八　起动机用直流电动机的拆装与检测

一、实训目的

（1）掌握起动机用直流电动机的拆装顺序。

（2）熟悉起动机用直流电动机的构造。

（3）掌握对起动机用直流电动机进行简单测量的方法。

二、实训器材

汽车用起动机,万用表及拆装、维修工具。

三、实训步骤

1. 起动机的拆解

起动机解体前应清洁外部的油污和灰尘,然后按下列步骤进行解体。

（1）旋出防尘罩固定螺钉,取下防尘罩,用专用钢丝取出电刷,拆下电枢轴尾部止推圈处的卡簧,如图19所示。

（2）用扳手旋出两紧固穿心螺栓,取下前端盖,抽出电枢,如图20所示。

（3）拆下电磁开关主接线柱与电动机接线柱间的导电片,旋出后端盖的电磁开关紧固螺钉,使电磁开关与起动机壳体分离,如图21所示。

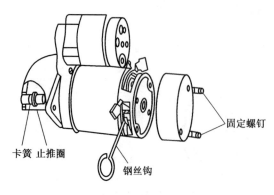
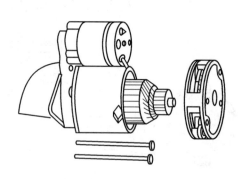

图 19　拆卸电刷　　　　　　　　　图 20　拆卸穿心螺栓和前端盖

（4）从后端盖上旋下中间支承板紧固螺钉，取下中间支承板，旋出拨叉油销螺钉，抽出拨叉，取出离合器，如图 22 所示。

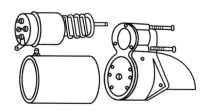
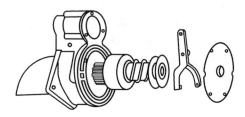

图 21　拆卸电磁开关　　　　　　　图 22　拆卸离合器

（5）将已解体的机械部分浸入清洗液中清洗，电器部分用棉纱蘸少量汽油擦试干净。

1. 直流电动机的检测

（1）磁场绕组（定子）的检查。用万用表测量磁场绕组的电阻值，如图 23、图 24 所示。若电阻值与图中所示不符，说明磁场绕组有故障。

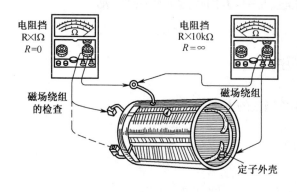
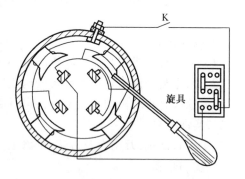

图 23　磁场绕组及其外壳的检查　　　图 24　磁场绕组有无匝间短路的检查

（2）电枢部分的检查。用万用表检查电枢绕组与电枢轴之间的电阻，检查电枢绕组的电阻值，电阻值应符合要求，如图 25～图 31 所示。

（3）电刷架及电刷弹簧的检查，如图 32、图 33 所示。

（4）电刷的检查。电刷高度应不低于新电刷高度的 2/3（国产起动机新电刷高度一般为 14mm），即 7～10mm，否则应换新。电刷与整流器表面之间的接触面积应达到 75% 以上，否则应研磨电刷。

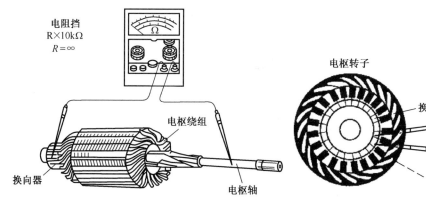

图25 换向器与电枢轴间的检查

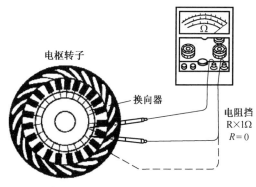

图26 电枢绕组(即换向片与换向片间)的检查

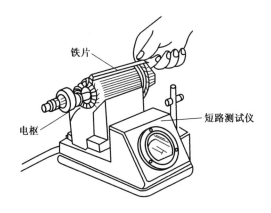

注意:转动电枢,当铁片在某一部位产生
振动时,表明该处电枢绕组短路。

图27 电枢绕组短路的检查

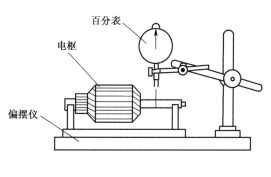

注意:电枢轴跳动量不应大于0.08mm,否则
应进行校正或更换电枢。

图28 换向器最小直径的检查

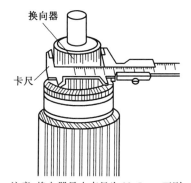

注意:换向器最小直径为33.5mm,否则
应更换电枢。

图29 电枢轴弯曲度的检查

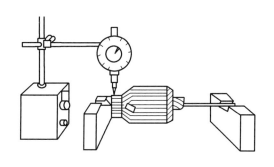

注意:其失圆(即跳动量)不应超过0.03mm。

图30 换向器失圆(跳动)量的检查

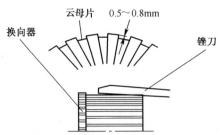

注意:绝缘(云母)片的深度为0.5~0.8mm,最浅为0.2mm,太高应使用锉刀进行修整。

图 31　换向器绝缘(云母)片的检查

3. 起动机的装复

按分解相反的顺序进行。

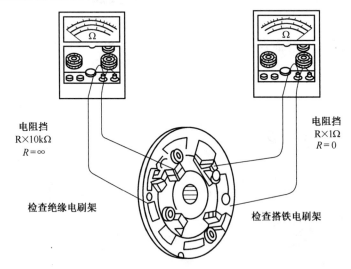

图 32　电刷架的检查

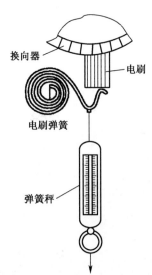

注意:不同型号起动机的弹簧压力是不同的,如 QD124 型起动机为 12~15N;QD27 型起动机为 22~26N。

图 33　电刷弹簧压力的检查

技能训练九 半导体二极管和三极管的简单测试

一、实训目的
(1) 了解万用表的内部结构及其测试二极管和三极管的工作原理。
(2) 掌握用万用表判别二极管和三极管管脚以及判断它们好坏的方法。
(3) 通过测试的三极管直流参数,画出晶体管的特性曲线。

二、实训器材
直流电源、万用表、实验板。

三、实训电路
如图 34 所示。

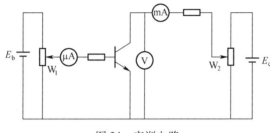

图 34 实训电路

四、实训原理
(1) 万用表及其欧姆挡的内部等效为表内电源和内阻,黑表笔接万用表内电源的正端,红表笔接万用表内电源的负端。
(2) 利用万用表欧姆挡使两表笔与二极管的两个管脚及三极管的三个管脚分别相接,根据万用表指示的电阻大小来判断二极管的正负极和三极管的基极、集电极和发射极。
(3) 测绘三极管的输入、输出特性曲线。

五、实训内容及步骤

1. 二极管的测试

1) 用指针式万用表判别二极管的极性及性能

二极管的极性及性能通常根据二极管外壳上的标记符号来辨别。如标记不清或者没有标记,可根据二极管的单向导电性,用万用表来判断。

测试方法:将万用表的转换开关拨到 R×100 或 R×1k 挡,然后用两表笔分别正向、反向测量其电阻值,一个约为几百到几千欧(正向电阻),一个约为几百千欧(反向电阻),如测量出几百欧的小电阻值时,与黑表笔相连的一端为正极,与红表笔相连的一端为负极。反之如测量出几百千欧大阻值时,则与红表笔相连的一端为正极,与黑表笔相连的一端则为负极。若测量的正向电阻和反向电阻均很小(等于零),则表明二极管短路;若测量的正向电阻和反向电阻均为∞,则表明二极管断路。

2) 用数字式万用表判别二极管的极性及性能

数字万用表两表笔极性在各挡与插孔所标的极性相同。当用数字式万用表测试二极管时(挡位需置于标有二极管符号的挡),用红表笔接二极管的正极、黑表笔接二极管的负极,数字式万用表直接显示二极管的正向电压降。正常情况下,硅二极管的正向电压降为0.5~0.7V,而锗二极管的正向电压降为0.2~0.3V。反接时应显示溢出符号"1"。测量时,若正、反向均显示"0",则表明二极管已经击穿短路;而如果正、反向皆溢出,则表明二极管内部断路。

2. 三极管的测试

一般可根据管子的型号在有关晶体管手册中找出它们对应的管脚图,分清三个极的位置。当确定不了管型和管脚时,可用万用表来测试。

(1) 三极管类型的判别。用万用表 R×100 挡,红表笔接任一管脚。假定接的为基极 B,黑表笔分别搭在其余两管脚上。若两次测出电阻值都很小时(约在 1kΩ 以下),则该管为 PNP 型的三极管。反之,若两次测出的电阻值都很大时,则该管为 NPN 型三极管,此时与红表笔接触的电极就是基极 B,如图 35 所示。

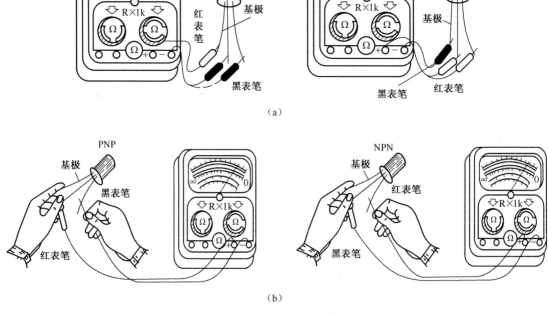

图 35 用万用表判别三极管的管脚和管型
(a)三极管管型的判别;(b)三极管管脚的判别。

如果两次所测得电阻值是一大一小,则说明假定的"基极"不对。只要轮流假定基极,重复上述的测试方法,即可找到符合上述结果的基极及管型。

(2) 管脚的判别。基极判别出来后,其余两个管脚不是发射极就是集电极。对于 PNP 管来说,可以假定红表笔接的是集电极 C,黑表笔接的是发射极 E,用手指捏住 B、C 两极。但不可使 B、C 两极直接接触,读出电阻值,然后将红黑两表笔对调,进行第二次测试,将读数相比较。若第一次电阻值小,则说明假定是正确的,红表笔接的是集电极 C,黑表笔接的是发射极 E。如图 35(b) 所示。反之,对于 NPN 管来说,方法同上,但测得电阻值小的一次,黑表笔所接的是管子的集电极 C。

(3) 三极管的好与坏的判别。可通过测量三极管各极间的电阻值来确定。用万用表 R×100 挡测发射极和集电极的电阻。以 NPN 管为例,红表笔接发射极,黑表笔接集电极,若测出的电阻值在几十千欧以上,说明管子质量是好的。若发现测出的电阻值偏小,说明管子质量差;若电阻值接近零,说明管子已经击穿。若电阻值为无穷大,说明管子内部断路。

3. 绘制三极管的输入、输出特性曲线

(1) 按照图 34 连接电路,并接通电源。
(2) 调整 W_2 使 U_{CE} 为常数(6V)。
(3) 调整 W_1 使基极电流为不同值,分别测量相应的 U_{BE} 值,填入表 9;再通过调整 W_2 使 U_{CE} 为不同值,分别测出相应的集电极电流 I_C 值,记入表 10。

表 9　三极管测试表(1)

$I_B/\mu A$	0	10	20	30	40	50	60
U_{BE}/V							

表 10　三极管测试表(2)

I_C/mA ＼ U_{CE}/V ＼ $I_B/\mu A$	0	0.25	0.5	1	3
0					
10					
20					
30					
40					
50					

六、思考与讨论

用万用表测量二极管的正向电阻时,用 R×100 挡测出的电阻值小,而用 R×1k 挡测出的值大,为什么?

技能训练十　单管交流放大电路

一、实训目的

(1) 掌握单管交流放大电路的工作原理。
(2) 掌握静态工作点和电压放大倍数的测定方法。
(3) 观测 R_b(R_w 和 R)的变化对静态工作点和输出波形的影响。

二、实训器材

CS-4125 示波器、GFG-8016 低频信号发生器、AB-2 模拟电子实验箱、万用表、DA-16 毫伏表。

三、实训电路

如图 36 所示。

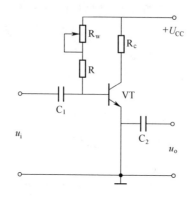

图 36 单管交流放大电路

四、实训原理

R_w 和 R 的串联电阻值作为基极偏置电阻(R_b),调整 R_w 可以使静态工作点处于不同的位置。

当静态工作点处于合适位置时,本电路对输出电压有一定的放大作用,其放大倍数为

$$A_u = -\frac{\beta R'_L}{r_{be} // (R + R_w)}$$

实验中可利用 $A_u = \dfrac{u_o}{u_i}$ 进行放大倍数的测定。

若静态工作点位置不合适,输出电压波形会产生非线性失真。当工作点偏高时,出现饱和失真,当工作点偏低时,会出现截止失真。

五、实训内容及步骤

(1) 在三极管放大电路模板上,按实验原理图接线。

(2) 将直流电源的输出电压调整到 12V,接入电路。

(3) 调整 R_w 的阻值,同时用万用表测 U_{CE} 的值至 6V 为止。

(4) 测量 U_{BE},拔下 R(100kΩ) 和 R_C(2kΩ) 一端,将电流表串入,测出 I_B、I_C 的值。

(5) 估算 $\beta = \dfrac{I_C}{I_B}$ 和 $r_{be} = 300 + (1 + \beta)\dfrac{26(mV)}{I_E(mA)}$ 的值。

(6) 将 u_i 加入 1kHz、100mV 的正弦信号,用示波器观察 u_o 波形,用毫伏表测出 u_o 的有效值,填入表 11 中。

(7) 计算 A_u 的测量值和理论值,并进行比较。

(8) 调整 R_w 值,观察输出波形的变化。

表 11 单管交流放大电路测量表

I_B/μA	I_C/mA	β	r_{be}	U_i/mV	U_o/mV	A_u(测量)	A_u(理论)

六、思考与讨论

分析放大倍数的测量值和理论值为什么不同?是什么原理出现的误差?

技能训练十一　晶体管电压调节器的检测

一、实训目的
(1) 掌握晶体管调节器的工作原理。
(2) 掌握晶体管调节器检测的方法。

二、实训器材
可调直流稳压电源、万用表、晶体管调节器和集成电路调节器、20W/12V 白炽灯、导线及接头鳄鱼夹若干。

三、实训内容

1. 晶体管调节器的检查与实验

(1) 晶体管调节器搭铁形式的判断。晶体管调节器按搭铁形式不同,分为内搭铁式和外搭铁式两种。内搭铁式调节器配装于内搭铁式交流发电机,而外搭铁式调节器配装于外搭铁式交流发电机,弱不匹配则导致发电机磁场电路不能形成通路而无法工作,故在安装调节器时要了解其搭铁形式,当不能确定晶体管调节器搭铁形式,可用以下方法对晶体管调节器搭铁形式进行判断,如图 37 所示。用 1 个 12V(或 24V)蓄电池和 1 只 12V(或 24V)、20W 的小灯泡按图示接线。如灯泡在"-"与"F"接线柱之间发亮,而在"+"与"F"接线柱之间不亮,则该调节器为内搭铁式;反之,如灯泡在"+"与"F"接线柱之间发亮,而在"-"与"F"接线柱之间不亮,则该调节器为外搭铁式。

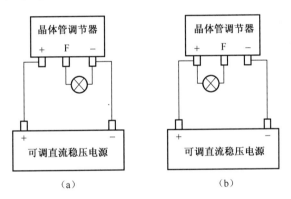

图 37　晶体管调节器搭铁形式的判断
(a)内搭铁式;(b)外搭铁式。

(2) 晶体管调节器的故障与检查。晶体管调节器由于使用不当或质量不佳,可能出现的故障如表 12 所列。

表 12　晶体管调节器常见故障现象和原因

故障现象	故障原因
发电机不发电	大功率三极管断路,稳压管或小功率三极管损坏,使功率三极管始终处于截止状态
发电机电压过高,充电电流过大,车上灯泡过亮烧坏,蓄电池电解液消耗过快等	大功率三极管短路,稳压管或小功率三极管损坏,使大功率三极管始终处于导通状态

晶体管调节器的检查方法,如图 38 所示。用一个电压可调的直流稳压电源(0~30V,3A)和 1 只 12V(或 24V)、20W 的汽车用小灯泡代替发电机磁场绕组,按图示方法接线后进行试验。调节直流稳压电源,使其输出电压从零逐渐增高时,灯泡应逐渐变亮。当电压升高到调节器的调节电压(12V 电系为 14V±0.5V,24V 电系为 28V±0.5V)时,若灯泡变暗熄灭,表明调节器状态良好。

根据调节器的搭铁形式按图 38 所示接线后进行实验。将发电机转速控制在 3000r/min,调节可变电阻,使发电机处于半载时,记下调节器所维持的电压值,该电压值应符合规定,一般 12V 电系为 14V±0.5V,24V 电系为 28V±0.5V。

2. 集成电路调节器的检查

由于集成电路调节器都是用环氧树脂封装或塑料模压而成的全密封结构,当损坏或失调后,只能换用新品,无法修复或调整。

集成电路调节器性能好坏的判断:先拆下整体式发电机上所有连接导线,在蓄电池和发电机"L"接线柱之间串联 1 只 5A 的电流表(可用 12V、20W 或 24V、25W 车用灯泡代替),再将可调直流稳压电源的"+"输出端接发电机的"S"接头,"-"输出端接发电机外壳或"E"接线柱,如图 39 所示。

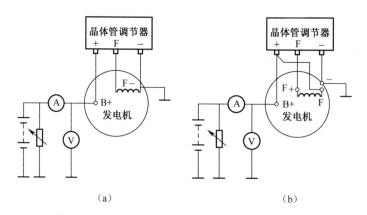

图 38　晶体管调节器的实验
(a)内搭铁式;(b)外搭铁式。

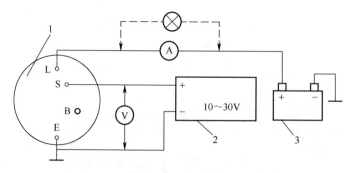

图 39　集成电路调节器的检查
1—发电机;2—可调直流稳压电源;3—蓄电池。

调节直流稳压电源,使输出电压缓慢升高,直至电流表读数为零或测试灯泡熄灭,此时的电压值就是调节器的调节电压值。如该值符合规定,则说明调节器正常,否则调节器有故障。也可从发电机上拆下集成电路调节器作进一步的检查,其检查的方法与上述晶体管调节器的检查方法相同,但在接线时要注意先搞清楚集成电路调节器各引脚的含义,再正确连接,否则会因接线错误而损坏集成电路调节器。

四、注意事项

(1) 晶体管调压器的任何两个引脚之间不能短路,否则调压器将损坏。

(2) 本实验中白炽灯的位置就是实际中励磁线圈的位置,白炽灯的亮灭说明了励磁线圈是否有电流流过。

(3) 从外部特性来看,晶体管调节器相当于一个受调节电压控制的电子开关。

(4) 调节器的调压值以万用表测试数据为准,电源输出的指示值只作参考。

技能训练十二 计数器、译码器和显示器

一、实训目的

(1) 学会数字电路实验箱的使用。

(2) 熟悉常用集成译码器的逻辑功能和使用方法。

(3) 掌握集成计数器的使用方法及测试方法。

二、实训器材

数字逻辑实验箱、74LS138 是 3 线 - 8 线译码器、74LS192 集成计数器、74LS248 七段译码驱动器、LC5011 - 11 共阴极 LED 显示器、直流稳压电源。

三、实训原理

把二进制代码表示的信息翻译出来称为译码,完成译码功能的数字电路称为译码器。常用的译码器有二进制译码器,二一十进制译码器和显示译码器。

二进制译码器的输入是二进制代码,每个二进制代码对应一个输入端,有 n 个二进制代码输入,就对应 2^n 个输出端口。常用的集成译码器有 74LS139 译码器/分配器,74LS138,3 线-8 线译码器等。

BCD 十进制译码器输入是 4 位 BCD 码,对应输出端有 10 个,所以又称 4 线-10 线译码器。常用的集成译码器有 BCD 十进制译码器 74LS42,74LS145 等。

显示译码器是译码器的输出与显示器配合驱动各种数字、文字或符号的译码电路。最常用的是 BCD 码-7 段字形译码器 74LS248、74LS48、74LS49 等。

计数器是用以实现计数功能的一个时序部件。它不仅可以用来计数,还可以用作数字系统的定时控制和执行数字运算等。

四、实训内容及步骤

(1) 测试集成译码器的功能。74LS138 是 3 线-8 线译码器。3 个输入地址端 A_0、A_1、A_2 和 3 个选通端 E_1、$\overline{E_2}$、$\overline{E_3}$ 以及 8 个译码器输出端 $\overline{Y_0}$、$\overline{Y_1}$、$\overline{Y_2}$、$\overline{Y_3}$、$\overline{Y_4}$、$\overline{Y_5}$、$\overline{Y_6}$、$\overline{Y_7}$。按图 40 连接线路,将 74LS138 的 3 个输入端和 3 个选通端分别接逻辑开关,按 8421 码改变 A_0、A_1、A_2,3 个输入端的状态,用发光二极管检测 $\overline{Y_0}$、$\overline{Y_1}$、$\overline{Y_2}$、$\overline{Y_3}$、$\overline{Y_4}$、$\overline{Y_5}$、$\overline{Y_6}$、$\overline{Y_7}$ 的输出状态,并将结果记录在实训表 13 中。

表 13　74LS138 的功能测试

序号	输入状态					输出状态							
	E_1	$\overline{E_2}+\overline{E_3}$	A_0	A_1	A_2	$\overline{Y_0}$	$\overline{Y_1}$	$\overline{Y_2}$	$\overline{Y_3}$	$\overline{Y_4}$	$\overline{Y_5}$	$\overline{Y_6}$	$\overline{Y_7}$
0	1	0	0	0	0								
1	1	0	0	0	1								
2	1	0	0	1	0								
3	1	0	0	1	1								
4	1	0	1	0	0								
5	1	0	1	0	1								
6	1	0	1	1	0								
7	1	0	1	1	1								
禁止	0	×	×	×	×								
	×	1	×	×	×								

（2）七段字形显示。74LS248 是 BCD 码-7 段译码器/驱动器，是功能较全的 7 段字形显示译码器。A、B、C、D 是译码器输入端，a、b、c、d、e、f、g（共七脚）7 段译码器输出端，LT 灯测试端。$\overline{BI}/\overline{RBO}$ 灭灯输入/动态灭灯输出端。$\overline{RBI}$ 动态/灭灯输入端。按图 41 所示连接电路。A、B、C、D 接逻辑开关，按 8421 码改变输入电平状态，用 LED 显示器（LC5011-11）作为输出显示观察输出结果，并将结果记录在表 14 中。

表 14　74LS248 的功能测试

序号	输入状态							输出状态							字形
	D	C	B	A	$\overline{RBI}$	$\overline{LT}$	$\overline{BI}/\overline{RBO}$	a	b	c	d	e	f	g	
0	0	0	0	0	1	1	1								
1	0	0	0	1	×	1	1								
2	0	0	1	0	×	1	1								
3	0	0	1	1	×	1	1								
4	0	1	0	0	×	1	1								
5	0	1	0	1	×	1	1								
6	0	1	1	0	×	1	1								
7	0	1	1	1	×	1	1								
8	1	0	0	0	×	1	1								
9	1	0	0	1	×	1	1								
10	1	0	1	0	×	1	1								
$\overline{BI}$	×	×	×	×	×	×	0								
$\overline{RBI}$	0	0	0	0	0	1	0								
$\overline{LT}$	×	×	×	×	×	0	1								

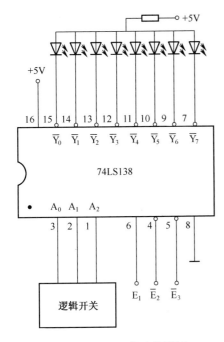
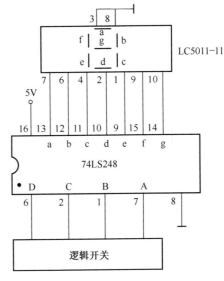

图 40　74LS138 的功能测试　　　　图 41　74LS248 的功能测试

(3) 测试 74LS192 四位十进制同步计数器的逻辑功能。中规模集成计数器品种很多而且功能完善,通常具有预置、保持、计数等多种功能。

74LS192 是同步十进制可逆计数器,具有双时钟输入,可以执行十进制加法和减法计数,并具有清除、置数等功能。

其中,$\overline{LD}$ 为置数端,CP_u 为加法计数端,CP_D 减法计数端,$\overline{DO}$ 为非同步借位输出端,$\overline{CO}$ 为同步进位输出端,Q_A、Q_B、Q_C、Q_D 分别为计数器输出端,D_A、D_B、D_C、D_D 分别为数据输入端,CR 为清除端。

① 置数功能测试计数器直接清零,即 CR 接高电平"1"。清零结束,执行其他功能时,CR 接低电平"0"。置数端 $\overline{LD}$ 是低电平,计数器为置数状态,数据直接从数据输入端 D_A、D_B、D_C、D_D 置入计数器。按表 15 的要求实验,观察输入端 D_A、D_B、D_C、D_D 的变化,对输出端 Q_A、Q_B、Q_C、Q_D 的影响,结果记录于表 15 中。

表 15　置数功能测试

输入状态						输出状态		
CR	$\overline{LD}$	D_D	D_C	D_B	D_A	Q_D	Q_C	Q_B
1	×	×	×	×	×			
0	0	0	0	0	1			
0	0	0	0	1	1			
0	0	0	1	1	1			
0	0	1	1	1	1			

② 计数功能测试。$\overline{LD}$ 为高电平时,计数器执行计数功能。执行加法计数时,CP_D 接高

电平"1",计数脉冲由加法计数端 CP_u 输入进行十进制加法计数;执行减法计数时,加法计数端 CP_u 接高电平"1",计数脉冲由减法计数端 CP_D 输入进行十进制减法计数。按表16、表17的要求实验,在 CP_u、CP_D 端分别接入单脉冲源,观察输出端 Q_A、Q_B、Q_C、Q_D 的变化,结果记录于表16、表17中。

表16 计数功能测试一

CR	$\overline{LD}$	输入脉冲	输出状态			
		CP_u	Q_D	Q_C	Q_B	Q_A
1	×	×				
0	1	1				
0	1	2				
0	1	3				
0	1	4				
0	1	5				
0	1	6				
0	1	7				
0	1	8				
0	1	9				
0	1	10				

表17 计数功能测试二

CR	$\overline{LD}$	输入脉冲	输出状态			
		CP_D	Q_D	Q_C	Q_B	Q_A
1	×	×				
0	1	1				
0	1	2				
0	1	3				
0	1	4				
0	1	5				
0	1	6				
0	1	7				
0	1	8				
0	1	9				
0	1	10				

五、思考与讨论

(1) 计数器输出端的状态反映了计数脉冲的多少,把计数器二进制显示转换成十进制0~9个数显示输出,如按图42连接实验可否显示0~9个数字?

(2) 利用74LS248译码器设计,当A、B均无信号输入时,其输出功能使7段码显示器显示L;当A有信号B无信号时,显示E;当A无信号B有信号时,显示F;当A、B均有信号时,显示 H 的组合电路。

(3) 总结译码器 74LS138、74LS248 各自的功能特点。

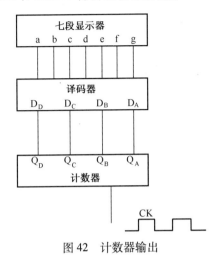

图 42　计数器输出

技能训练十三　汽车水温和进气温度传感器的检测

一、实训目的

掌握用万用表检测汽车传感器的方法。

二、实训器材

进气温度传感器、水温传感器、万用表、酒精灯、烧杯及玻璃温度计等。

三、实训步骤

1. 水温传感器的检测

水温传感器实际上是一个负温度系数热敏电阻,温度越高,电阻值越小;电温度越低,电阻值越大。将水温传感器置于烧杯的水中,加热杯中的水,同时用万用表电阻挡测量在不同温度下传感器两接线端之间的电阻,如图43(b)所示,将测得的电阻值填入表18中,并与标准值进行比较。

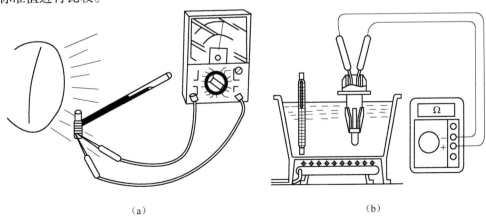

(a)　　　　　　　　　　　　　　(b)

图 43　水温和进气温度传感器的检测

表 18　水温传感器的检测结果

冷却水温/℃	20	30	40	50	60	70	80	85	90	100
电阻值/kΩ										

2. 进气温度传感器的检测

进气温度传感器也是一个负温度系数热敏电阻,可以用检测水温传感器的方法进行检测。

另外还可以用电吹风、红外线灯进行加热,如图 43(a)所示。将测量结果填入表 19 中并与标准值进行比较。

表 19　进气温度传感器的检测结果

进气温度/℃	20	25	30	35	40	45	50	60	70	80
电阻值/kΩ										

参 考 文 献

[1] 秦曾煌. 电工学.6 版.北京:高等教育出版社,2004.
[2] 陈小虎. 电工学.北京:高等教育出版社,2000.
[3] 康华光. 电子技术基础:模拟部分.4 版.北京:高等教育出版社,2001.
[4] 康华光. 电子技术基础:数字部分.4 版.北京:高等教育出版社,2001.
[5] 王兆安,黄俊.电力电子技术.4 版.北京:机械工业出版社,2008.
[6] 沈锦飞. 电源变换应用技术.北京:机械工业出版社,2007.
[7] 黄建华. 汽车电工电子技术.西安:西安电子科技大学出版社,2006.
[8] 刘皓宇. 汽车电工电子技术.北京:高等教育出版社,2007.
[9] 吕爱华. 汽车电工电子技术.北京:电子工业出版社,2005.
[10] 刘皓宇. 汽车电工电子技术.北京:高等教育出版社,2007.
[11] 孙仁云,付百学. 汽车电器与电子技术.北京:机械工业出版社,2006.
[12] 李晓. 汽车车身电控系统.北京:机械工业出版社,2009.
[13] 贺建波,贺展开. 汽车传感器的检测.北京:机械工业出版社,2007.
[14] 董辉. 汽车用传感器.北京:北京理工大学出版社,2005.